사방시설
점검 및 유지관리

[I]

점검·정밀점검·안전진단

사방시설
점검 및 유지관리

[I]

점검 · 정밀점검 · 안전진단

김민섭 · 안영상 · 이문세 · 서정일 · 임상준 공저

전남대학교출판문화원

머 리 말

1960년대 이후 우리나라는 경제개발계획과 국토종합계획에 따라 경제적으로 놀라운 발전을 이룩하였으며, 이와 더불어 수많은 사회기반 시설물이 구축되었다. 급성장시기에 가설된 일부 시설물에서 안전을 위협하는 중대한 손상이 발생되어 사회적으로 막대한 손실이 발생되기도 하였다. 정부는 시설물 손상을 조기에 발견하고, 적절한 보수보강을 수행하는 "구조물 유지관리"에 대해 적극적으로 대응하기 시작하였다. 현재 "사방사업법"을 제정하여 국내 사방시설물의 건설 및 유지관리를 제도적으로 체계화하였다. 본 저서에서는 이러한 법규에 대한 제반 설명 및 배경을 기술하여 현업에서 사방시설의 유지관리 업무를 수행하는 관련자에게 개념을 폭 넓게 이해할 수 있도록 정리하였다. 이 책은 총 2편으로 구성되었다. 1편의 1장은 사방시설의 유지관리 개념을 이해하는데 목표를 정하여, 유지관리의 개요 및 종류, 구조물의 상태등급에 대해 기술하였다. 또한 사방시설물 관리 절차에 대한 개념을 인식하는 것을 목표로 기술하였다. 2장은 사방시설물의 점검 및 진단 방법에 대해 기술한 것으로, 현장에서 적용하는 방법을 그림과 함께 자세히 기술하여, 현장에서 유지관리 업무를 수행하는데 도움이 되는 것을 목표로 하였다. 또한 사방시설물의 상태를 정량적으로 평가하는 기준 및 방법에 대해 기술하였고, 마지막으로 사방시설 종류별 평가표를 별표로 수록하였다.

이 교재는 사방시설 유지관리 업무를 보다 쉽고 평이하게 점검과 진단의 개념과 방법에 대한 기초지식을 습득하도록 기술하였다. 향후 시설물의 발전과 노후화로 인해 유지관리에 대한 수요는 점차 증가할 것으로 판단된다. 또한, 저자들은 본 저서를 마무리 하는 시점에서도 아쉬움과 부족함을 느낀다. 저자들은 앞으로도 본 저서의 지속적인 수정, 보완에 최대한의 노력을 기울여 보다 좋은 저서가 되도록 최선을 다할 것을 약속한다.

2019년 12월

저자일동

■ 차 례

별 표

제1장

총 론

1.1. 개 요

1.1.1. 목 적

「사방시설 유지관리 지침(산림청고시 제2018-27호)」에 따른 「사방시설 유지관리」를 작성함에 있어서 주요 목적은 사방시설의 관리·점검·안전진단·안전조치를 통해 시설의 기능 및 성능에 관한 상황을 정확하게 파악하고 시설의 기능 및 성능을 유지·확보하며 적절한 조치를 통해 재해를 사전에 예방하는데 있다. 사방시설은 시간 경과에 따른 열화나 다양한 원인으로 인한 손상 등 장기적으로 기능 및 성능의 저하가 발생하게 된다. 따라서 주기적인 점검이 필수적이며, 경우에 따라 정밀점검, 안전진단을 통해 시설의 상태를 파악하고 합리적인 대책을 통해 시설관리를 해야 한다. 그러나 대부분의 사방시설은 산간지역에 설치되며, 계류의 중상류부에 위치하고 있어 접근성, 장비 진입 등이 어려운 경우가 많으므로 점검뿐만 아니라 유지보수에 있어서도 어려울 수 있다. 이에 점검 시 동일한 지점에 대한 상태를 세밀히 관찰하여 정확하게 기재하고 향후 점검 시 조사내용을 비교할 수 있는 객관적인 점검항목이 필요하다. 이 책에서는 각 시설의 종류별 또는 부위별로 점검 및 안전진단을 위해 수행해야할 항목과 평가지표를 명시하고 조사방법 및 평가에 대한 해설을 통해 평가자가 수치를 이용하여 객관적인 평가를 할 수 있도록 작성하였다. 본 책자에 나타나 있는 평가방법 및 내용은 현재까지의 조사와 연구를 통해 정리한 것이며, 향후 각 현장의 유지관리 실태나 새로운 평가기법이 제안되면 이를 토대로 재작성하는 것이 바람직하다.

1.1.2. 활용범위

사방사업법 제15조(사방시설의 관리)에 따르면 사방사업시설은 사방사업 시행주체가 관리하도록 되어 있으며, 사방시설의 관리자는 사방시설의 안전성 확보를 위하여 필요한 경우 점검 및 안전진단을 하고 그 결과에 따라 안전조치를 한다. 또한, 사방사업은 산림 관할 행정기관에서 관련 법령에 따라 산림청 소관 국유림 또는 소관 외 국유림·공유림 및 사유림의 관할 기관장이 시행 및 관리하게 된다. 즉, 산림청 소속기관의 장, 특별시장·광역시장·특별자치시장·도지사·특별자치도지사 또는 시장·군수·구청장이 사방사업시설의 관리주체가 된다. 사방사업은 위치에 따라 산지사방, 야계사방, 해안사방으로 구분되는데, 산지사방으로는 산사태 예방 및 복구사업, 산지보전사업, 산지복원사업 등이 있으며, 야계사방은 산지의 계곡, 산지에 연결된 시내 또는 하천에 시행되는 사업이다. 최근에는 주로 산사태 예방 및 복구 사업의 일환으로 시행되고 있으며, 사방댐 설치 및 계류보전 등 중대형 구조물이 설치되는 사업이다. 또한, 해안사방사업은 해안방재림 조성, 해안침식방지 사업 등이 있다.

1.1.3. 용어의 정의

1) 사방사업

황폐지를 복구하거나 산지의 붕괴, 토석·나무 등의 유출 또는 모래의 날림 등을 방지 또는 예방하기 위하여 공작물을 설치하거나 식물을 파종·식재하는 사업 또는 이에 부수되는 경관의 조성이나 수원의 함양을 위한 사업을 말한다.

2) 사방시설

사방사업에 따라 설치된 공작물과 파종·식재된 식물(사방사업의 시행 전부터 사방사업의 시행지역에서 자라고 있는 식물을 포함)을 말한다.

3) 사방지

사방사업을 시행하였거나 시행하기 위한 지역으로서 관련 법령(사방사업법 제4조)에 따라 특별시장·광역시장·특별자치시장·도지사·특별자치도지사 또는 지방산림청장이 지정·고시한 지역을 말한다.

4) 사방시설의 관리주체

사방사업을 시행한 자가 된다. 다만, 사방사업 시행 후 「산림자원의 조성 및 관리에 관한 법률」 제5조에 따른 관할 행정청이 변경될 경우에는 변경된 행정청이 관리주체가 된다.

5) 사방시설의 유지관리

사방사업을 시행하여 설치된 사방시설의 기능을 보전하고 안전을 유지하기 위해 점검·정비하고 손상된 부분을 보수하며, 경과시간에 따라 요구되는 사방시설의 개량·보수·보강에 필요한 활동을 실시하는 것을 말한다.

6) 사방시설의 점검

사방분야 전문기술과 경험을 갖춘 자가 육안이나 점검기구 등으로 사방시설의 외관을 조사하여 침하, 붕괴, 파손 및 균열 등 결함의 정도를 포함한 사방시설에 내재되어 있는 위험요인을 조사하는 행위를 말한다.

7) 사방댐 준설

사방댐의 기능유지를 위해 필요시 사방댐 내 퇴적된 토사 또는 유목 등을 제거하여 사방댐 본연의 기능을 확보하기 위해 실시하는 작업을 말한다.

8) 사방댐 안전진단

사방댐을 점검한 결과 시설물의 물리적·기능적 결함 등을 발견하고 그에 따른 적절한 조치를 위해 구조적 안전성과 결함의 원인 등을 조사·측정·평가하여 보완·개량 등의 방법을 제시하는 행위를 말한다.

9) 사방시설 안전조치

사방시설의 안전에 중대한 결함이 있는 경우, 사방시설의 점검 및 안전진단의 결과에 기초하여 기능을 유지하기 위해 보완, 개량, 철거, 재시공, 대체시공 및 추가시공 등을 하는 조치를 말한다.

1.2. 사방시설의 관리

1.2.1. 사방시설의 유지관리 계획 수립

사방시설의 유지관리는 시·도지사 또는 지방산림청장이 사방시설의 관리·점검·안전진단·안전조치에 필요한 유지관리 계획을 매년 2월말까지 수립하여 시행한다. 또한, 사방시설 준공 후 유지관리를 위한 관리대장의 작성 및 운영은 산사태정보시스템을 통해 관리한다. 단, 산사태정보시스템에 등재되지 않은 사방시설은 전자적 처리가 가능한 방법으로 작성·관리하는 것이 효율적이며 계획수립의 세부과정은 다음과 같다.

1) 점검계획 수립

사방시설은 점검을 통해 시설에 발생한 「기능 및 성능의 변화상황」을 정확하게 파악할 수 있다. 따라서 계획적이고 효율적인 점검계획을 사전에 수립하는 것이 기본이며, 이를 위해 대상지역, 점검대상시설, 점검방법, 점검 실시 치제, 점검 실시 시기와 같은 사항을 포함하여 점검계획을 수립하는 것이 바람직하다.

정밀점검 및 안전진단이 필요한 대상지가 있는 경우 상기 점검계획수립과 같은 방법으로 지역별, 시설별, 점검방법, 점검시기를 결정하며, 정밀점검과 안전진단은 비용이 소요되므로 예산범위 내에서 점검의 시급성을 고려하여 우선순위에 따라 대상지를 선정한다. 또한, 정밀점검 및 안전진단 결과에 따라 조치계획을 수립하고 소요예산을 산정한 후 이를 근거로 예산반영 및 조치시기를 결정한다.

2) 사방지 지정·해제

사방시설 유지관리에 있어서 사방지 지정·해제는 토지소유자, 점유자 및 시설관리자에게 중요하고 민감한 사항이므로 지정·해제 계획을 수립하여 시행하는 것이 반드시 필요하다. 사방지 지정·해제는 관련 법령에 근거하여 계획을 수립한다.

사방시설 관리대장은 산사태정보시스템 웹에서 제공하고 있으므로 이를 활용하여 작성 및 운영하는 것이 효율적이다.

1.2.2. 유지관리 체계

사방시설의 유지관리는 사방시설 준공 후 사방시설 관리대장의 기록 → 점검 및 안전진단(정기·수시) → 점검 및 안전진단결과 조치계획 → 안전조치 등의 순으로 실시한다. 또한, 사방시설의 유지관리는 필요한 사업별로 점검 체크리스트 등에 따라 실시하며 표 1.2.1은 사방시설 분류에 따른 유지관리 체계의 흐름을 나타낸 것이다.

표 1.2.1. 사방시설의 유지관리 체계

점검 절차	점검 대상
외관점검	사방댐, 계류보전 시설, 산지사방 시설, 해안사방 시설
↓	
정밀점검	사방댐, 계류보전 시설, 산지사방 시설, 해안사방 시설
↓	
안전진단	사방댐의 외관점검 또는 정밀점검 결과, 안전진단이 필요한 경우 실시
↓	
안전조치 계획수립 및 관리대장 작성	

1) 외관점검

사방시설의 외관점검은 육안으로 주요시설의 외관상 균열·누수·파괴 등 피해정도를 조사하여 양호, 관찰필요, 불량으로 점검등급을 판정하고, 간략한 보수방안

제시 또는 정밀점검 또는 안전진단 필요 여부를 결정하는 것이다. 외관점검은 매년 6월말 1회 이상 실시하는 것을 기본으로 하며, 점검결과 등급의 점검 주기에 따른다.

2) 정밀점검

정밀점검은 외관점검 결과 육안점검의 한계로 인해 보다 정밀한 점검이 필요하다고 판단되는 사방시설에 대하여 간단한 장비 등을 사용하여 균열·누수·박리·박락·마모·파손 및 강도 등을 측정·조사·분석함으로써 점검등급을 판정하고, 준설, 보수, 보완, 보강, 개량, 철거 및 재·대체시공 등의 안전조치 방안제시 또는 안전진단 필요 여부를 결정하는 것이다. 준공 후 20년 이상의 기간이 지난 사방댐 중에서 정밀점검을 1회도 실시하지 않은 사방댐은 외관점검의 등급에 관계없이 정밀점검을 실시한다.

3) 안전진단

안전진단은 외관점검 및 정밀점검을 통해 심각한 물리적·기능적 결함이 발생하였으나 외관점검이나 정밀점검에서 안전조치 방안을 제시하기에 불충분한 경우 실시하는데 정밀상태조사와 안정성검토로 구분되고 정밀상태조사는 구조물조사, 비파괴검사 및 유역 취약성조사로 구분되며 안정성검토는 전도, 활동, 제체의 파괴 및 기초지반 안정해석 기술 등을 이용하여 사방댐의 구조적 안정 상태를 전문적으로 진단하고 보완·개량 등의 방법을 제시한다.

1.2.3. 사방시설 설계도·서 등의 관리

사방시설은 주로 국가, 지방자치단체에서 관리하며 이력관리 등에 필요한 관리대장 및 설계도서, 사방시설 점검 및 안전진단, 안전조치 등과 관련된 자료를 보존하는 것이 중요하다.

1) 사방시설 관리대장

사방지 지정·해제 등 기본현황, 사방시설 상세제원, 시공 및 점검·안전진단 등 유지관리 이력

2) 설계도·서

사방시설 설계의 종·평면도, 단면도, 구조물도, 수리·수문계산서, 공사시방서 등 사방시설의 유지관리에 필요한 준공 설계도·서

3) 시공관련

사방시설과 관련된 일반현황(시행청, 시공위치, 계약현황, 사업비, 산사태취약지역 지정, 타당성평가, 시설도면 등), 사진(공사현장 및 시설물의 정면·측면, 주요공종) 등

4) 점검 및 안전진단

하자보수 점검결과·조치, 사방시설 점검·안전진단 및 안전조치, 준설 등

5) 안전조치

점검·안전진단 결과 사방시설의 구조 결함에 따른 보완·개량 등

- 안전조치 경위, 기간, 시행자(감독, 시공자 등), 적용공법 등 안전조치에 관한 자료
- 안전조치(보완·개량 등)등으로 사방시설의 구조가 변경된 사항은 관리대장에 그 내용을 기재

사방시설 시공부터 준공, 그리고 유지관리까지 관리대장의 작성 및 운영, 관련 설계도·서, 점검 및 안전진단 체크리스트, 평가결과, 안전조치에 관한 상세한 내용 등은 산사태정보시스템을 통해 관리한다. 종이대장이 갖는 보관 및 열람의 한계성을 극복하고 신속·정확한 정보파악뿐만 아니라 주기적 업데이트로 이력관리 상황을 한눈에 파악할 수 있으며, 자료의 다운로드를 통해 필요한 정보를 출력하여 휴대할 수 있다. 사방시설 관리 담당자는 점검결과를 매회 업데이트하고, 작성 자료를 이전 자료와 비교·검토하여 이상 징후 여부를 파악할 필요가 있다. 특히 사진 및 영상촬영, 스케치 등을 할 경우 동일 위치에서 동일 방향으로 수행하면 시설물 변위나 변형을 파악하는데 효과적이다.

1.2.4. 사방지의 지정·해제 의견

사방지의 지정해제는 관련법에 따라 산사태취약지역의 지정이 해제되었거나, 사방사업 시행 후 5년이 경과된 사방지 중 사방지지정의 목적이 달성되었다고 판단되는 대상지는 '사방지의 해제 가능'으로, 사방지로 계속 유지되어야 하는 대상지는 '사방지의 유지' 등의 의견을 제시한다. 또한, 시·도지사 또는 지방산림청장은 사방지를 지정·해제하였을 때, 그 사실을 즉시 고시하고 지정·해제 내용을 토지 등의 소유자·점유자 또는 이해관계자에게 통지해야 한다.

1) 사방지의 지정

사방지의 지정은 사방사업 실시설계 완료 후 시공계약 이전에 지정절차를 완료하는 것이 일반적이다. 사방사업에 따른 사방지의 지정은 시·도지사 또는 지방산림청장이 지정하고, 토지 등의 수용이 필요한 경우에는 사전에 토지 등의 소유자·점유자 또는 이해관계자의 의견을 들어야 한다. 또한 지정지가 타법에 귀속될 경우 타법의 관련 시행기관과 사전에 협의할 필요가 있다.

2) 사방지의 해제

사방시설 점검결과 "사방지의 해제 가능" 의견으로 보고된 사방지는 특별한 사정이 없는 한 당해년도 말까지 해제 절차를 추진하여야 하여야 하며, 사방지의 지정해제는 시·도지사 또는 지방산림청장이 타당성여부를 검토한 후 적합하다고 인정하는 때에는 사방지의 지정을 해제하며, 사방지가 법 제20조제1항 제5호·제6호에 따라 사방지의 지정 목적이 달성되었거나 지정 목적이 상실된 경우 현지조사 후 이를 직권해제 한다.

1.2.5. 사방시설 관리대장

사방시설 관리대장은 대상지역에 따라 세부사업별로 구분하여 작성·관리하며, 사방사업을 실행한 기관에서 산사태정보시스템으로 작성하고, 시·도지사 및 지방산림청장이 확인하는 절차로 이루어진다. 관리대장은 DB관리 및 통계활용 등을 위해 사업실행 완료년도 11월 30일까지 작성·입력 또는 연계하여 관리대장은 시·도 및 지방청별 담당자가 관리한다. 관리대장을 작성한 후 수정 등이 필요한 경우에는 산림청과 미리 협의한 후 그 내용을 산사태정보시스템에 반영한다. 사방시설 관리대장 내용에는 시행청, 시공위치, 계약현황, 사업비, 산사태취약지역의 지정, 시공현황, 타당성평가, 하자보수 점검결과·조치, 사방시설 점검·안전진단 및 안전조치, 준설 등 관리내용, 사방지 지정·해제, 시설도면 및 사진자료 등을 포함한다. 사방시설 관리대장의 작성은 <별표 1, 2> 서식에 따른다.

1) 사방시설(사방댐) 관리대장 작성요령

가. 일반현황

① 관리번호 : 시·도(지방산림청) - 일련번호

- 관리번호는 시·도(지방청)를 기준으로 관리대장 입력 시 자동으로 부여하고 기관별 조성자료 등은 검색기능을 활용한다.

② 국가지점번호 : 국가지점 등록번호 부여받아 입력한다.

③ 시행청 : 사방댐을 실행한 기관에서 산사태정보시스템에 작성한다.

④ 시공위치 : 행정구역의 지번까지 기재하고 좌표는 WGS84 체계로 단일화한다.

- 좌표는 본체 중앙부를 기준으로 취득한다.

⑤ 소유구분 : 국유림, 공유림, 사유림으로 구분하여 기재한다.

⑥ 사업시행 기준 : 예산배정·사업완료 년도(회계년도 기준)를 모두 기재한다.

⑦ 사업구분

- 사방댐조성 : 사방댐 조성사업으로 시공된 사방댐
- 산림유역관리 : 산림유역관리사업으로 시공된 사방댐
- 수해복구사업 : 수해복구사업(예비비 등)으로 시공된 사방댐
- 기타 : 산불피해지 재해방지 목적 등으로 시공된 사방댐

⑧ 사업비 : 관급자재대를 포함한 사업완료(정산)금액으로 하고 국비와 지방비를 구분하여 백만 원 단위로 작성한다.

⑨ 산사태취약지역 : 산사태취약지역 실태조사 일자 및 지정(해제) 고시일을 기준으로 고시번호 및 일자를 기재한다.

⑩ 특이사항 : 하수관 연결사항, 시범지역 조성, 감시카메라 설치현황 등 현지 특이사항 기재한다.

나. 시공현황

① 시공목적

- 중력식사방댐 : 토석(土石) 차단을 주목적으로 하는 경우
- 버팀식사방댐 : 유목(流木) 차단을 주목적으로 하는 경우
- 복합식사방댐 : 토석(土石)과 유목(流木) 동시 차단을 목적으로 하는 경우

② 시공형식

- 투과형 : 본체의 횡단구조 개방으로 상류토사의 하류이동이 가능한다.
- 일부투과형 : 본체의 횡단구조가 일부 개방되었거나 개방되었더라도 본체기초의 높이로 토사의 하류이동이 제한적인 형태이다.
- 불투과형 : 본체의 횡단구조가 평상시에도 상류에서 하류지역으로 토사 등의 이동이 불가능한 형태이다.

③ 유역면적: 유수가 집수되는 산지유역 면적을 ha단위로 기재한다.

④ 사방댐의 규모 : 윗너비, 아랫너비, 유효높이, 총높이, 방수로 너비, 저사·저수량

다. 타당성평가 결과(「사방사업법」 제7조의3)

① 평가년도 : 타당성평가 실행년도를 기재한다.
② 평 가 자 : 사방협회 위탁시행과 자체시행을 구분하여 기재한다.
③ 평가의견 : 사방댐 형식, 사방댐 목적, 개략공사비 기재한다.

라. 하자보수 점검결과 및 조치

- 하자보수 보증기간(5년) 내의 사방댐의 하자발생 여부 점검결과 및 조치사항을 기재한다.
- 하자발생 내역이 없더라도 점검결과 이상 유무 등 기록입력한다.

마. 사방댐 점검(안전진단) 결과 및 조치

- 「사방사업법」 제15조에 따른 사방댐 점검(안전진단) 결과를 기재한다.

바. 사방댐준설 : 사업기간, 준설량 등을 기재한다.

사. 사방지 지정·해제현황

- 사방지 지정·해제내역(고시번호, 지정·해제일시, 면적)을 기재한다.

아. 사방댐 도면 : 정면도, 평면도, 구조도, 종단면도 등 설계도면

자. 사방댐 사진 : 사업시행 전·후 및 사방댐 대수면, 반수면 전경사진 등

- 사방시설의 점검을 전문기관에 의뢰하여 점검한 경우에는 자료 등을 제공받아 입력한다.

4) 사방시설(산지사방, 해안사방, 계류보전) 관리대장 작성요령

가. 일반현황

① 관리번호 : 시·도(지방산림청) - 일련번호
   - 관리번호는 시·도(지방청)를 기준으로 관리대장 입력시 자동부여하고 기관별 조성자료 등은 검색기능을 활용한다.
② 국가지점번호 : 국가지점번호 등록 대상 시설에 포함될 경우 등록 번호를 부여 받아 입력한다.
③ 시행청 : 사방시설을 실행한 기관에서 작성한다.
④ 시공위치 : 행정구역의 지번까지 기재하고 좌표는 WGS84 체계로 단일화한다.
   - 좌표는 본체 중앙부를 기준으로 취득한다.

⑤ 소유구분 : 국유림, 공유림, 사유림으로 구분하여 기재

⑥ 사업시행 기준 : 예산배정·사업완료 년도(회계년도 기준)를 모두 기재

⑦ 사업구분 : 세부사업명을 기재한다.

- 산지사방 : 산사태예방, 산사태복구, 산지보전, 산지복원
- 해안사방사업 : 해안방재림 조성, 해안침식 방지
- 야계사방사업 : 계류보전, 계류복원

⑧ 사업비 : 관급자재대를 포함한 사업완료(정산)금액으로 하고 국비와 지방비를 구분하여 백만원 단위로 작성한다.

⑨ 산사태취약지역 : 산사태취약지역 실태조사 일자 및 지정(해제) 고시일을 기준으로 고시번호 및 일자 기재한다.

⑩ 특이사항 : 하수관 연결사항, 시범지역 조성, 감시카메라 설치현황 등 현지 특이사항을 기재한다.

나. 시공현황(주요 시설내용)

① 흙막이 : 돌, 돌망태, 통나무, 콘크리트 등

② 골막이 : 돌, 흙, 바자, 돌망태, 콘크리트블록, 통나무 등

③ 바닥막이 : 콘크리트, 통나무, 돌망태

④ 기슭막이 : 옹벽, 찰쌓기, 메쌓기, 전석쌓기, 콘크리트 블럭 등

⑤ 수로내기 : 떼, 돌, 콘크리트, 콘크리트블록판, 반원관, 파식수로내기 등

⑥ 기타 : 퇴사울타리, 정사울타리, 방풍공, 나무식재 등

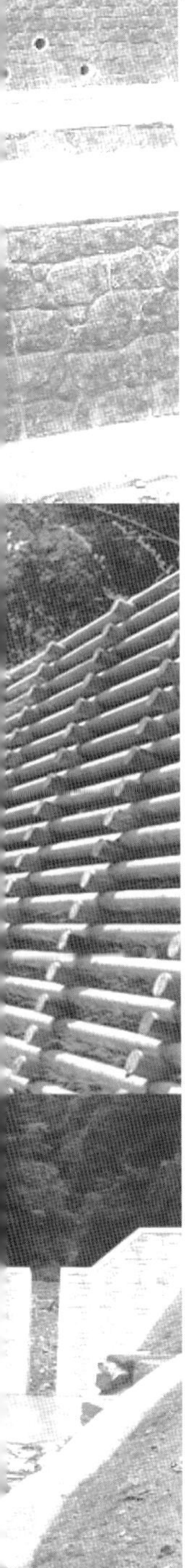

제2장

사방시설의 점검 및 진단

2.1. 점검 및 진단 개요

2.1.1. 점검 및 관리의 종류

사방시설의 점검은 현장점검을 원칙으로 하되, 원격탐사·의견조사 등 간접점검을 병행할 수 있으며, 「사방사업법 시행령」 별표 2의 규정에 따라 외관점검과 정밀점검으로 구분된다.

1) 외관점검

육안으로 사방시설의 외관상 균열·누수·파괴 등 피해정도를 조사하여 점검등급을 판정하고, 간략보수 방안 제시 또는 정밀점검 필요 여부를 결정한다.

2) 정밀점검

외관점검 결과 육안 점검의 한계로 인해 보다 정밀한 점검이 필요하다고 판단되는 사방시설에 대하여 장비 등을 사용하여 균열·누수·박리·박락·마모·파손 등과 강도 등을 측정·조사·분석함으로써 점검등급을 판정하고, 준설, 보수, 보완, 보강, 개량, 철거 및 재·대체시공 등의 안전조치 방안 제시 또는 안전진단 필요 여부를 결정한다.

3) 안전진단

사방댐에 발생한 심각한 물리적·기능적 결함을 해소하기 위한 안전조치방안을 비파괴검사 및 안정해석 기술 등을 이용하여 사방댐의 구조적 안정 상태를 전문적으로 진단하고 보완·개량 등의 방법을 제시한다.

2.1.2. 점검 및 관리의 대상

1) 점검 대상

준공 후 4년이 지난 「사방사업법」 제3조제3호에 따른 야계사방사업의 사방시설과 그 밖에 관리주체의 장이 필요하다고 인정하는 사방시설이 해당된다.

- 산지사방(산사태예방·복구, 산지보전·복원)사업 시행지 중 주택 및 공공시설 등과 연접된 곳
- 산지사방사업 실행지에서 전년도에 산사태 또는 토석류 피해가 발생하였던 곳
- 해안사방(해안방재림, 해안침식방지)사업 시행지 중 전년도에 지진 또는 해일 등으로 재해가 발생하였던 곳 등

- 사방시설의 하자담보책임기간 안에 있는 시설물

2) 안전진단 대상

사방댐 정밀점검 결과 다음에 해당하는 경우는 안전진단을 실시 한다.

- 정밀점검 결과 D등급에 해당하고, 사방댐의 안전성이 우려되어 안전진단이 필요하다고 판정된 시설
- 물가두기 사방댐은 정밀점검 결과 D등급의 경우 반드시 안전진단을 실시하고, C등급의 경우에도 필요시 안전진단 실시
- 태풍·지진·집중호우 등으로 사방시설에 심각한 손상이 있거나 심각한 결함 등이 발생한 경우에는 즉시 안전진단 실시

3) 안전진단 제외대상

산사태 및 토석류의 발생 가능성이 현저히 낮고 피해 가능성이 없는 경우 안전진단 대상에서 제외할 수 있다. 또한 사방시설 안전진단 대상지 중 추가시공 또는 재·대체시공 등이 필요한 경우에는 안전진단 대상에서 제외하고 즉시 안전조치를 시행할 수 있다.

4) 사방사업의 구분

가. 산지사방사업

산지에서 시행하는 사방사업은 다음과 같다.

- 산사태예방사업 : 산사태의 발생을 방지하기 위하여 시행하는 사방사업
- 산사태복구사업 : 산사태가 발생한 지역을 복구하기 위하여 시행하는 사방사업
- 산지보전사업 : 산지의 붕괴·침식 또는 토석의 유출을 방지하기 위한 사방사업
- 산지복원사업 : 훼손된 산지를 복원하기 위하여 시행하는 사방사업

나. 야계사방사업

- 야계사방사업(野溪砂防事業) : 산지의 계곡, 산지에 연결된 시내 또는 하천에 대하여 시행하는 다음 각 목의 사방사업
- 계류보전사업 : 계류(溪流)의 유속을 줄이고 침식 및 토석류를 방지하기 위하여 시행하는 사방사업
- 계류복원사업 : 자연적·인위적인 원인으로 훼손된 계류를 복원하기 위하여 시행하는 사방사업
- 사방댐 설치사업 : 계류의 경사도를 완화시켜 침식을 방지하고 상류에서 내려

오는 토석·나무 등과 토석류를 차단하며 수원 함양을 위하여 계류를 횡단하여 소규모 댐을 설치하는 사방사업

다. 해안사방사업

해안 모래언덕 등 해안과 연접한 지역에 대하여 시행하는 다음 각 목의 사방사업
- 해안방재림 조성사업 : 해일, 풍랑, 모래 날림, 염분 등에 의한 피해를 줄이기 위하여 시행하는 사방사업
- 해안침식 방지사업 : 파도 등에 의한 해안침식을 방지하거나 침식된 해안을 복구하기 위하여 시행하는 사방사업

5) 산지사방의 분류

산지사방은 산사태복구·산지보전·산지복원사업과 산사태예방사업으로 분류할 수 있고 산사태복구·산지보전·산지복원사업은 기초공사와 녹화공사로 구분되나 본 책에서는 기초공사에 대하여 기술하였다.

산지사방
- 비탈다듬기(뭉기기)
- 단끊기
- 땅속흙막이 : 돌, 돌망태, 바자, 콘크리트, 콘크리트블록, 흙 땅속흙막이
- 산비탈흙막이 : 떼, 바사, 섶다발, 통나무, 돌(산비탈돌쌓기 포함), 돌망태, 콘크리트벽, 콘크리트블록, 콘크리트판, 콘크리트기둥, 폐타이어, 흙포대 흙막이
- 누구막이 : 떼, 돌, 돌망태, 바자, 콘크리트블록, 흙포대, 통나무 누구막이
- 산복수로공 : 떼, 돌, 사석, 돌망태, 콘크리트, 콘크리트블록, 콘크리트 반원관, 파식수로내기
- 속도랑배수구 : 돌망태, 자갈, 콘크리트관, 섶다발, 나무다발
- 골막이 : 돌, 흙(떼), 바자, 돌망태, 콘크리트, 콘크리트블록, 통나무, PNC판 골막이

그림 2.1.1. 산지사방의 분류

가. 비탈다듬기(뭉기기)

① 개요

비탈다듬기(뭉기기)는 비탈경사가 불규칙한 비탈면 또는 비탈면에 불안정한 토

석층이 있어서 그대로는 줄떼공 또는 파종공을 실시할 수 없는 지역에 적용하는 공법이다. 안정된 비탈면을 조성할 목적으로 시공하는데, 기복이 심한 비탈면에 대해 땅깎기공사를 통해 평탄하게 다듬고, 깎아낸 토사를 깊은 곳에 되메우기를 하여 경사가 심한 비탈면을 일정한 경사로 유지시킨다. 일반적으로 비탈다듬기 공사를 시공하는 비탈면의 최종기울기는 안정물매(토사의 안식각)를 한계점으로 하는 것이 안전하다.

② 시공장소

표토층의 토양침식이 심하여 기복이 심한 산비탈이나 도로 건설 등으로 인한 땅깎기비탈면(절토비탈면) 또는 흙쌓기비탈면(성토비탈면), 암반절개 비탈면 등

③ 모식도

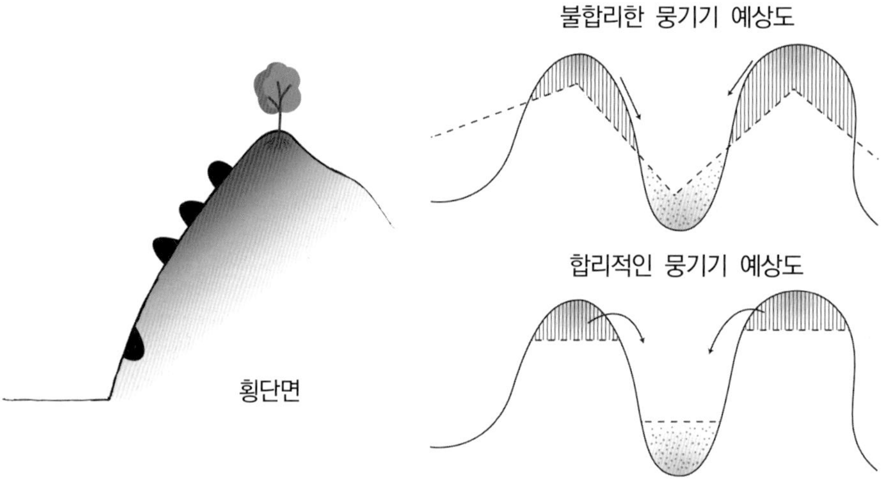

그림 2.1.2. 비탈다듬기 모식도

④ 시공사례

그림 2.1.3. 비탈다듬기

나. 단끊기

① 개요

단끊기는 비탈다듬기를 실시한 비탈면에 식생을 도입할 목적으로 목·초본류를 파식하기 위해 수평계단을 만들어 비탈면의 길이를 줄일 수 있고, 유수를 분산시키며, 토사유출을 방지하고, 식생도입에 필요한 기반을 조성할 수 있다. 통상 단끊기를 실시한 후에는 선떼붙이기나 조공, 흙막이 및 파식공사 등을 병행한다.

② 시공장소

황폐산지 및 산사태 발생지의 산복에서 비탈다듬기 후 식생을 도입할 비탈면이나 임도 및 생활권 흙깎기비탈면에서 비탈면 길이를 감소시키고자 하는 곳에 시공한다.

③ 시공사례

그림 2.1.4. 단끊기 시공사례

다. 땅속흙막이

① 개요

땅속흙막이는 비탈다듬기 및 단끊기의 시공과정에서 발생하는 잉여토사를 산복의 깊은 곳에 넣어서 이것을 유지·고정하는 공사로써, 비탈면 시공으로 인해 발생한 토사를 유하시키지 않을뿐더러 계상을 높이고, 산복의 비탈면 길이를 감소시키며, 선떼 붙이기의 급수를 낮추고, 파종공 실시구역을 안정시키는 등 여러 기능이 있는 유효한 방법이다.

② 시공장소

산복에서 비탈면의 절취토량이 많고 두터운 퇴적토층이 형성되어 토층이 강우에 의해 유출될 우려가 있는 곳이나 계상 및 산복의 비탈면 길이를 감소시키고자 하는 곳에 시공한다.

③ 모식도

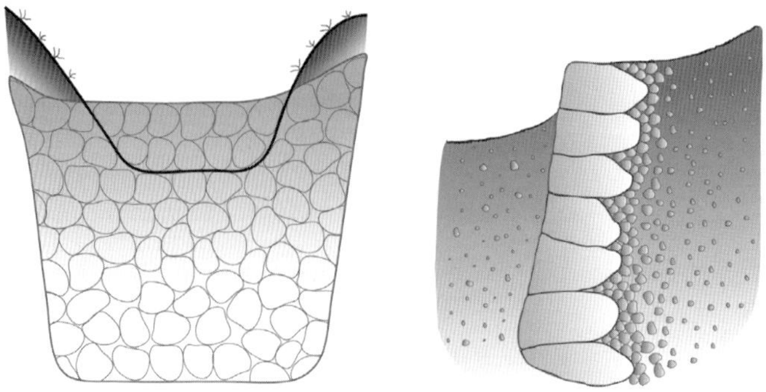

그림 2.1.5. 땅속돌흙막이 모식도

④ 시공사례

그림 2.1.6. 땅속돌흙막이 시공사례

라. 누구막이

① 개요

주로 누구침식(황폐한 산복에 발생되어 있는 작은 골)을 방지하기 위하여 시공하거나 수로의 기울기 완화, 수로공의 지지, 부토고정 등의 역할을 하는 기초 공사로 사용되는 공작물이다.

② 시공장소

산복수로를 계획할 때 횡공작물로써 수로의 기울기를 완화시키고 수로변의 토사를 안정시키고자 하는 곳이나 누구침식지를 복구·복원하는 대상지에 계획하고, 땅속흙막이 공작물보다 작은 규모의 대상지에 적용한다.

③ 모식도

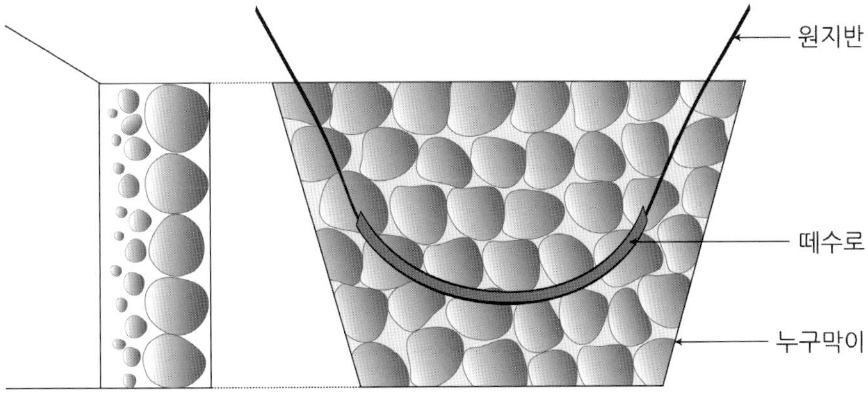

그림 2.1.7. 돌누구막이 모식도

그림 2.1.8. 떼누구막이 모식도

④ 시공사례

그림 2.1.9. 돌누구막이, 떼누구막이 시공사례

마. 산비탈흙막이

① 개요

산비탈흙막이는 산지비탈에서 흙이 무너지거나 흘러내림을 방지하고, 비탈면기울기를 완화시키며, 표면 유하수를 분산시키기 위한 목적으로 시공하는 공작물이다. 산비탈 흙막이 공작물의 주요 기능은 어떠한 경우에도 비탈면의 평행을 유지하도록 배치하여 지표침식은 물론 붕락과 땅밀림 등이 일어나지 않도록 고정하는 데에 있다.

② 시공장소

산지비탈면에서 붕괴 위험성이 있는 곳이나 붕괴된 곳에서 비탈다듬기 및 단끊기 공사로 발생한 토사를 유치하여 비탈안정을 도모할 필요가 있는 곳에 시공한다.

③ 모식도

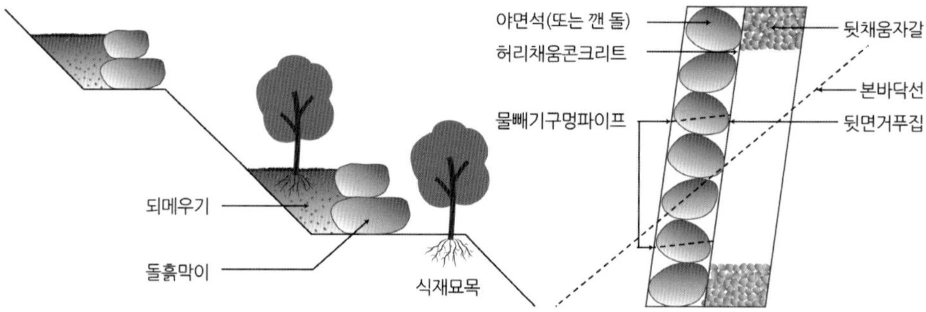

그림 2.1.10. 산비탈 돌흙막이 모식도

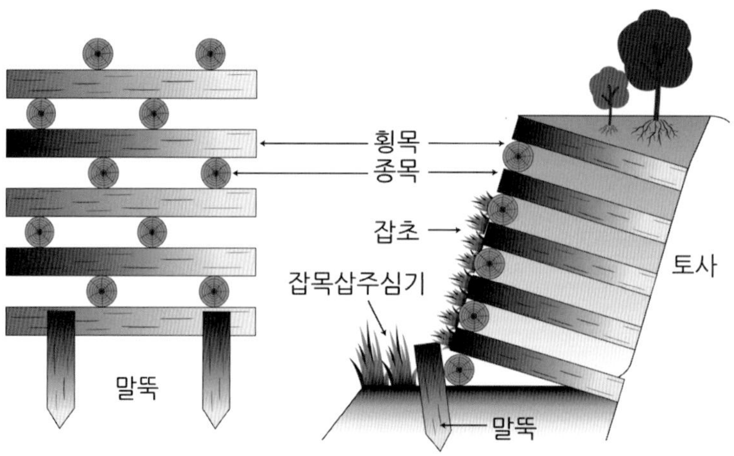

그림 2.1.11. 산비탈 통나무흙막이 모식도

④ 시공사례

그림 2.1.12. 산비탈 돌흙막이, 통나무흙막이 시공사례

바. 산복수로공

① 개요

산복수로공은 빗물에 의한 산복비탈면 침식을 방지하고, 시공 공작물이 파괴되지 않도록 일정한 수로에 유수를 모아 배수시키는 공작물이며, 산비탈의 전체적인 골격을 만드는 공종이다. 산복수로공은 떼·돌·기타의 재료를 사용하여 시공하며 수로공에 사용하는 재료에 따라 떼수로공, 돌수로공, 막돌수로공, 콘크리트수로공, 콘크리트블록수로공 등으로 나누어진다.

산복수로 공작물은 산비탈이 녹화되고 식재목이 뿌리가 발달함에 따라 도양이 긴박되는 상태에 도달할 때까지의 보조적 수단이므로, 반드시 영구적인 공작물일 필요는 없다.

② 시공장소

산비탈면에서 유수가 집수되는 곳이나, 산비탈 누구 또는 구곡 등 기존 수로기능을 가지고 있는 곳 또는 산사태지, 인공비탈의 사면유수와 사면의 골격을 가져야 하는 곳에 시공한다.

③ 모식도

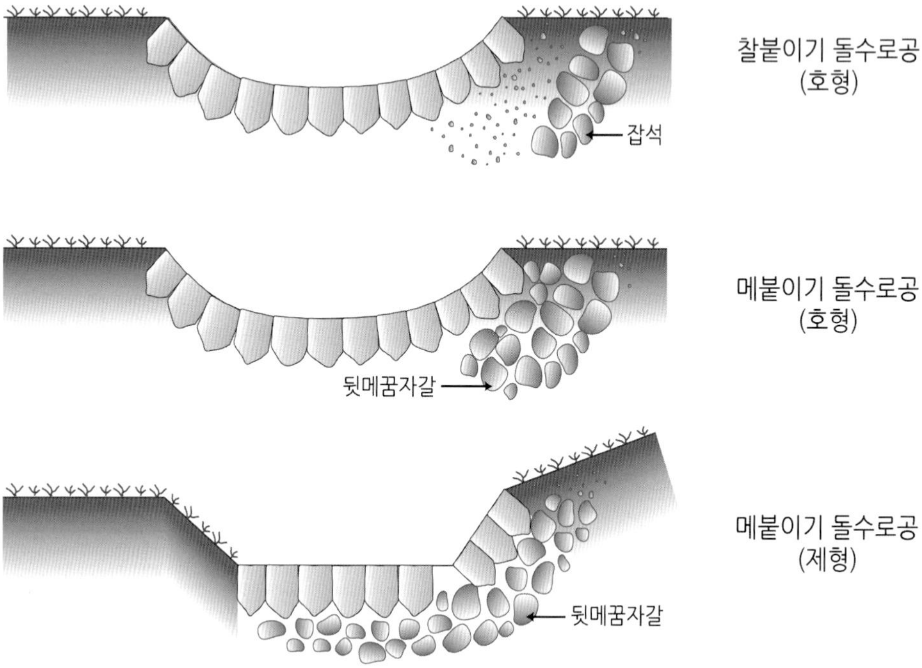

그림 2.1.13. 돌수로 모식도

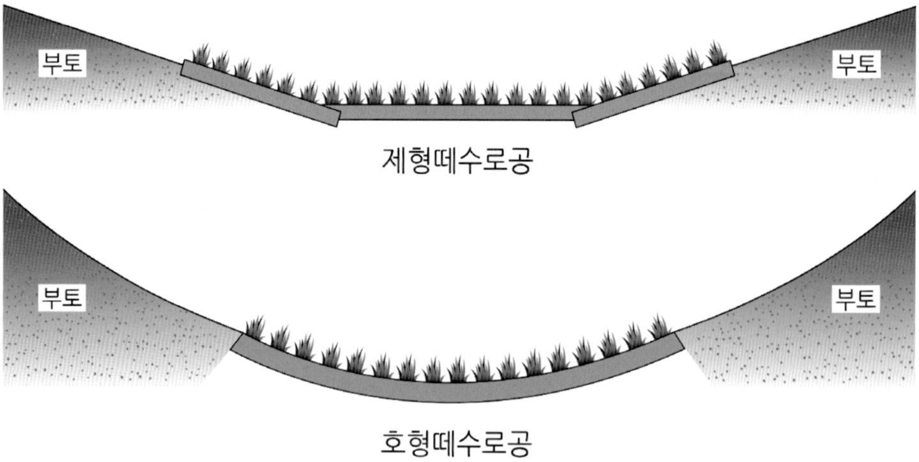

그림 2.1.14. 떼수로 모식도

④ 시공사례

그림 2.1.15. 돌수로, 떼수로 시공사례

아. 속도랑배수구

① 개요

속도랑배수구는 지하수·침투수를 신속히 배수시켜 비탈면의 함수비 및 간극수압을 저하시키기 위하여 시공한다. 또한 토층의 유동을 방지하고, 지하수가 지표면에 분출되거나 용수가 발생하여 재 붕괴를 일으키는 것을 방지하기 위해 설치한다.

② 시공장소

지하수나 침투수를 효율적으로 집수할 수 있고, 지표수를 원활하게 산복수로로 배제할 수 있는 곳

③ 모식도

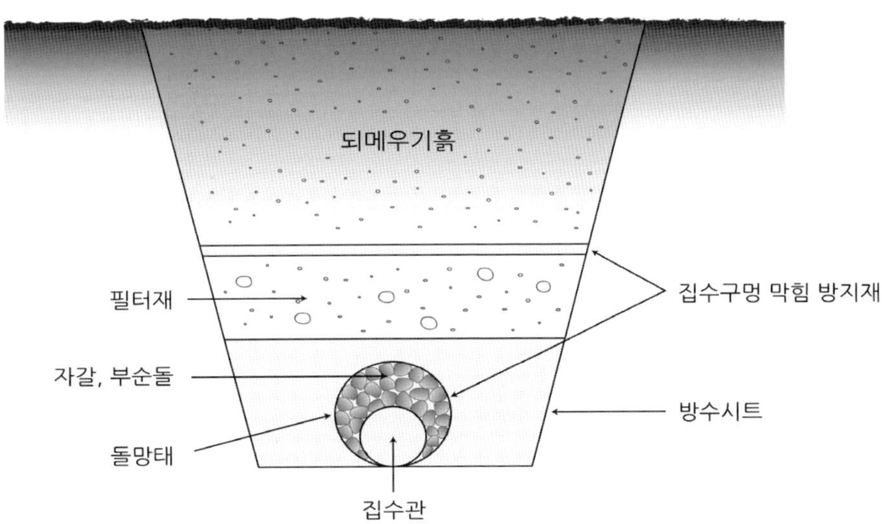

그림 2.1.16. 속도랑배수구 모식도

자. 골막이

① 개요

골막이는 황폐한 산복에 발생된 골(구곡)이나 계류의 상류부에 쌓는 소규모의 공작물로서 유수에 의한 종방향 침식억제, 유송토사의 하류이동 방지, 계류의 양쪽 기슭 보호를 위해 설치하며, 계류부에 설치하는 골막이는 사방댐과 외견상 모양이 비슷하나 규모가 상대적으로 작고 계류의 상류에 설치하며 토사퇴적 기능은 없다.

② 시공장소

산복의 골(구곡)에서 침식에 의한 비탈면 붕괴위험성이 있는 곳이나, 경사가 급한 계류에서 유수에 의한 침식이 예상되고, 이로 인한 양쪽 기슭의 붕괴가 예상되는 곳에 시공한다.

③ 모식도

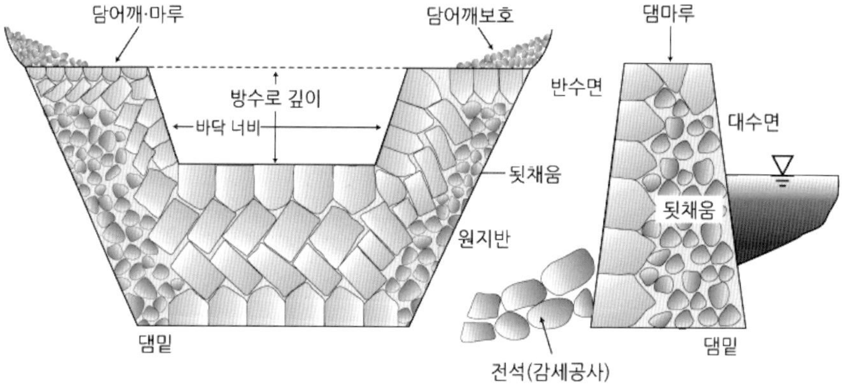

그림 2.1.17. 돌골막이 모식도

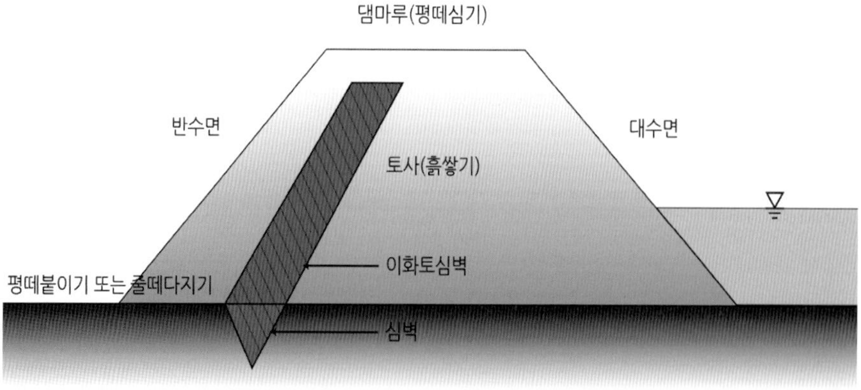

그림 2.1.18. 흙골막이 모식도

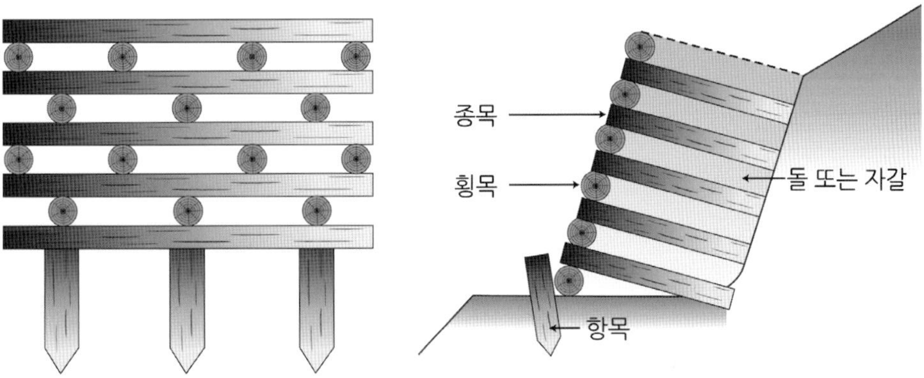

그림 2.1.19. 통나무골막이 모식도

④ 시공사례

그림 2.1.20. 돌골막이, 돌망태골막이 시공사례

6) 해안사방의 분류

해안사방은 해안지역에서 모래언덕의 이동이나 모래날림 등으로 인한 가옥, 도로 및 농경지 등의 피해를 예방하기 위하여 시행하는 사방공사로서 해안방재림 조성사업 및 해안침식방지사업 등이 포함된다.

가. 파도막이

① 개요

파도막이는 앞모래언덕의 하단부가 파도 등에 의하여 파괴되는 것을 방지할 목적으로 설치하는 구조물로써, 파도막이에는 이전부터 파도막이바자얽기, 파도막이울짱얽기 및 파도막이돌망태쌓기 등이 이용되었지만, 최근에는 콘크리트판, 콘크리트 블록 등의 2차 제품이 주로 사용되고 있다.

② 시공장소

과거의 최대 파도 도달선보다 육지 쪽으로 앞모래언덕 하단부에 시공한다.

③ 모식도

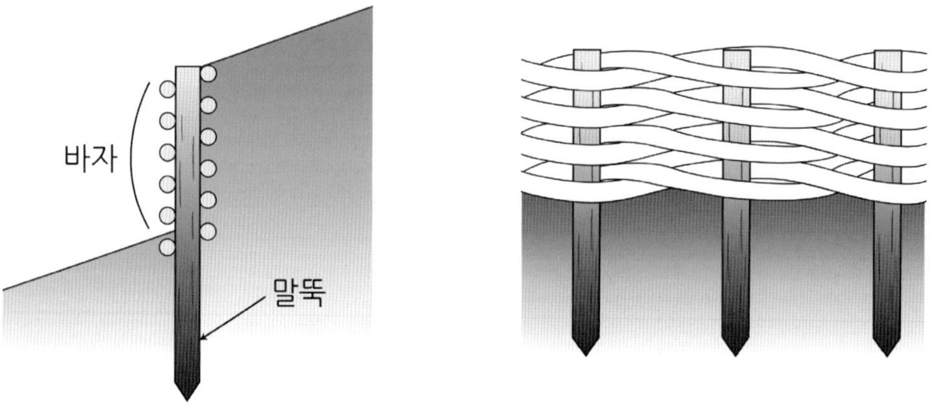

그림 2.1.21. 파도막이바자얽기 모식도

④ 시공사례

그림 2.1.22. 파도막이 시공사례

다. 해안침식지 복구

① 개요

풍랑 등으로 인하여 해안침식이 진행되고 있는 지역을 대상으로 현지에 적합하고 경관이 저해되지 않는 재료를 선택하여 흙막이·돌쌓기·큰돌쌓기 등의 구조물을 설치하고, 수림대를 조성하도록 한다.

② 시공장소

풍랑, 해일 및 지진해일 등에 의하여 해안침식이 진행되고 있는 지역이나, 해안의 침식방지와 함께 지역주민의 안전과 재산을 보호할 지역에 시공한다.

③ 모식도

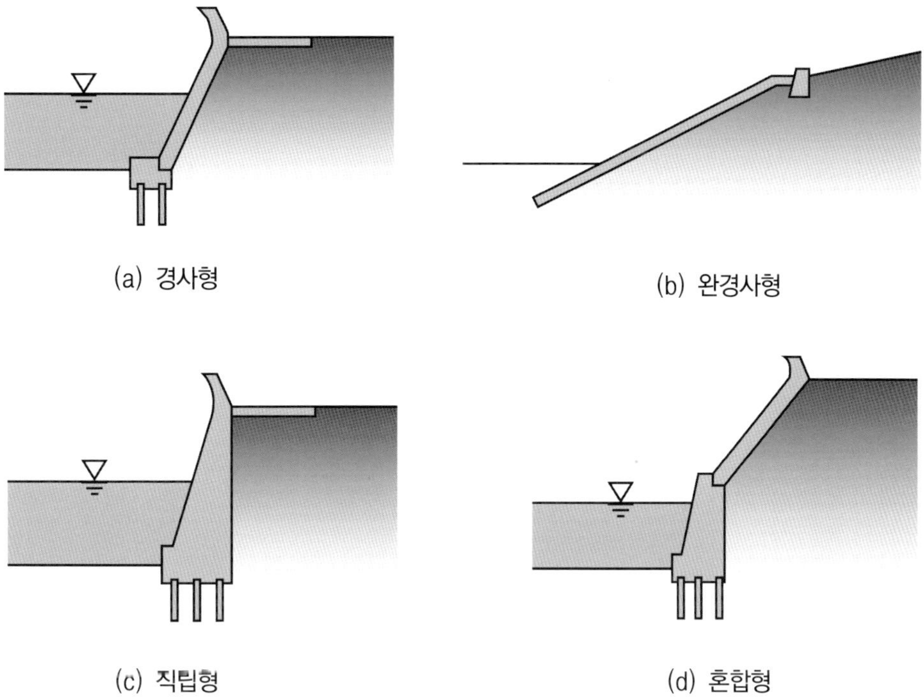

그림 2.1.23. 해안침식지 복구 모식도

④ 시공사례

그림 2.1.24. 해안침식지 복구 시공사례

라. 퇴사울세우기

① 개요

퇴사울세우기는 해안으로부터 모래날림이 많은 경우에 이동하는 모래를 퇴사울타리의 배후에 퇴적시켜 인공모래언덕을 조성하기 위하여 설치한다.

② 시공장소

모래가 깔려있는 해안에서는 바다 쪽에 앞모래언덕을 조성하고 육지 쪽에는 주모래언덕을 조성한다. 모래언덕의 조성순서는 육지 쪽부터 시작하여 점차 해안 쪽으로 진행한다.

③ 모식도

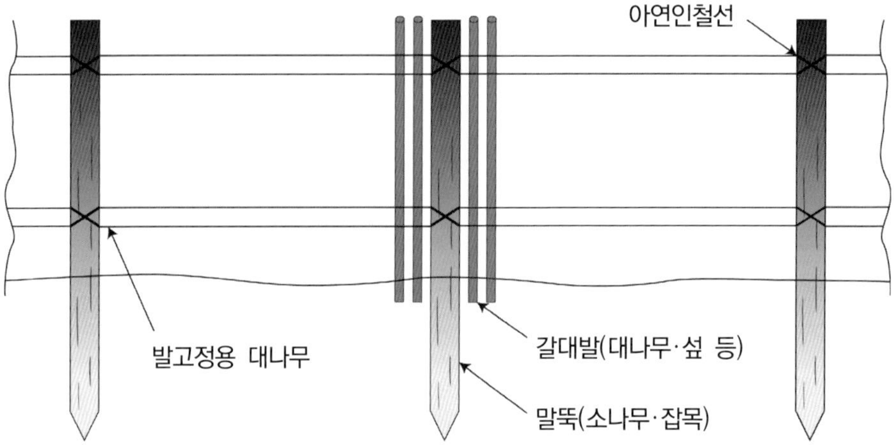

그림 2.1.25. 퇴사울타리 모식도

④ 시공사례

그림 2.1.26. 퇴사울세우기 시공사례

마. 정사울세우기

① 개요

정사울세우기는 식재예정지에 수목의 생육환경을 조성하기 위하여 후방의 풍속을 약화시키고, 모래의 이동을 막는 것을 목적으로 모래덮기와 사초심기를 병행하는 것이다. 토양고결제나 표면처리제로 지표면을 고정하기도 하며, 사용재료는 식재수목을 보호하기 위하여 필요한 기간까지 내구성을 유지할 수 있는 것을 사용한다.

② 시공장소

앞모래언덕의 뒤쪽으로 바람에 의한 모래날림을 방지하고, 해안방재림 조성에 필요한 모래땅에 시공한다.

③ 모식도

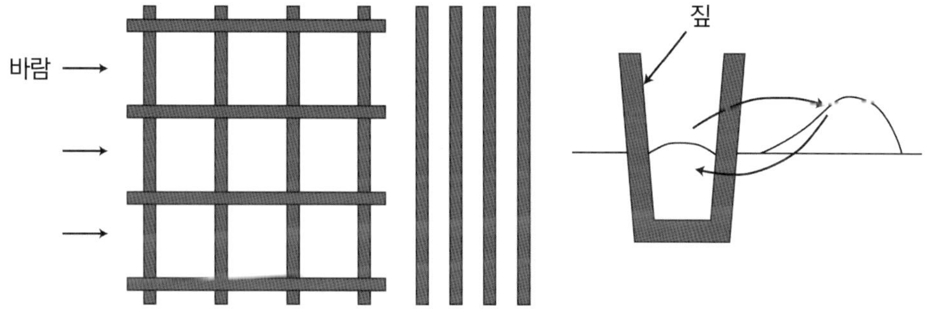

그림 2.1.27. 정사울세우기 모식도

④ 시공사례

그림 2.1.28. 정사울세우기 조성사례

바. 해안방재림 조성

① 개요

해안방재림은 해안의 염풍 아래에서 성립한 산림군락으로서 내륙과는 그 조성과 구조가 다른 산림이다. 장소에 따라 해빈림(海濱林), 해애림(海崩林), 기수림(責水林)으로 나눌 수 있다.

② 시공장소

국·공유지와 법으로는 소유할 수 없으나 활용실익이 있는 토지 등을 우선 사업대상지로 하며, 사유지는 소유주의 동의를 받아 사업을 실행한다.

③ 모식도

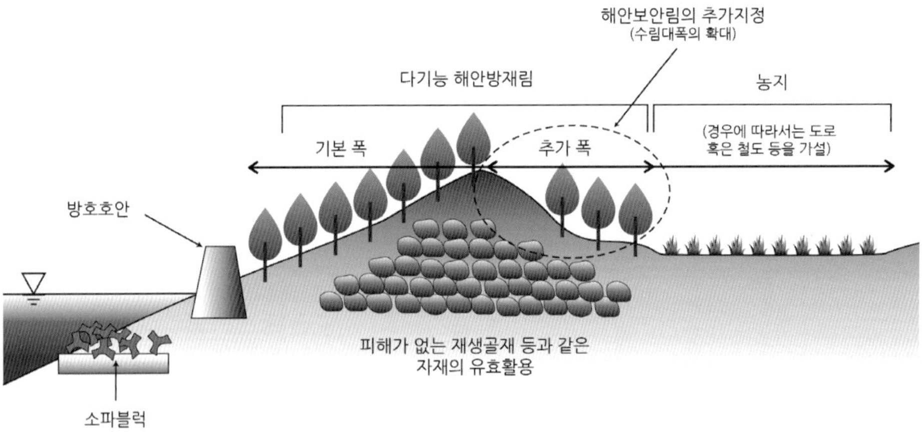

그림 2.1.29. 해안방재림 모식도

④ 시공사례

그림 2.1.30. 해안방재림 조성사례

7) 야계사방의 분류

야계사방은 계류보전사업, 사방댐 설치사업, 수질관리시설로 구분되나 본 요령에는 계류보전과 사방댐에 대하여 기술하였다. 계류보전사업의 공종으로는 종공작물인 기슭막이와 횡공작물인 바닥막이가 기본이 되며, 기타 공종으로 둑쌓기와 밑막이 등의 공종이 포함된다.

가. 기슭막이

① 개요

황폐계류에서 유수에 의한 계안의 횡침식을 방지하고 산각의 안정을 도모하기 위하여 계류흐름방향을 따라서 축설하는 계류 사방공종으로서 사용재료에 따라서 돌, 콘크리트, 블록, 돌망태, 통나무, 바자기슭막이 등이 있다.

② 시공장소

유로의 만곡에 의하여 물의 충격을 받는 수충부(水衝部)나 붕괴 위험성이 있는 계류변.

③ 모식도

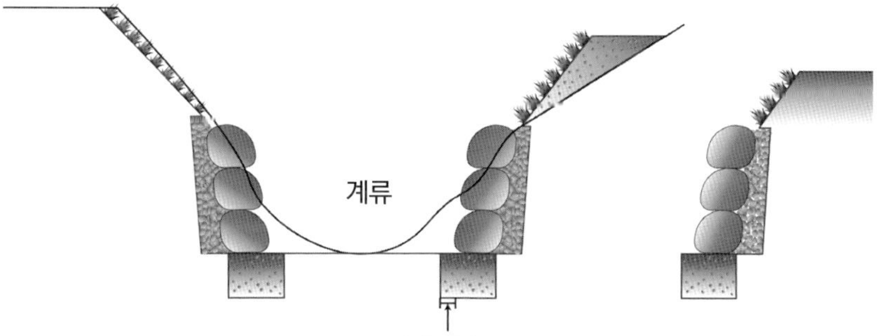

그림 2.1.31. 돌기슭막이 모식도

④ 시공사례

그림 2.1.32. 기슭막이 시공사례

나. 바닥막이

① 개요

황폐된 계류 바닥의 종침식방지 및 바닥에 퇴적된 불안정한 토사석의 유실을 방지하기 위하여 계천을 횡단하여 설치하는 계류보전 공종으로, 사방댐보다 높이가 낮다. 사용재료는 주로 콘크리트와 돌을 이용하나 경우에 따라서 콘크리트블록, 돌망태, 통나무, PNC판, 싶다발 등을 이용하여 다양하게 시공한다.

바닥막이와 바닥막이 사이에 낮은 바닥막이를 설치하기도 하는데, 이는 계상의 기울기 유지와 침식방지를 위하여 바닥막이 시설물보다 높이가 낮아 계류바닥보다 현저하게 높지 않는 것이 특징이다.

② 시공장소

- 계상이 낮아질 위험이 있는 지역과 지류가 합류되는 지역하류
- 종침식과 횡침식이 발생되는 곳의 하류
- 계상굴곡부의 하류

③ 모식도

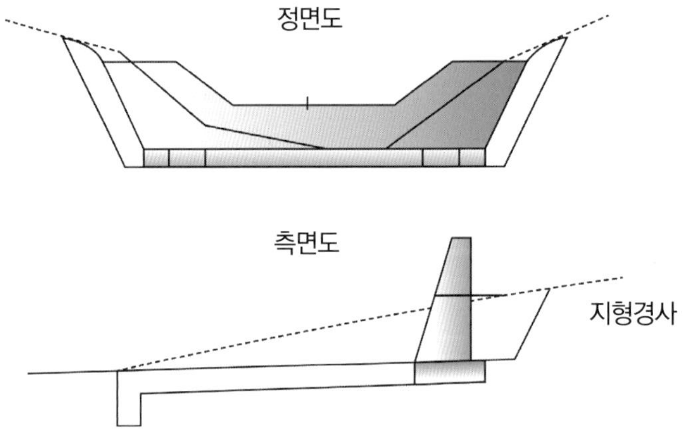

그림 2.1.33. 콘크리트 바닥막이 모식도

④ 시공사례

그림 2.1.34. 바닥막이 시공사례

8) 사방댐

사방댐은 형식에 따라 불투과형 사방댐, 투과형 사방댐, 일부투과형 사방댐, 복합형 사방댐으로 크게 분류할 수 있으며 이렇게 분류된 사방댐은 제체를 구성하는 시공재료에 따라 콘크리트, 석재, 강재, 기타 사방댐 등으로 분류된다. 요령에는 일반적으로 많이 쓰이는 대표적인 사방댐에 대하여 기술하였다.

- 사방댐
  - 불투과형
    - 콘크리트 사방댐
    - 석재 사방댐
    - 기타 사방댐 (강재틀, 목재 등)
  - 투과형
    - 강재 사방댐 (슬릿트, 버트리스)
    - 콘크리트 사방댐 (슬릿트, 버트리스)
  - 일부투과형
    - 강재 사방댐 (그리드, 와이어로프)
    - 콘크리트 사방댐 (도징, 다기능)
  - 복합형

그림 2.1.35. 사방댐의 분류

가. 불투과형 중력식 사방댐

① 개요

불투과형 중력식 사방댐은 제체(堤體)의 무게에 의해 수압 및 토압 등의 외력에 저항하여 안정을 유지하도록 설계·시공하는 사방댐이다.

중력식 사방댐은 제체를 구성하는 시공재료에 따라 다양한 형식을 가지고 있으며 콘크리트 사방댐과 석재 사방댐이 주로 시공되며 최근 들어 친환경 재료를 활용한 사방댐이 시공되고 있다.

일반적으로 제체의 단면이 다른 형식의 사방댐에 비해 크기 때문에 경과년수에 따라 설계조건이 변화되거나 재료가 노후됨으로써 일부 품질저하가 발생하여도 안전에 큰 영향을 미치지 않으므로, 축조 이후의 여러 조건변화에 폭 넓게 대응할 수 있다.

② 시공장소

주로 토석차단을 목적으로 설치하므로, 토석의 발생이나 운송이 예상되는 산지의 하류부에 시공한다.

③ 부위별 명칭 및 모식도

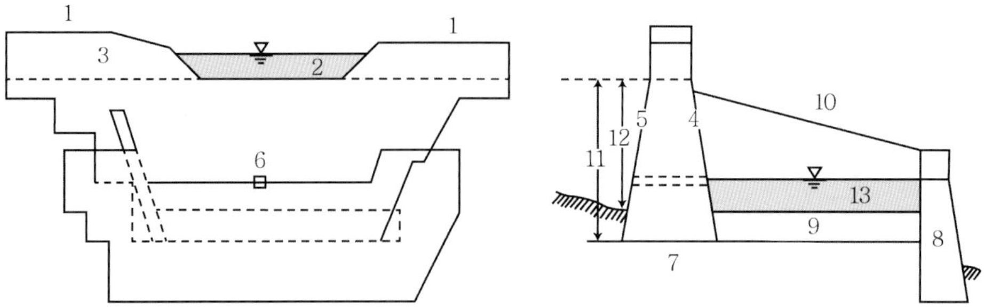

정면도　　　　　　　　　　측면도

1.댐둑마루　2.방수로　3.댐둑어깨　4.반수면　5.대수면　6.물빼기구멍　7.댐둑밑
8.앞댐　9.물받침　10.측벽　11.댐높이　12.댐유효높이　13.물방석(water cushion)

그림 2.1.36. 불투과형 사방댐의 부위별 명칭

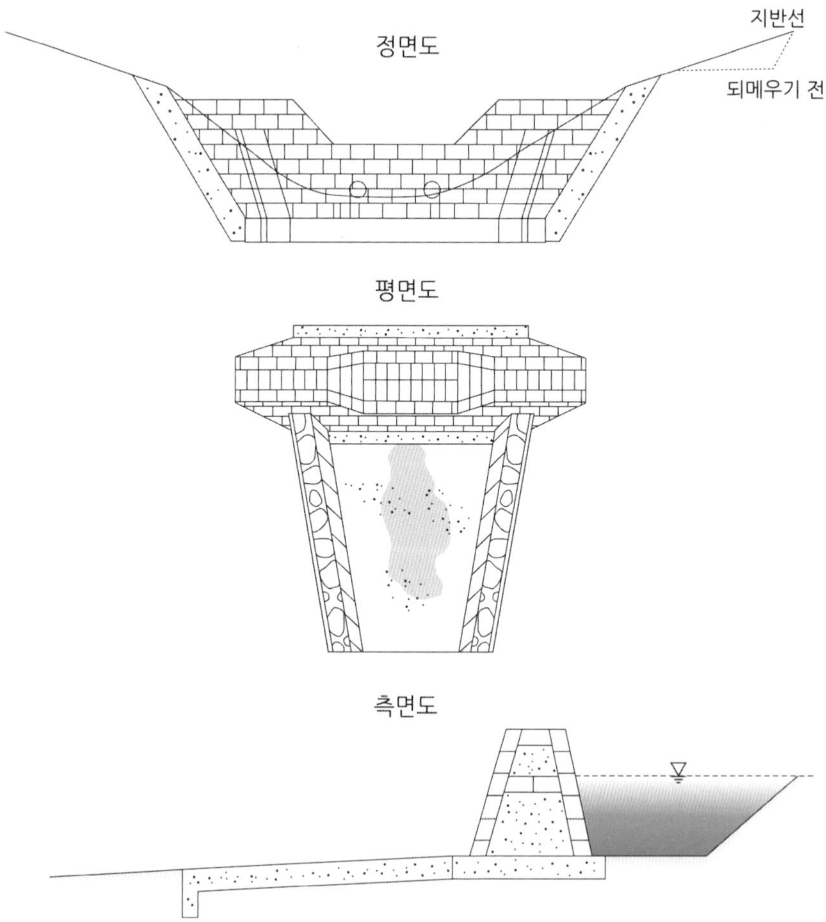

그림 2.1.37. 중력식 석재 사방댐의 모식도

④ 시공사례

그림 2.1.38. 중력식 콘크리트 사방댐 시공사례

그림 2.1.39. 중력식 석재 사방댐 시공사례

그림 2.1.40. 중력식 친환경 사방댐 시공사례

나. 투과형 슬릿트 사방댐

① 개요

투과형 슬릿트 사방댐은 철근 콘크리트 또는 원통형 철강재 기둥을 빗살 모양으로 세워 홍수 시에는 유목이나 토사석력을 저지하고, 평상시에는 토사를 서서히 유하시킨다.

② 시공장소

유목이나 일부 석력만을 저지할 목적으로 시공하는 사방댐으로서, 상류로부터 유목의 발생이 예상되는 곳이나 거대 석력이 많고 유수에 의해 쉽게 유하할 수 있는 계류에 시공한다.

③ 모식도

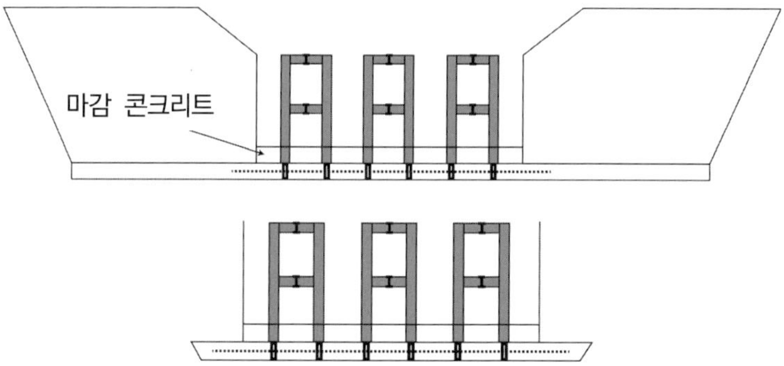

그림 2.1.41. 슬릿트 사방댐 모식도

④ 시공사례

그림 2.1.42. 투과형 슬릿트 사방댐 시공사례

다. 투과형 버트리스 사방댐

① 개요

투과형 버트리스 사방댐은 유수에 의해 발생하는 힘을 부벽(扶壁, 버트리스, buttress)을 이용하여 기초지반에 전달하는 댐이다.

② 시공장소

유목이나 토석 등의 이동이 예상되는 계류에 설치하며, 구조적으로는 댐 자리의 폭이 넓고 댐 높이가 낮은 곳에 시공하며, 스크린댐은 버트리스 사방댐 중에서 흔히 시공하고 있는 가장 일반적인 형식으로, 주로 철강재를 이용하기 때문에 단기간에 시공할 수 있으나, 큰 석력의 충격이나 측방으로부터 큰 압력을 받을 위험성이 있는 장소는 피하는 것이 좋다.

③ 모식도

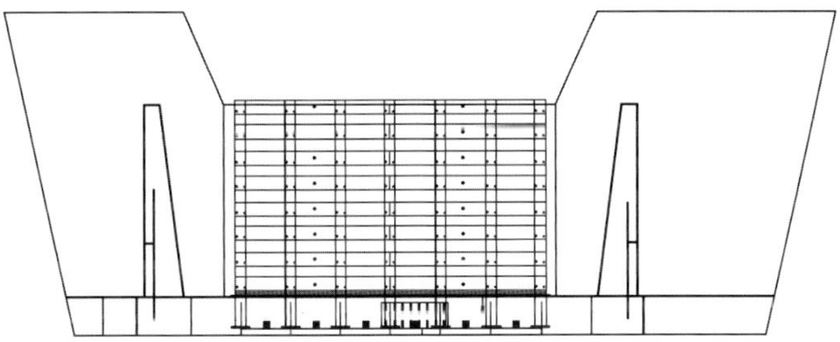

정면도

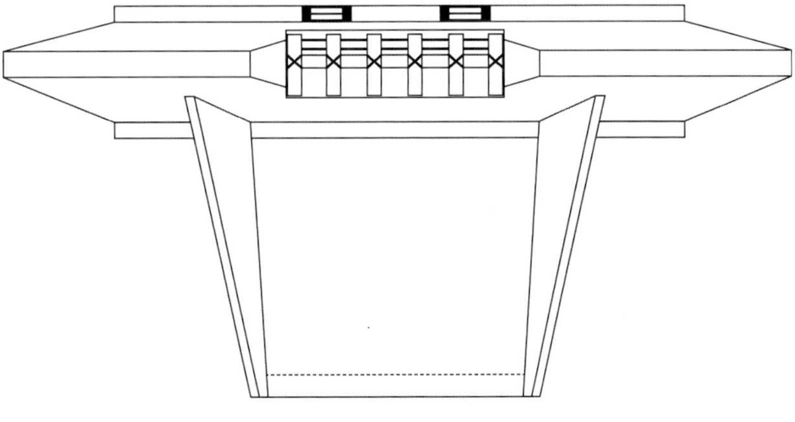

평면도

그림 2.1.43. 버트리스 사방댐 모식도

④ 시공사례

그림 2.1.44. 투과형 버트리스 사방댐 시공사례

라. 도징(dosing) 사방댐

① 개요

도징 사방댐은 댐의 일부 구간을 개방하여 유목차단 기능과 생태통로 기능을 동시에 갖도록 시공하는 사방댐으로써 일반적으로 도징 사방댐은 홍수 시에는 댐의 대수면 측에 토사를 퇴적시켰다가 평상시에 서서히 하류로 흘러보내 토사를 조절하는 기능을 가진다.

② 시공장소

유목이나 토석의 발생위험이 적고, 상시 물이 흘러 어류의 이동 통로가 필요하거나 소동물의 이동을 위한 생태적 고려가 특히 요구되는 곳에 시공한다.

③ 모식도

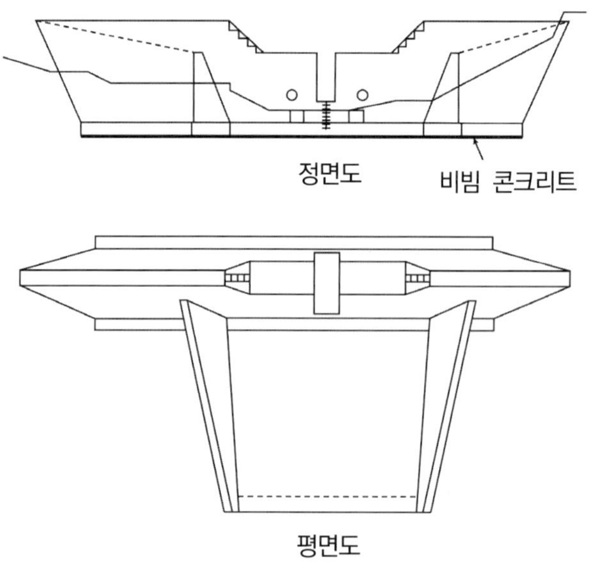

그림 2.1.45. 도징 사방댐 모식도

④ 시공사례

그림 2.1.46. 도징 사방댐 시공사례

마. 복합형 사방댐

① 개요

복합형 사방댐은 사방댐의 하부는 불투과형으로 시공하고, 상부는 투과형으로 시공하여 불투과형과 투과형이 조합된 형태의 사방댐이다. 계상에 퇴적된 토사의 이동을 방지하고, 유목이나 석력 등을 차단하기 위하여 채택한다.

② 시공장소

토석과 유목을 함께 차단·유치할 필요가 있는 계류에 시공하고, 토석의 발생량이 많지 않으며 동시에 유목의 발생이 예상되는 계류에는 토석과 유목을 동시에 차단하기 위한 목적으로 시공한다.

③ 모식도

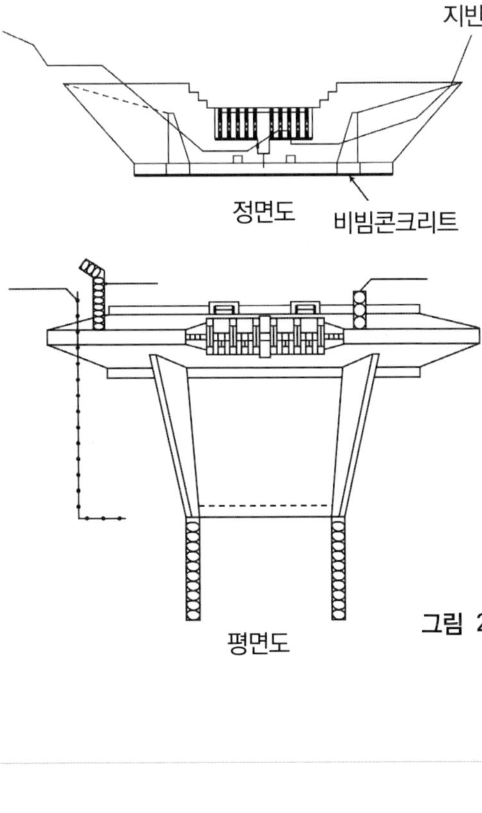

그림 2.1.47. 복합형 사방댐 모식도

④ 시공사례

그림 2.1.48. 복합형 사방댐 시공사례

2.1.3. 점검 및 진단 방법

1) 점검 방법

사방시설의 점검은 현장점검을 원칙으로 하지만 원격탐사·의견조사 등 간접점검을 병행할 수 있으며, 사방시설의 점검은 관리주체에서 직접점검하거나 또는 전문기관에 의뢰하여 실시하는 경우가 일반적이다.

2) 안전진단 방법

안전진단은 정밀상태조사(구조물조사, 비파괴검사, 유역 취약성조사), 안정성평가(구조해석, 시뮬레이션 등) 및 보수·보강 대책제시 등의 필수적인 기본과업과 재료시험(콘크리트 시험 및 강재시험), 지반조사, 누수탐사, 수리·수문조사 및 토석류 충격시험 등 필요시 추진하는 선택 과업으로 구분하여 실시한다.

관리주체의 직접점검은 필요에 따라 관계기관 및 전문가와 합동으로 실시하고, 점검의 중복·누락 등이 발생하지 않도록 관계기관(지자체, 지방산림청 등)과 상호 협의하여 실시할 수 있다. 전문기관에 의뢰하는 경우 사방협회, 사방사업 관련 공익법인, 산림분야 기술사사무소, 산림조합 또는 산림조합중앙회, 농림전문분야 엔지니어링 사업자 등이 해당한다.

구조물 조사는 사방댐 본체, 측벽, 물받이로 구분하여 "안전진단 정밀상태조사"에 제시된 기준을 따라 등급을 평가한다. 비파괴검사는 "안전진단 비파괴검사"에 제시된 기준을 따라 등급을 평가한다.

유역 취약성조사는 사방댐의 유역에 대하여 「산사태 발생 우려지역 조사 및 취약지역 지정·관리 지침」의 "토석류 발생 우려지역 판정표"에 따라 조사한 후 "안전진단 정밀상태조사"에 제시된 기준을 따라 등급을 평가한다. 안정성평가는 사방댐의 전도, 활동, 제체의 파괴, 기초지반 안정에 대하여 각각 평가한 후"안전진단 안정성평가"에 제시된 기준을 따라 등급을 평가한다.

사방시설의 안전진단은 재료별로 <별표 17, 18, 19>의 서식에 따른다.

기본과업의 현장조사 및 시험 항목에 있어서 특별한 사유가 있는 경우에는 세부지침에서 추가할 수 있다. 선택 과업은 대상 시설물의 특성 및 현지여건 등을 감안하여 실시하며, 사방댐 및 계류주변의 황폐도 등을 감안하여 안전진단에 필요한 사항을 추가한다.

2.1.4. 점검 및 진단 시기

1) 점검 시기

- 정기점검 : 사방시설의 외관점검은 매년 6월 30일까지 1회 이상 실시하는 것을 기본으로 하며, 점검결과 등급의 점검 주기에 따른다.
- 수시점검 : 사방시설 관리주체의 장이 필요시 비정기적(수시)으로 실시한다.
- 하자점검 : 사방시설 준공검사를 완료한 날로부터 하자담보책임기간까지 연 2회 이상 정기적으로 하자발생 여부를 검사하여야 한다.

2) 안전진단 시기

사방시설 정밀점검 결과 안전진단이 필요하다고 판정되면 1년 이내에 안전진단을 실시하여야 한다. 또한, 사방시설의 점검은 점검시기에 따라 정기점검, 수시점검, 하자점검으로 구분된다.

- 정기점검 : 사방시설의 유지관리를 위해 매년 정기적으로 실시하는 점검으로 외관점검을 기본으로 하며, 필요시 정밀점검을 수행한다. 사방시설에 대한 정기점검 주요항목은 시설물의 누수·균열·파손·세굴 등의 유무를 확인하는 것이다.
- 수시점검 : 태풍 또는 집중호우 등의 상황발생 직후 가능한 빠른 시기에 실시하는 점검으로 정기점검에 준하여 외관점검을 기본으로 하며, 필요시 정밀점검을 수행한다. 수시점검의 점검항목은 시설물의 손상 유무 및 정도, 피해정도, 주변지역 상황을 파악·확인하는 것을 포함한다.

- 하자점검 : 하자보수기간 또는 하자담보책임기간이 끝나기 전에 시행하는 점검을 말하며, 정밀점검이 필요한 경우 숙련된 전문가를 통해 수행하도록 한다.

안전진단은 외관점검 및 정밀점검을 통해 심각한 물리적·기능적 결함이 발생하였으나 외관점검이나 정밀점검에서 안전조치 방안을 제시하기에 불충분할 경우 구조물조사, 비파괴검사, 유역 취약성조사, 안정성검토 등을 이용하여 사방댐의 안전 상태를 전문적으로 진단하여 안전조치 방안을 제시한다. 준공 후 20년 이상의 기간이 지난 사방댐 중에서 정밀점검을 1회도 실시하지 않은 사방댐은 외관점검의 등급에 관계없이 정밀점검을 실시하여야 한다.

2.1.5. 점검 및 진단 체계

사방시설의 유지관리 단계별 등급 및 조치방안 체계도는 외관점검, 정밀점검, 안전진단 결과에 따른 등급 및 조치방안에 대한 흐름을 나타낸 것으로 사방시설의 유지관리에 대한 전반적인 사항을 요약·정리하였다.

외관점검은 육안으로 주요시설의 외관상 피해정도를 조사하여 양호, 관찰필요, 불량으로 점검등급을 판정한다. 외관점검에서 양호로 판정된 사방시설은 다음 2년 주기마다 외관점검을 실시하고, 관찰필요로 판정된 시설물은 시설물의 상태에 따라 1년 주기 외관점검 또는 정밀점검을 실시한다. 또한, 외관점검에서 불량으로 판정된 시설물은 단순보수를 실시하거나 정밀점검 및 안전진단을 실시한다.

정밀점검이 필요하다고 판단되는 사방시설에 대하여 장비 등을 사용하여 균열·누수·박리·박락·마모·파손 등과 강도 등을 측정·조사·분석함으로써 점검등급을 판정한다. 정밀점검의 판정등급은 보완·보수가 필요한 A~B등급과 보강·개량이 필요한 C~E등급으로 구분된다. 또한, 정밀점검에서 대책제시가 가능한 C등급 시설물은 보강·개량을 실시한 후 정밀점검을 실시하고 C등급의 물가두기 사방댐 및 D등급 사방댐은 안전진단을 실시한다. 정밀점검 결과, 보강·개량의 대책제시가 불가능하거나 비효율적일 경우 E등급으로 판정하고 추가시공 또는 재·대체시공을 실시한다. 안전진단이 필요한 사방댐은 주요 구조부에 대한 부재별 정밀조사, 비파괴검사, 안정성평가를 실시하여 진단등급을 판정한다.

외관점검에서 불량으로 판정되어 안전진단을 실시한 경우, 경미한 결함만 관찰 되는 사방댐이 있을 수 있으며 이러한 사방댐은 보수가 필요한 1~2등급으로 판정된다. 안전진단 결과, 경미한 결함이 전반적으로 발생하였거나 일부 중대한 결함이 발생하여 사방댐의 기능이 저하된 시설물은 3등급으로 판정된다. 또한 안전진단 결과, 중대한 결함이 다수 발생하여 전반적 보강·개량이 필요한 상태의 사방댐은 4등급으로 판정되며 중대한 결함이 광범위하게 발생하여 보강·개량이 불가능한 사방댐은 추가시공 또는 재·대체시공이 필요한 5등급으로 판정된다.

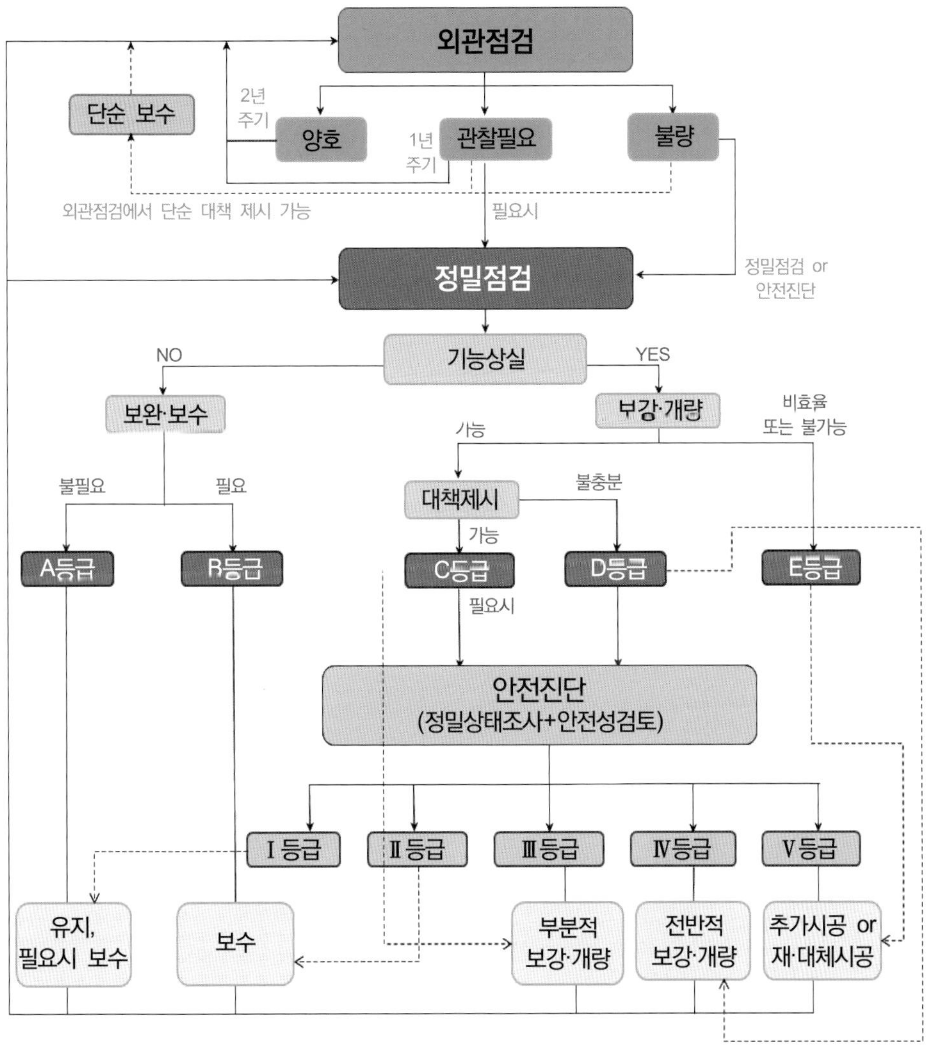

그림 2.1.49. 사방시설의 유지관리 단계별 등급 및 조치방안 체계도

2.2. 유지관리 조사항목

2.2.1. 사방댐 조사항목

1) 파손 및 손상

가. 콘크리트 파손 및 손상

콘크리트 사방댐의 파손은 지속적인 외력의 작용이나 과도한 충격에 의해 발생하는 결함을 의미하며 손상은 구조물의 물리적, 화학적 요인에 의한 재료분리, 박리, 박락, 침식, 마모 등을 포함한다. 이러한 파손 및 손상에 의해 콘크리트 사방댐의 구조적 안정성과 사용성을 심각하게 저하시킬 수 있으므로 비파괴 시험에 의한 콘크리트 평가를 실시하여야 한다.

그림 2.2.1. 콘크리트 사방댐 방수로 손상

그림 2.2.2. 콘크리트 사방댐 댐둑어깨 파손

그림 2.2.3. 콘크리트 사방댐 반수면 손상

그림 2.2.4. 콘크리트 사방댐 대수면 손상

그림 2.2.5. 콘크리트 사방댐 물받이 파손

그림 2.2.6. 콘크리트 사방댐 측벽 손상

나. 석재 결손 및 손상

석재 사방댐의 결손은 외력에 의해 댐마루에 주로 발생하며 반수면에 발생한 결손은 제체의 침하로 이어질 수 있는 중요한 결함이므로 침하 및 변위검토가 필요하며, 또한 시공 시 불량한 석재를 사용하거나 노후 사방댐의 경우 석재 자체의 풍화에 의해 구조적 안정성에 영향을 미칠 수 있으므로 비파괴 시험을 통한 평가가 필요하다.

그림 2.2.7. 석재 사방댐 방수로 결손

그림 2.2.8. 석재 사방댐 댐둑어깨 결손

그림 2.2.9. 석재 사방댐 반수면 하부 결손

그림 2.2.10. 석재 사방댐 대수면 만사

그림 2.2.11. 석재 사방댐 물받이 미시공

그림 2.2.12. 석재 사방댐 측벽 결손

다. 강재 파손 및 손상

강재 사방댐의 파손 및 손상은 외력에 의해 부재자체에 발생한 함몰이나 강재 부식을 촉진시킬 수 있는 도장 불량 등이 있다. 이러한 파손 및 손상 중 과도한 충격에 의한 강재 파단 및 중요부위 파손이 발생하였을 시에는 정밀점검 및 진단 후 긴급한 보수·보강이 필요하다. 노후된 강재 사방댐의 경우 강재 자체의 강도가 저하되어 구조적 안정성에 영향을 미칠 수 있으므로 비파괴 시험을 통한 평가가 필요하다. 강재 사방댐의 경우, 댐어깨부 및 물받이, 측벽 등은 콘크리트 및 석재로 구성된 경우가 많으므로 각 부재별로 조사하여 평가 한다.

2) 균열 및 이음부 열림

가. 콘크리트 균열 및 이음부 열림

콘크리트 사방댐의 균열은 여러 가지 결함 중 가장 많이 발생하는 결함으로 외력작용에 의해 발생하는 균열과 건조수축, 온도변화, 기후작용, 화학작용 등으로 콘크리트에 일반적으로 발생하는 균열로 구분된다. 외력에 의한 균열은 일반적인 균열과는 달리 수평균열과 사방향 균열 형태로 발생하며 일본의 경우 이러한 균열형태를 구조적으로 문제가 되는 중요한 결함 형태로 분류하고 있다.

또한 수평균열과 사방향 균열은 사방댐을 관통하는 균열형태로 많이 나타나 매우 심각한 결함으로 이어질 수 있으므로 크랙 게이지 등을 활용한 진행성 조사와 비파괴 검토를 반드시 실시해야 한다.

콘크리트 사방댐의 수축이음은 구조물의 진동, 기초의 부등침하 등 예기치 않은 균열이 생기는 것을 방지하기 위한 신축이음 중 콘크리트 수축에 대응하는 이음이며 시공이음은 경화한 콘크리트 위에 이어서 타설할 때 생기는 이음으로 방향에 따라 수평시공이음과 연직시공이음으로 구분한다. 이러한 수축이음과 시공이음면에 시공상의 요인, 외적인 요인, 환경적인 요인에 의해 이음부 열림이 발생한다. 이러한 콘크리트 이음부 열림은 구조물의 안전성에 직접적인 영향을 미치지는 않지만 누수 및 동결융해 등에 의해 결함이 진전될 경우 사방댐의 안전에 상당한 영향을 끼칠 수 있는 결함이므로 크랙 게이지 등을 활용한 진행성 조사와 비파괴 검토를 반드시 실시해야 한다.

그림 2.2.13. 콘크리트 사방댐 방수로 균열

그림 2.2.14. 콘크리트 사방댐 사방향 균열

그림 2.2.15. 재료분리에 의한 균열

그림 2.2.16. 측벽부 누수를 동반한 균열

그림 2.2.17. 대수면 종방향 이음부 열림

그림 2.2.18. 댐둑어깨 횡방향 이음부 열림

나. 석재 채움재 균열 및 유실

석재 사방댐은 각기 다른 성질의 재료를 콘크리트나 모르타르로 고정하고 있는 형태의 사방댐으로 석재 사이의 채움재가 시간이 지날수록 접착면의 강도가 저하하여 접착부위에 균열이 발생하거나 들뜸 현상이 발생한다. 심한 경우, 모재로부터 채움재가 완전히 떨어져 나오는 유실현상이 발생한다. 이러한 채움재 들뜸 및 유실은 구조물의 안정성에 크게 영향을 미치는 결함은 아니나 지속적으로 방치 시에는 들뜸 및 유실부에 식생이 침입하거나 누수가 발생하여 결함부위가 확대될 수 있으므로 면밀한 조사가 필요하다.

그림 2.2.19. 석재 사방댐 채움재 균열

그림 2.2.20. 석재 사방댐 채움재 들뜸

그림 2.2.21. 석재 사방댐 채움재 유실

그림 2.2.22. 석재 사방댐 채움재 식생침입

다. 강재 용접부 및 체결부 결함

강재 사방댐의 용접부 및 체결부 결함은 용접부의 균열, 파손, 손상, 볼트부 파손, 체결부 이격 등이 있으며 이러한 결함은 강재 사방댐에 구조적 안정성에 영향을 미칠 수 있으므로 상세한 조사가 필요하다. 용접부의 결함이 의심될 시 비파괴검사를 이용한 조사를 실시한다.

3) 단차 및 기울어짐

콘크리트 사방댐 및 석재 사방댐에서 발생하는 단차는 사방댐 균열부 및 시공이음부의 한 면이 다른 면과 높낮이가 다르거나, 수평방향으로 변위가 발생한 상태를 말하며 일반적으로 사방댐의 댐마루 또는 반수면에서 관통 균열과 함께 발생한다.

수직단차는 사방댐이 수직방향으로 가라앉는 현상인 침하가 부분적으로 발생할 경우에는 균열부위 또는 시공이음부에서 나타난다. 사방댐 침하의 주원인은 유수에 의한 기초부의 세굴이며 경우에 따라 기초지반의 압밀침하, 부등침하, 기초지반의 전단파괴에 의해서도 발생한다. 또한 사방댐이 부분적으로 시공당시보다 기울어지거나 수평변위가 발생하는 현상이며 일반적으로 수평단차는 토석류의 충격, 양안 비탈면의 붕괴, 토압 등 외력에 의해 발생한다. 수평단차가 심해지면 사방댐이 부분적으로 분리되거나 사방댐의 전도에 대한 안전성에 문제가 발생한다.

그림 2.2.23. 외력에 의한 댐둑어깨 수평단차

그림 2.2.24. 방수로 시공이음부의 수직단차

그림 2.2.25. 기초부 세굴에 의한 단차 및 파괴

그림 2.2.26. 지반 침하에 의한 측벽 단차

수평단차 및 수직단차는 기초지반의 세굴, 침하, 외력 등에 의해 단기간에 발생하는 경우도 있으나 대부분 관통균열이나 이음부 열림 등 전조현상 후에 발생하므로 관통균열 및 이음부 열림은 반드시 진행성 조사를 실시한다.

강재 사방댐의 기초부에 세굴, 부등침하, 전단파괴가 발생할 시 강재부의 휘어짐 및 기울어짐이 발생할 수 있으며 이러한 결함은 강재 사방댐 안정성에 영향을 미칠 수 있으므로 면밀한 조사가 필요하다.

4) 기초부 세굴

사방댐의 기초부 세굴은 하부지반이 유실되거나 기초부와 댐체 사이에 골재 및 채움재 등이 유실되는 현상으로 지지력 저하와 수동토압의 감소로 침하, 전도, 활동 등의 외적안정성에 크게 영향을 미치는 결함 항목이다.

사방댐은 수리구조물 중 하나로 유수에 의한 기초부 세굴이 빈번히 발생하며 기초부 세굴은 균열, 이음부 열림, 단차, 전도 등 사방댐의 안정조건을 해치는 중대한 결함으로 이어질 가능성이 매우 크므로 주의 깊게 조사하여야 한다. 또한 기초부의 경미한 세굴도 유수에 의해 쉽게 확산되거나 변형될 수 있으므로 초기에 점검·진단하여 보수하여야 한다.

그림 2.2.27. 기초부 세굴 및 석재결손

그림 2.2.28. 기초부 세굴에 의한 계류수 관통

5) 누수

가. 콘크리트 및 석재 사방댐 누수

사방댐의 누수는 균열부 및 이음부 열림 등 사방댐의 안정성을 저해하는 중대한 결함 등에 의해 발생한다. 특히 물가두기 사방댐 및 만사에 의해 수위가 높아진 사방댐은 결함부위로 누수가 발생하며 물과 콘크리트의 화학적 작용으로 결함이 확대된다.

석재사방댐의 채움 콘크리트의 품질은 일반 콘크리트보다 불량한 경우가 많으며 재료가 일체화되어 있지 않기 때문에 유수가 침투할 시 골재가 유출되면서 누수가 발생한다. 물이 없거나 수위가 낮은 사방댐에서는 백화 등 누수가 발생한 흔적으로 조사할 수 있다.

그림 2.2.29. 사방댐 시공이음부에서 누수

그림 2.2.30. 시공이음부 하부의 누수흔적

그림 2.2.31. 채움재 유실에 의한 누수

그림 2.2.32. 측벽부 누수에 의한 백화현상

나. 강재부 부식

강재부의 부식은 금속이 그 주위환경의 여러 가지 물질과 화학적 반응이나 전기화학적 반응에 의해 발생되는 금속의 파괴 및 유효수명의 단축을 말한다.

구조적 문제를 야기 시킬 수 있는 사방댐의 부식은 강재부 부식, 체결부 부식, 용접부 부식 등이 있으며 부식이 매우 심한 경우에는 강재의 팽창으로 기초부 콘크리트에 균열이 발생하기도 한다.

강재 사방댐은 물의 영향을 많이 받는 구조물이므로 특히 부식 방지를 위하여 시공 당시에 도장 및 도금 등으로 철저한 부식 방지가 필요하며 부식이 발생하였을 경우에는 각 부위별로 면밀한 조사 후 부식이 더 이상 진행되지 않도록 보수를 실시하여야 한다.

그림 2.2.33. 물고임에 의한 강재부 부식

그림 2.2.34. 도막손상에 의한 부식

표 2.2.1. 사방댐 조사항목

분 류		조 사 항 목
콘크리트 사방댐	본댐	파손, 손상(박리·박락·침식·마모), 균열, 이음부 열림, 단차, 기초부 세굴, 누수(백화)
	측벽	파손, 손상(박리·박락·침식·마모), 균열, 이음부 열림, 단차, 기초부 세굴, 누수(백화)
	물받이	파손, 손상(박리·박락·침식·마모), 균열, 이음부 열림, 기초부 세굴
석재 사방댐	본댐	석재 결손, 채움재 균열 및 유실, 단차, 기초부 세굴, 누수
	측벽	석재 결손, 채움재 균열 및 유실, 단차, 기초부 세굴, 누수
	물받이	석재 결손, 채움재 균열 및 유실, 기초부 세굴
강재 사방댐	본댐	함몰 및 도장손상, 강재 부식, 체결부 손상 및 이격, 강재 기울어짐, 기초부 세굴
	측벽	파손, 손상(박리·박락·침식·마모), 균열, 이음부 열림, 단차, 기초부 세굴, 누수(백화)
	물받이	파손, 손상(박리·박락·침식·마모), 균열, 이음부 열림, 기초부 세굴

2.2.2. 산지사방 조사항목

1) 보강시설

가. 침하

침하는 옹벽구조물이 시공위치에서 수직방향으로 가라앉는 현상을 말한다. 침하가 부분적으로 발생할 경우에는 인접한 블록간의 단차를 육안 또는 측정장비를 활용하여 확인한다. 침하 발생 시, 구조물과 지반의 단차, 구조물 균열, 구조물 수평변위, 전도 등이 동반되어 발생된다.

연장이 짧은 독립 구조물은 구조물 전체가 침하할 경우, 1회 점검으로 침하진행을 판단하기 한계가 있으므로 줄자, 레벨측량 등을 이용한 구조물 노출부의 높이를 지속적으로 측정하여 변화를 확인한다.

그림 2.2.35. 옹벽 침하에 의한 단차발생

그림 2.2.36. 옹벽 하단부 침하

나. 변위

기초부의 수평변위를 측정하는 것으로 부등침하, 토압, 수압 등 수평력 증가에 의한 저항력 감소로 구조체의 수평변위가 발생하는 것을 의미한다.

기초부의 수평변위는 옹벽측면에서 관찰이 용이하나, 연장이 긴 구조체의 경우 전 구간에서 수평변위가 발생하는 것이 아니라 구간별로 발생될 가능성이 높으므로, 전 구간을 대상으로 수평변위를 점검해야 하며, 수평변위 발생 시 옹벽 전면부가 아스콘, 콘크리트 포장일 경우 도로부 융기, 침하, 균열 등이 함께 발생할 가능성이 높다.

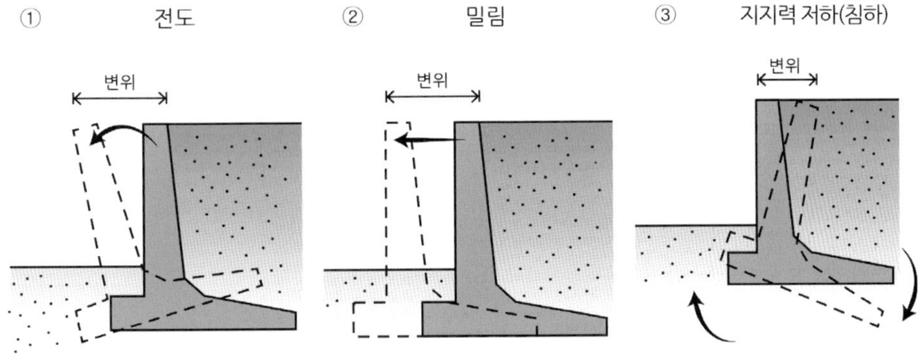

그림 2.2.37. 수평변위 발생 모식도

다. 세굴

옹벽 기초부 세굴현상이란 유수작용 등에 의해서 쓸려 패여 나가는 현상을 말한다. 즉 기초지반이 유실되어 기초지반의 지지력 저하와 수동토압의 감소로 침하, 전도, 활동 등의 외적 안정성에 크게 영향을 미치는 결함 항목이다. 세굴현상이 다수구간에서 관찰될 경우, 가장 세굴현상이 심한 구간을 기준으로 하여 점검표를 작성한다.

세굴현상 발생 구간의 지속적인 관리를 위해서 줄자 등의 깊이 측정뿐만 아니라 발생부의 확대진행을 고려하여 발생 구간의 면적도 함께 기록한다. 사진촬영 자료를 지속적으로 수집하여 시계열 분석(시간의 경과에 따라 연속적으로 관측된 관측값을 비교분석)에 사용할 수 있다.

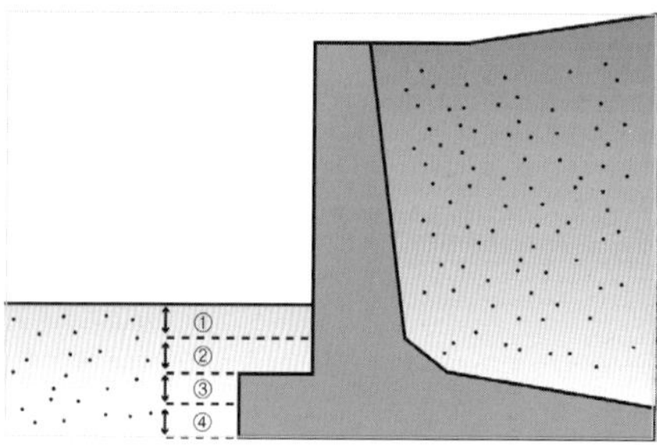

그림 2.2.38. 세굴 발생 모식도

그림 2.2.39. 세굴 발생 사례

라. 파손 및 손상

파손 및 손상 발생원인은 외적 충격 및 과도한 하중 집중, 낙석 및 차량충돌, 재료의 결함, 보강재 국부적 절단에 의해 발생한다. 파손 및 손상은 육안으로 쉽게 관찰되며, 육안조사 시 파손 및 손상에 의한 배수흔적의 관찰이 필요하다. 또한 파손 및 손상 깊이는 줄자 및 자를 이용하여 측정하는 것이 쉽고 간편하다.

그림 2.2.40. 충격에 의한 옹벽 손상

그림 2.2.41. 낙석 발생에 의한 옹벽 파손

마. 균열

열적 또는 기계적 응력에 의해 발생하는 국부적인 파단에 의해 생기는 틈 또는 불연속부위를 의미한다. 옹벽 및 축대에서의 균열은 작용하중의 변화로 인한 과응력균열, 건조수축 등에 의한 응력생성, 온도변화에 의한 신축기능 손상 등의 일반균열, 철근부식에 의한 팽창으로 인한 부식균열로 분류된다.

균열부는 종방향, 횡방향 균열의 양상을 판단하기 위해 우선 구조물 전체를 대상으로 균열 발생부를 확인하고, 세부 구간으로 좁혀서 점검하는 것이 균열 파악에 유리하다. 균열폭과 더불어, 균열 발생 구간이 긴 경우 구조물 안정에 불리하다.

종방향 균열은 구조물 층 분리현상, 횡방향 균열은 구조물 전도현상 등으로 발전될 가능성이 있다.

그림 2.2.42. 경사방향 균열 발생

그림 2.2.43. 종방향 균열 발생

바. 마모 및 침식

마모/침식 현상이란 빗물, 강물, 바닷물, 바람 등의 운동에 따라 콘크리트 구조물의 표면부를 깎거나 화학적으로 콘크리트를 융해하는 작용 현상을 의미한다. 하천지역의 옹벽 등 콘크리트 구조물 하상부에서 주로 발생하는 현상으로, 도로부에서는 내리막 구간(지표수 배수 구간)에서 침식/마모 현상이 관찰되며, 동절기 제설제 영향으로 인해 침식/마모 현상이 발생되기도 한다.

철근이 노출되는 경우에는 기능저하 및 상실로 인해 붕괴의 원인이 되므로 조사 이후 시급한 조치가 필요하다.

그림 2.2.44. 하천지 옹벽 침식 현상

그림 2.2.45. 옹벽 마모 현상

사. 박리, 박락 및 층분리

박리/박락 현상은 콘크리트 표면에 연한 골재가 분포되어 있어 피복두께가 얇은 면에서 재료가 떨어져 나가는 현상을 발한다. 발생원인은 피복두께 부족, 알칼리 골재 반응, 중성화, 다짐불량, 재료선정 불량, 양생 불량에 의해서 발생된다. 층 분리 현상은 철근의 상부 또는 하부에서 콘크리트가 층을 이루며 분리되는 현상으로 철근의 부식에 의한 팽창이 주요 원인이며, 박리/박락 및 층분리 현상이 다수구간에서 관찰될 경우, 현상이 심한 구간을 기준으로 하여 점검표를 작성한다. 층 분리 발생의 경우 구조체의 지지력 저하로 인해, 강우 발생 시 붕괴 가능성이 매우 높다.

그림 2.2.46. 박리, 박락 현상

그림 2.2.47. 층분리 현상

아. 철근노출

철근노출이란 콘크리트 구조체 자체의 결함, 표면결함(박리/박리, 균열, 층분리 등) 및 파손/손상에 의해 콘크리트 철근부가 노출된 현상을 말한다. 철근이 노출될 경우 부식현상이 발생되어 구조적 안정성 저해요인이 될 수 있으므로 이에 대한 점검 및 유지관리가 요구된다. 국부적인 철근노출의 경우 보수가 비교적 간단하므로, 결함 발생 시 즉각적인 조치가 요구된다.

그림 2.2.48. 철근노출(국부적 노출현상)

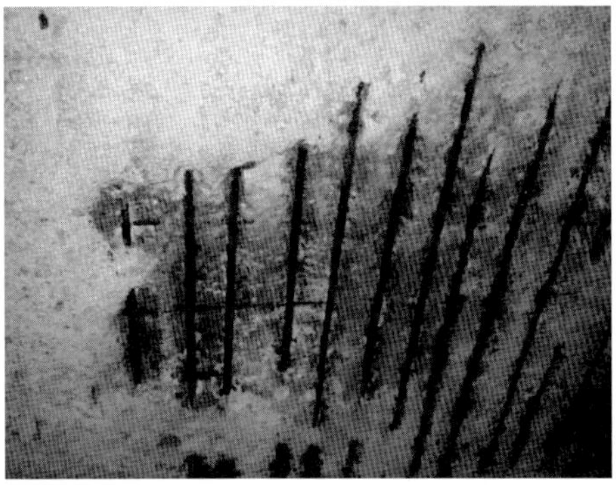

그림 2.2.49. 철근노출(벽면부 철근노출)

자. 전도 및 배부름

전도란 수평력의 증가 및 저항력 감소, 침하, 추가적인 상재하중의 작용, 세굴, 우수침투 및 지하수위 상승에 따른 토압 증가에 의해 옹벽구조물이 전면으로 기우는 현상을 말한다.

배부름 현상이랑 과도한 집중하중, 지반의 유동 또는 보강재의 국부적인 파단 및 마찰력 저하 등의 복합적인 요인으로 인해 옹벽 전면으로 부풀이 오르는 현상을 말한다.

그림 2.2.50. 콘크리트 옹벽 전도 현상

그림 2.2.51. 보강토 옹벽 배부름 현상

차. 백태

백태현상이란 콘크리트 내부에 존재하는 석회화합물이 융해되어 콘크리트 표면에 퇴적되는 현상을 말한다. 백태는 경화 시멘트 풀의 수화조직 약화 및 중성화

현상을 동반하므로 수밀성과 내구성 저하 및 철근부식의 원인이 된다.

백태현상은 관찰이 용이하나, 강우 발생 후 건조 전 점검 시 관찰이 용이하지 않다. 백태현상의 평가기준은 백태의 유무로 하나, 장기적 관리를 위해서는 백태 발생부의 위치 및 발생부의 면적을 함께 표기하여 두는 것이 좋다.

발생부는 전경 - 구간 - 세부 순으로 사진 촬영을 하는 것이 향후 백태의 진행 여부 파악에 유리하며, 백태현상은 당장의 구조적인 안전성을 해치지는 않으나, 철근 부식의 촉진, 콘크리트의 균열 및 누수발생, 구조내력의 저하 등의 요인이 되므로 지속적인 점검 및 유지관리가 요구된다.

그림 2.2.52. 백태 현상 1

그림 2.2.53. 백태 현상 2

2) 보호시설

가. 표면보호공 시공상태

표면보호공이란 급경사지 표면의 풍화 및 침식을 방지하기 위해 시공되는 공법을 의미하며, 콘크리트 뿜어붙이기(숏크리트), 비탈면녹화(식생공), 격자블록 등이 있다.

그림 2.2.54. 표면보호 상태 양호

그림 2.2.55. 표면보호 상태 불량

나. 낙석방호시설 상태

산지로부터 탈락, 붕괴된 유실물을 차단하기 위한 시설물의 상태를 의미하며, 시설물의 상태를 육안으로 보고 판단하여, 파손 또는 변형여부를 면밀히 파악한다.

그림 2.2.56. 낙석방지울타리

그림 2.2.57. 낙석방지울타리 파손

3) 배수시설

배수시설 상태란 급경사지 내 지표수 처리시설이 제기능을 하고 있는지 여부를 말하며, 배수시설 상태 점검 시, 배수시설의 균열 등 훼손 상태를 동시에 점검한다. 배수시설 시공 불량에 따른 급경사지 붕괴 위험 가능성을 점검한다. 또한, 배수시설의 정비 및 보수보강의 필요 여부를 파악한다.

그림 2.2.58. 배수시설 기능 저하

그림 2.2.59. 배수시설 내 유실물 적치

4) 기타

가. 지반변형 및 균열

지반변형은 균열, 함몰, 땅밀림, 포행, 압출 현상 등이 있다. 인장균열은 사면 내부에 인장응력이 발생하여 갈라지는 균열 현상을 말한다. 인장균열은 땅밀림, 포행, 낙석과 붕괴 등을 유발할 수 있고, 석회암 탄광, 터널 상부 자연급경사지의 경우 응력해방에 의한 함몰 현상이 발생될 수 있다.

그림 2.2.60. 인장균열

그림 2.2.61. 함몰

그림 2.2.62. 땅밀림

그림 2.2.63. 포행

나. 용출수

용출수(지하수)란 땅 위에 내린 빗물 또는 눈의 일부가 땅속으로 침투되어 지층이나 암석의 간극을 메우고 있는 물이 흘러 사면 표면으로 유출되는 물을 의미하며, 사면 및 구조물의 안정성에 큰 영향을 미치므로 주의 깊은 관찰·확인이 필요하다. 특히 급경사지 중·하단부를 중심으로 면밀한 관찰이 필요하다.

급경사지가 계곡부와 인접해 있는지의 여부를 확인해야 하며 급경사지 인근에 저수지, 댐 등의 수리관련 시설물의 존재 여부를 확인해야 한다. 비가 내린 직후는 지하수위가 평소보다 높으므로 비가 내린 후 2~3일 뒤 점검하는 것이 효과적이다.

그림 2.2.64. 용출수 발생 사례 1

그림 2.2.65. 용출수 발생 사례 2

다. 유실 및 붕괴

붕괴유실이력은 급경사지 내 붕괴, 낙석, 표층유실 등의 과거에 발생한 흔적을 말하며, 급경사지 전체 면적대비 붕괴·유실이 발생한 면적의 규모에 대한 비(%)로 점검한다.

토사사면의 경우 지표수로 인해 침식되거나 풍화, 표면유실 형태의 파괴가 발생하고, 암반의 경우 불연속면에 의한 평면, 전도, 쐐기, 낙석 등의 파괴가 발생한다.

그림 2.2.66. 암반사면 붕괴

그림 2.2.67. 토사사면 붕괴

표 2.2.2. 산지사방 조사항목

분류	조 사 항 목	
산지 사방	보강시설 (옹벽, 석축, 목구조 등)	파손, 변위, 변형, 균열, 누수, 기초부 세굴, 물받이 유탈, 콘크리트·박리·박락·백화·마모, 석재 유실·이격·풍화, 목재 유실·마모·부식
	보호시설 (낙석방지공)	낙석방지망 파손·변형, 낙석방지울타리 파손·변형, 콘크리트 기초 파손·변형
	배수시설 (지표수, 지하수)	산마루측구, 종배수구, 소단배수로, 수평배수공, 집수정상태

2.2.3. 계류보전 조사항목

1) 골막이

골막이는 상류 쪽의 퇴사에 의해 작은 계류의 양안, 계상을 고정하는 기능으로 계상물매를 완화하여 유수의 침식력을 감소시키는 기능을 갖고 있으나 토사의 조절효과는 없는 시설물이다.

2) 기슭막이

홍수 시에 계안·비탈면 등이 유수에 의해 침식되는 것을 방지하기 위해 설치하며 산지계류에서는 유수에 토사나 전석이 포함되는 경우가 많기 때문에 충격력이 커지므로 기슭막이는 콘크리트, 콘크리트블럭, 돌쌓기 등으로 견고하게 시공하는 시설물이다.

3) 바닥막이

침식 등에 의해 황폐된 계류구간에 있어서 계류 하상의 침식을 방지 및 경감하는 것을 목적으로 하여 시행하는 공사이다.

4) 조사항목

가. 파손, 변위, 변형, 균열, 기초부 세굴

지속적인 외력의 작용이나 과도한 충격에 의해 발생하는 결함을 의미하며 손상은 구조물의 물리적, 화학적 요인에 의한 재료분리, 박리, 박락, 침식, 마모 등을 포함한다.

그림 2.2.68. 기슭막이 변위 발생

그림 2.2.69. 기슭막이 파손 및 유실

나. 석재 유실·이격·풍화

외력에 의해 구조물 하단부에서 주로 발단하여, 상부까지 전체가 유실 이격되는 경우가 발생하므로 원상태에서 변위가 발생되었는지 등의 전조증상을 확인할 필요가 있다.

그림 2.2.70. 석재 유실 및 이격 발생

그림 2.2.71. 석재 유실 발생

다. 돌망태 철선 등 부속시설 손실

방청이 되어 있지 않거나 외부에 장기간 노출될 경우 방청기능이 감소하여 철선이 노후화 된다. 또한 골재 또는 채움 재료의 부실로 인해 배부름 또는 변위가 발생될 수 있다. 계류와 근접하여 시공되는 경우 하부 기초가 충분하지 않을 경우 하부 기초가 유수에 의해 세굴·침식될 수 있으며, 이로 인해 지지력 상실로 침하가 발생하거나 유실이 발생하는 경우도 있다.

그림 2.2.72. 돌망태 배부름

그림 2.2.73. 돌망태 침하

라. 채움콘크리트 열화·이탈

각기 다른 성질의 재료를 콘크리트나 모르타르로 고정하고 있는 형태로 채움재가 시간이 지날수록 접착면의 강도가 저하하여 접착부위에 균열이 발생하거나 들뜸 또는 이탈현상이 발생한다.

그림 2.2.74. 채움콘크리트 균열 및 이격

그림 2.2.75. 채움콘크리트 이탈

표 2.2.3. 계류보전 조사항목

분류		조 사 항 목
계류 보전	골막이	파손, 변위, 변형, 균열, 기초부 세굴, 석재 유실·이격·풍화, 돌망태 철선 등 부속시설 손실, 채움콘크리트 열화·이탈
	기슭막이	파손, 변위, 변형, 균열, 기초부 세굴, 석재 유실·이격·풍화, 돌망태 철선 등 부속시설 손실, 채움콘크리트 열화·이탈
	바닥막이	파손, 변위, 변형, 균열, 기초부 세굴, 석재 유실·이격·풍화, 돌망태 철선 등 부속시설 손실, 채움콘크리트 열화·이탈

2.2.4. 해안사방 조사항목

1) 해안사방의 기능

가. 해일방지

태풍이나 저기압에 의한 강풍으로 해안의 수위가 비정상적으로 높아져 발생하는 해일의 피해를 방지한다. (유속·에너지 저하, 표류물의 이동차단, 파도에 의한 파괴력 감소, 사구의 이동을 방지)

나. 지진해일(쓰나미)방지

해저 지진에 의하여 발생한 파도가 사방으로 전파되면서 발생하는 해일의 피해

를 방지한다. (유속·에너지 저하, 표류물의 이동차단, 파도에 의한 파괴력 감소, 사구의 이동을 방지)

다. 방풍

나무의 가지·줄기 등이 태풍·돌풍으로 발생한 강한 바람을 감속시킨다.

라. 모래날림방지

나무의 가지·줄기 등이 모래의 이동을 차단하고 모래면을 피복하여 모래가 날리지 않도록 억제한다.

마. 염해방지

나무의 가지·줄기 등이 파도·바닷바람에 의하여 내륙에 날아오는 염분을 차단한다.

2) 해안사방의 종류

가. 돌제

연안류(longshore current)에 의해 해안선에 평행한 방향으로 이동하는 것을 방지하여 특정 지역에 토사를 퇴적시킬 목적으로 해안선에 수직한 방향으로 축조한 구조물이다.

그림 2.2.76. 여러 개의 돌제

나. 이안제

이안제는 파랑에너지 감쇄를 목적으로 해안에 평행하게 설치한 구조물이다. 또한, 이안제는 소파 또는 파고감쇠와 이에 수반되는 이안제 배후의 퇴적 및 연안 표사량 저감을 위한 시설이다.

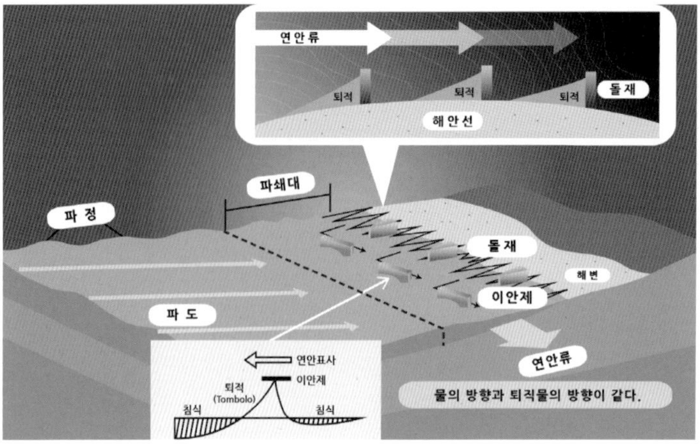

그림 2.2.77. 이안제 모식도

다. 돌망태

돌망태는 철사로 짠 망태에 암석으로 채워 호안이나 도로 침식 절벽의 밑받침용으로 쓰이는 부재이다. 가로로 쌓아 올린 것을 배망태, 비탈방향으로 깔아 높은 것은 선망태, 모양에 따라 이불형 돌망태, 타원형 돌망태라고도 한다.

그림 2.2.78. 돌망태

마. 잠제

잠제는 이안재와 동일하나 해면하에 설치하며 이형블록, 어초 사석 지오튜브를 사용한다. 잠제는 파를 쇄파하거나 감쇠하는 기능으로 해안침식을 방지한다.

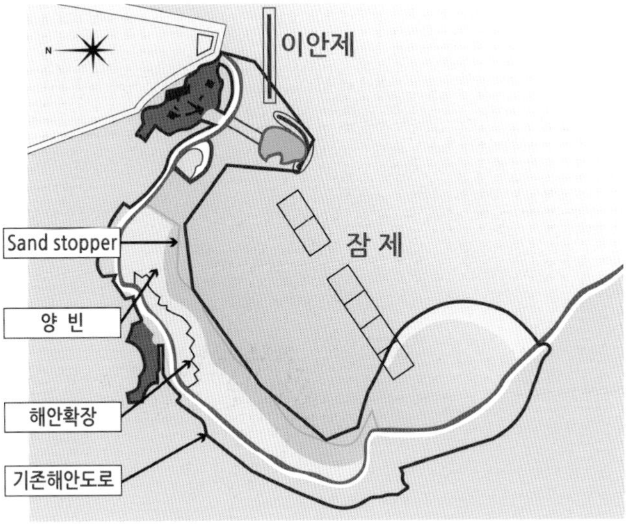

그림 2.2.79. 잠제 설치 모식도

바. 비사방지 울타리 및 사구식물

비사방지 울타리는 해안사구(dune)의 해수 범람으로 인한 방제 목적으로 내측 방호와 해안선의 퇴적물 공급지로서의 역할을 한다. 사구 식재는 사구에 식물을 식재하면 뿌리에 의해 모래층이 안정화되고 잎과 줄기가 바람을 막아주어 침식을 방지한다.

그림 2.2.80. 대나무 울타리

사. 양빈

양빈은 다른 지역의 모래를 인공적으로 공급하여 자연상태와 유사하게 해안을 보호하는 방법이다.

그림 2.2.81. 양빈 사례

3) 조사항목

해안 사방 구조물의 재료 손상 및 파손 등은 사방댐 유지관리 조사항목을 참고로 조사하며, 추가로 아래와 같은 결함여부를 점검자가 추가로 판단하여야 한다.

가. 파손, 유실, 변위

긴 해안선을 따라 건설되어진 해안사방 구조물은 인근해역의 파랑 및 해빈류를 변화시켜 연안 사주 형성을 방해하여 침식을 가중시키거나 구조물을 파손 및 유실 시킨다.

그림 2.2.82. 침식 및 마모

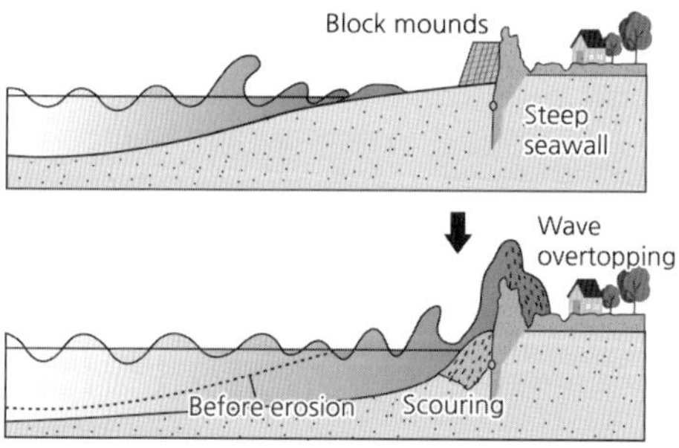

그림 2.2.83. 구조물 파손 및 유실 모식도

나. 석재 유실 및 이격

석재로 이루어진 해안사방의 경우 태풍 등의 기상문제로 인해 석재가 이탈 또는 유실이 발생한다.

다. 기타

백사장 침식은 파도에 의해 해안선 후퇴 현상이 나타나는 모래 해수욕장 중 사구가 없다고 판단되는 지역, 사빈 배후지 호안설치지역에서 침식이 발생한다. 사구 포락은 모래 해수욕장과 해안사구가 동시에 존재하는 곳으로, 해안사구와 사빈이 만나는 지점에서 사구의 포락이 발생하는 지역을 의미하며, 사구 전면에 호안 설치지역에서 침식이 발생한다.

토사 포락은 대상지역의 입자가 모래가 아닌 해안 암벽이나 토사가 포락하여 침식이 발생하고 해안선이 후퇴하는 지역에서 침식이 발생한다. 호안(석축) 붕괴는 물양장이나 해안에 설치된 호안(석축)이 설치된 지역중 침식에 의해 안정성에 문제가 있는 지역에서 발생한다.

그림 2.2.84. 사구 포락

그림 2.2.85. 토사 포락

표 2.2.4. 해안사방 조사항목

분류	조 사 항 목	
해안 사방	해안방재림	파손, 유실, 변위, 변형, 마모, 부식, 체결부 등 부속시설 상태
	해안침식방지	파손, 변위, 변형, 균열, 누수, 기초부 세굴, 콘크리트·박리·박락·백화·마모, 석재 유실·이격·풍화, 배수시설 상태

2.3. 외관점검

2.3.1. 외관점검 방법

육안으로 주요시설의 외관상 균열·누수·파괴 등 피해정도를 조사하여 점검등급을 판정하고, 간략보수 방안 제시 또는 정밀점검 필요 여부를 결정한다. 점검 대상에 따라 사방댐, 계류보전, 산지사방, 해안사방으로 분류하여 점검하며, 외관점검 항목과 결과는 사업종별로 <별표 4, 5, 6, 7>의 서식에 따라 작성한다. 외관점검은 육안으로 주요시설의 외관상 피해정도를 파악하고 간략보수 또는 정밀점검 필요여부를 결정한다.

2.3.2. 외관점검 내용

외관점검은 산지사방, 해안사방, 야계사방(계류보전·복원사업), 사방댐 설치사업으로 구분한다. 외관점검 시에는 부재별로 주요시설(구조물, 사방댐 본체 등), 부대시설, 기타 등으로 구분하여 실시한다. 외관점검 결과에는 시설의 상태에 대하여 육안조사에 따른 등급결과, 사진, 점검자의 종합의견 및 정밀점검 필요성 등을 포함한다.

1) 사방댐 외관점검

가. 사방댐 일반현황

소재지, 사방댐의 규모(상장, 하장, 유효고) 등과 사방댐 방수로 위에서 취득한 GPS 좌표를 기재한다.

나. 주요시설

사방댐 주요시설은 본댐, 측벽, 물받이로 구분되며 각각에 대하여 파손, 변형, 균열, 누수, 기초부 세굴, 물받이 유탈, 콘크리트·박리·박락·백화·마모, 석재 유실·이격·풍화, 강재 볼트 등 접합부·부식·도장 손실, 방수로 파손·마모 등 점검 항목에 대하여 "2.2 유지관리 조사항목"의 해설편을 참조하여 육안으로 조사한다. 각 점검 항목에 대하여 결함이 관찰되는 항목을 중복체크한 후 결함이 가장 큰 항목을 기준으로 양호, 관찰필요, 불량 체크를 한다.

결함이 관찰된 각 항목에 대한 상태를 종합의견에 상세기술하고 점검결과 판정시 참고한다.

본댐의 결함사항 중 가장 주의 깊게 조사하여야 하는 결함은 균열 및 시공이음 열림이다. 균열 및 시공이음 열림 조사는 빈도(면적율), 폭, 깊이 등을 조사하여 사방댐의 안정성에 영향을 미칠 수 있는 결함인지에 대한 파악을 하여야 하며 추후 균열 및 시공이음 열림이 확대될 수 있는 사항에 대해서도 조사해야 한다.

특히 대수면과 반수면의 균열양상이 비슷하게 관찰되는 관통균열과 누수를 동반한 균열 및 시공이음 열림, 단차를 동반한 균열 및 시공이음 열림은 매우 심각한 결함으로 판단한다.

본댐 기초부, 측벽, 물받이에서 빈번하게 발생하는 결함은 침식 및 세굴이며, 세굴 조사는 빈도(면적율), 폭, 깊이 등을 조사하여 사방댐의 안정성에 영향을 미칠 수 있는 결함인지에 대한 파악을 하여야 하며 추후 세굴이 확대될 수 있는 사항에 대해서도 조사하여야 한다.

석재 사방댐은 석재 결손 및 채움제 유실, 강재 사방댐은 강재의 부식 및 체결부 결함을 면밀하게 조사하여야 한다.

표 2.3.1. 사방댐 주요시설 외관점검 항목

구 분		점검 항목	양호	관찰 필요	불량
주요 시설	본댐 (중복체크)	파손, 변형, 균열, 누수, 기초부 세굴, 물받이 유탈, 콘크리트·박리·박락·백화·마모, 석재 유실·이격·풍화, 강재 볼트 등 접합부·부식·도장 손실, 방수로 파손·마모, 기타( )			
	측벽 (중복체크)	파손, 변형, 균열, 누수, 기초부 세굴, 물받이 유탈, 기타( )			
	물받이 (중복체크)	파손, 변형, 균열, 누수, 기초부 세굴, 수직벽(앞댐) 유탈, 기타( )			

다. 부대시설

사방댐의 수문상태를 확인하고 철제로 시공된 곳은 도금이 벗겨져 부식의 진행상황 및 작동여부와 부식으로 인한 수질오염 등이 발생하는지 조사하며, 기타 침식 발생 여부, 사방댐과 주변상황 등을 파악(조사·기재)한다.

사방댐 시공 시 녹화를 위해 주변에 식재한 수목의 종류, 활착 및 생육상태와 사방댐 주변지역의 지피식생 피복 상태를 조사하고,

안전펜스, 안내판 등 안전시설의 상태를 확인하고 교체 및 보수 필요성 여부

등을 조사한다.

사방댐 시공 시 자재운반과 사후 관리를 위해 시설된 진입도로의 현재 관리 상태를 조사하고, 사방댐을 기준으로 상·하류 계상 보호를 위하여 시공된 골막이, 바닥막이, 기슭막이 등과 계류의 현재 상태를 확인한다.

횡공작물이 없는 경우 추가로 사방댐 또는 골막이, 바닥막이 등의 시공이 필요하다고 판단될 때 그 의견을 기재한다.

라. 저사상태

저사상태(저사고)는 사방댐 대수면에 퇴적된 토사의 높이를 의미하며, 반수면의 유효고에서 대수면의 저사고를 제외한 높이를 차감하여 측정한다.

측정된 사방댐의 저사상태(저사고)를 고(80%이상), 중(50~79%), 저(50%미만)로 구분하여 기입한다.

그림 2.3.1. 대수면의 저사고를 제외한 높이

마. 기타

사방댐 주변의 토지가 산림이 아닌 다른 용도로 이용되었거나 계획되었을 경우 사방시설 관리방안 등을 제시하고 기타 특이사항 등을 조사한다.

바. 사진촬영

전경, 근경, 방수로, 측면구조물, 물방석, 물받이, 시설관리도로(접근도로), 상·하류 시설(골막이, 바닥막이 등), 상류 현황, 하류 현황, 식재목 생육상태, 주변지역 피복상태, 대수면 퇴적현황, 기타 부대시설(안전펜스, 표지석, 안내문 등)의 기본사항을 촬영한다. 또한 그 외 파손, 손상 등 문제가 생겨 불량한 것으로 판단되는 부분은 모두 촬영한다.

사. 보완·개량 등

사방댐 또는 부대시설 등에 파손, 손상 등의 문제가 생겨 보완·개량 등이 필요할 것으로 판단되는 경우에는 보완·개량의 공종과 물량(파손, 손상 부위 측정), 비용 등을 제시한다.

아. 종합의견(점검의견)

점검결과(등급) 판정 의견, 정밀안전진단 필요여부, 안전조치 필요 여부 등의 의견을 기술하고, 문제점이 있는 경우 시설물의 안전성, 보완·개량 방법 등을 제시한다

자. 사방댐의 등급판정

사방댐의 주요시설(본댐, 측벽, 물받이) 및 부대시설의 상태를 종합적으로 검토하여 양호, 관찰필요, 불량으로 등급을 판정한다.

① 양호 : 사방시설에 균열·파손·손상 등 문제점이 없고 양호하여 재해예방을 위한 기능 발휘 및 안전에 지장이 없는 상태

② 관찰 필요 : 사방시설에 균열·파손·손상 등 일부 결함이 경미하여 기능 발휘 및 안전에 지장이 없으나 결함의 확대 등 지속적으로 관찰해야 하는 상태

③ 불량 : 사방시설에 균열·파손·손상 등 결함이 발견되어 기능 저하 및 안전에 문제가 발생할 우려가 있고, 결함 확대 여부 등을 정밀하게 판정하기 위해 장비 등을 사용하여 반드시 정밀점검이 필요한 상태(필요시 안전진단 가능)

차. 사방시설의 안전조치 및 사방지의 지정 해제 검토

안전조치는"보수"와 "정밀점검"으로 구분하여 기재하고 사방지 지정 해제는 "사방지의 해제 가능"과 "사방지의 유지"로 나눌 수 있다.

표 2.3.2. 사방댐 부대시설 외관점검 항목

구 분		점검 항목	양호	관찰필요	불량
부대시설	수　　문	수문(水門)상태 (배수관 막힘, 도장 상태 등)			
	식생상태	사방시설 주변 생육상황(자연식생 포함)의 이상 여부			
	안전시설	안전펜스, 안내판 등 이상 여부			
	접근도로	접근도로의 관리상태			
	기　　타	상·하류 사방시설의 이상 여부			

2) 사방시설(계류보전, 산지사방, 해안사방) 외관점검

가. 일반사항 및 사방시설 기본현황

소재지, 조사자, 사방사업명, GPS 좌표, 시공년도 및 사방지 지정면적(ha) 등을 사방시설 관리대장 및 전년도 점검결과 자료 등을 참조하여 작성한다.

나. 주요시설

계류보전, 산지사방, 해안사방의 주요시설에 대하여 각각에 대하여 파손, 변형, 균열, 누수, 기초부 세굴, 콘크리트·박리·박락·백화·마모, 석재 유실·이격·풍화, 강재 볼트 등 접합부·부식·도장 손실, 방수로 파손·마모 등 점검 항목에 대하여 "2.2 유지관리 조사항목"의 해설편을 참조하여 육안으로 조사한다.

각 점검 항목에 대하여 결함이 관찰되는 항목을 중복체크한 후 결함이 가장 큰 항목을 기준으로 양호, 관찰필요, 불량 체크하고, 결함이 관찰된 각 항목에 대한 상태를 종합의견에 상세기술하고 점검결과 판정시 참고한다.

계류보전, 산지사방, 해안사방의 주의깊게 조사하여야 하는 결함은 균열, 파손, 세굴 이다. 균열, 파손, 세굴 조사는 빈도(면적율), 폭, 깊이 등을 조사하여 사방댐의 안정성에 영향을 미칠 수 있는 결함인지에 대한 파악을 하여야 하며 추후 확대, 진행될 수 있는 사항에 대해서도 조사하여야 한다.

콘크리트 구조물은 사방댐 점검 요령에 준하여 조사하고 석재 구조물은 석재 결손 및 채움제 유실, 강재 구조물은 강재의 부식 및 체결부 결함을 면밀하게 조사하여야 한다.

사방사업의 주요 시설물은 다음과 같다.

① 산지사방 : 골막이, 흙막이, 돌쌓기 등의 시설물 및 구곡(산비탈이 빗물에 의

해 파인 골짜기)의 상태, 침식의 진행, 확대 여부 등

② 야계사방 : 골막이, 바닥막이, 기슭막이 등의 시설물 상태

③ 해안사방 : 해안방재림조성사업은 정사울세우기, 퇴사울세우기 등과 해안침식방지사업은 전석쌓기, 옹벽, 석축 등의 시설물 상태

표 2.3.3. 계류보전 주요시설 외관점검 항목

구 분		점검 항목	양호	관찰 필요	불량
주요 시설	골막이	파손, 변형, 균열, 기초부 세굴, 석재 유실·이격·풍화, 돌망태 철선 등 부속시설 손실, 채움콘크리트 열화·이탈, 기타사항( )			
	기슭막이	파손, 변형, 균열, 기초부 세굴, 석재 유실·이격·풍화, 돌망태 철선 등 부속시설 손실, 채움콘크리트 열화·이탈, 기타사항( )			
	바닥막이	파손, 변형, 균열, 기초부 세굴, 석재 유실·이격·풍화, 돌망태 철선 등 부속시설 손실, 채움콘크리트 열화·이탈, 기타사항( )			

표 2.3.4. 산지사방 주요시설 외관점검 항목

구 분		점검 항목	양호	관찰 필요	불량
주요 시설	보강시설 (옹벽, 석축, 목구조 등)	파손, 변형, 균열, 누수, 기초부 세굴, 물받이 유탈, 콘크리트·박리·박락·백화·마모, 석재 유실·이격·풍화, 목재 유실·마모·부식, 기타( )			
	보호시설 (낙석방지공)	낙석방지망 파손·변형, 낙석방지울타리 파손·변형, 콘크리트 기초 파손·변형, 기타( )			
	배수시설 (지표수, 지하수)	산마루측구, 종배수구, 소단배수로, 수평배수공, 집수정 상태, 기타( )			

표 2.3.5. 해안사방 주요시설 외관점검 항목

구 분		점검 항목	양호	관찰 필요	불량
해안 방재림	주요 구조물	파손, 유실, 변위, 변형, 마모, 부식, 체결부 등 부속시설 상태, 기타(　　　　　　　　)			
	방재림	식재목 생육 상태, 밀도 등			
해안 침식 방지	주요 구조물	파손, 변형, 균열, 누수, 기초부 세굴, 콘크리트·박리·박락·백화·마모, 석재 유실·이격·풍화, 배수시설 상태, 기타(　　　　　　　　　　　　　　)			
	해안	해안의 침식 정도			

다. 부대시설

계류보전 및 산지사방의 부대시설 외관점검은 사방댐 부대시설 외관점검 요령에 준하여 조사한다. 해안사방은 식재목 생육 상태 및 밀도, 해안의 침식 정도를 조사하여 각 항목에 대하여 상세 기술한다.

라. 사진촬영

사진촬영 시 기본적으로 사방시설 및 기타시설의 전경 및 근경(시설물별로 각각 촬영), 구곡상태, 배수관 상태, 식재목 및 기존입목 생육상태, 주변지역 피복상태, 진입로, 기타 부대시설을 촬영한다. 그 외 파손, 손상 등 문제가 생겨 불량한 것으로 판단되는 부분은 모두 촬영하여 안전진단 및 안전조치를 위한 기초자료로서 활용하도록 한다.

마. 안전조치

사방시설에 파손, 손상 등 문제가 생겨 보완·개량 등이 필요할 것으로 판단되는 경우에는 보완·개량 등의 공종과 물량(파손, 손상 부위 측정), 비용 등을 제시한다.

바. 종합의견(점검의견)

시설물의 상태, 점검결과(등급) 판정 의견, 안전조치 필요 여부, 사방지의 지정해제 가능 여부 등 포함하고 문제점이 있는 경우 시설물의 안전성, 보완·개량 등의 방법에 대해 기술한다.

사. 점검결과

사방시설(계류보전, 산지사방, 해안사방)의 주요시설 및 부대시설의 상태를 종합적으로 검토하여 양호, 관찰필요, 불량으로 등급을 판정한다.

① 양호 : 사방시설에 균열·파손·손상 등 문제점이 없고 양호하여 재해예방을 위한 기능 발휘 및 안전에 지장이 없는 상태

② 관찰 필요 : 사방시설에 균열·파손·손상 등 일부 결함이 경미하여 기능 발휘 및 안전에 지장이 없으나 결함의 확대 등 지속적으로 관찰해야 하는 상태

③ 불량 : 사방시설에 균열·파손·손상 등 결함이 발견되어 기능 저하 및 안전에 문제가 발생할 우려가 있고, 결함 확대 여부 등을 정밀하게 판정하기 위해 장비 등을 사용하여 반드시 정밀점검이 필요한 상태

아. 사방시설의 안전조치 및 사방지의 지정 해제 검토

안전조치는 "보수"와 "정밀점검"으로 구분하여 기재하고 사방지 지정 해제는 "사방지의 해제 가능"과 "사방지의 유지"로 나눌 수 있다.

표 2.3.6. 계류보전, 산지사방 부대시설 외관점검 항목

구 분		점검 항목	양호	관찰필요	불량
부대시설	수 문	수문(水門)상태 (배수관 막힘, 도장 상태 등)			
	식생상태	사방시설 주변 생육상황(자연식생 포함)의 이상 여부			
	안전시설	안전펜스, 안내판 등 이상 여부			
	접근도로	접근도로의 관리상태			
	기 타	상·하류 사방시설의 이상 여부			

2.3.3. 외관점검 등급판정

외관점검의 등급판정은 외관점검 조사서 <별표 4, 5, 6, 7>에 따라 수행하여 다음의 등급으로 판정하고, 등급에 따라 점검 주기를 결정한다. 주요시설에 관찰필요 또는 불량 항목에 1개 이상 체크될 경우 점검 대상시설물의 등급은 가장 취약한 등급을 따라 결정한다.

외관점검 결과 주요 구조물이 관찰필요 등급이거나 부대시설이 불량으로 판정될 시 외관점검 수준에서 간략한 보수 방안을 제시한 후 보완·보수를 실시한

다. 주요 구조물이 불량으로 판정되어 간략한 보수 방안으로 안정성이 확보되기 어려울 시 정밀점검을 제시하며 필요시 안전진단을 수행한다.

표 2.3.7. 외관점검 등급판정

등급	사방시설의 상태	점검 주기
양호	사방시설에 균열·파손·손상 등 문제점이 없고 양호하여 재해예방을 위한 기능 발휘 및 안전에 지장이 없는 상태	2년 주기 외관점검
관찰필요	사방시설에 균열·파손·손상 등 일부 결함이 경미하여 기능 발휘 및 안전에 지장이 없으나 결함의 확대 등 지속적으로 관찰해야 하는 상태	1년 주기 외관점검 또는 필요시 정밀점검 수행
불량	사방시설에 균열·파손·손상 등 결함이 발견되어 기능 저하 및 안전에 문제가 발생할 우려가 있고, 결함 확대 여부 등을 정밀하게 판정하기 위해 장비 등을 사용하여 반드시 정밀점검이 필요한 상태	당해 또는 차년도 정밀점검 수행

2.3.4. 외관점검 예시

외관 점검 조사는 다음과 같은 사례를 참고로 하여 작성하도록 한다.

사방댐 외관점검 조사서

□ 일반사항

종 류 : 콘크리트	형식 : 중력식	점검일시 : 2018. 12. 12.
사방댐관리번호 : KW-1234		점 검 자 : 김 점 검
국가지점번호 : 라1 2345		

소 재 지					시 설 제 원					
도	시·군	읍·면	리·동	지번(속칭)	종류	형식	시설년도	상장(m)	하장(m)	유효고(m)
강원도	홍천군	화촌면	풍천리	산999	콘크리트	중력식	2017	35m	28m	4m
현지 계측 위치정보(WGS84)		(N)	37 ° 50 ′ 23.3 ″		(E)		127 ° 53 ′ 08.7 ″			

□ 점 검 표

구분	시설	점검내용	양호	관찰필요	불량
주요시설	본댐 (중복체크)	파손, 변위, 변형, 균열, 누수, 기초부 세굴, 물받이 유탈, 콘크리트·박리·박락·백화·마모, 석재 유실·이격·풍화, 강재 볼트 등 접합부·부식·도장 손실, 방수로 파손·마모, 기타( )			√
	측벽 (중복체크)	파손, 변위, 변형, 균열, 누수, 기초부 세굴, 물받이 유탈, 기타( )			√
	물받이 (중복체크)	파손, 변위, 변형, 균열, 누수, 기초부 세굴, 수직벽(앞댐) 유탈, 기타( )			√
부대시설	수 문	수문(水門)상태 (배수관 막힘, 도장 상태 등)			√
	식생상태	사방시설 수변 생육상황(자연식생 포함)의 이상 여부	√		
	안전시설	안전펜스, 안내판 등 이상 여부	√		
	접근도로	접근도로의 관리상태	√		
	기 타	상·하류 사방시설의 이상 여부			√

저사상태	저(50% 미만)	중(50%~80% 미만)	고(80% 이상)
	√		

종합 의견	
콘크리트 사방댐으로 댐어깨, 댐마루 파손 발생 본체 하단부 침식에 의한 파손 및 물받이 부위 콘크리트 파손 및 함몰 좌안 측벽 하부 세굴에 의한 파손 및 균열 발생	
최종점검 결과	양호 / 관찰필요 / 불량
조치사항	보수 / 정밀점검
사방지 지정 해제 가능 여부	해제가능 / 유지

그림 2.3.2. 외관점검 조사예시

2.4. 정밀점검

2.4.1. 정밀점검 방법

외관점검 결과 육안 점검의 한계로 인해 보다 정밀한 점검이 필요하다고 판단되는 사방시설에 대하여 장비 등을 사용하여 균열·누수·박리·박락·마모·파손 등과 강도 등을 측정·조사·분석함으로써 점검등급을 판정하고, 준설, 보수, 보완, 보강, 개량, 철거 및 재·대체시공 등의 안전조치 방안 제시 또는 안전진단 필요 여부를 결정한다.

점검 대상에 따라 사방댐(콘크리트, 석재, 강재), 계류보전, 산지사방, 해안사방(방재림, 침식방지공)으로 분류하여 점검하고, 정밀점검 항목과 결과는 사업종별로 <별표 8, 9, 10, 11, 12, 13, 14>의 서식에 따라 작성한다.

정밀점검은 장비 등을 사용하여 주요시설의 피해정도를 정밀하게 파악하고 안전조치 방안 및 안전진단 필요 여부를 결정한다.

2.4.2. 정밀점검 내용

정밀점검은 산지사방, 해안사방, 야계사방(계류보전·복원사업), 사방댐 설치사업으로 구분한다. 정밀점검 시에는 부재별로 주요시설(구조물, 사방댐 본체 등), 부대시설, 기타 등으로 구분하여 실시할 수 있다. 정밀점검 결과에는 시설의 상태에 대한 정밀조사 등급결과, 사진, 현장조사 상세도, 점검자의 종합의견, 안전진단 필요성 또는 안전조치 사항, 사방댐 준설의 필요성, 사방지의 지정해제 의견 등을 포함되어야 한다.

1) 정밀점검 일반사항

가. 일반사항

사방댐의 종류와 형식, 소재지, 사방댐의 제원(상장, 하장, 유효고) 등과 사방댐 방수로 위에서 취득한 GPS 좌표를 기재한다.

나. 정밀점검 평가표

주요 정밀점검 평가는 본댐, 측벽, 물받이 총 3개 부분으로 나누어 평가를 실시한다.

사방시설의 종류에 따른 결함별 점검 요령은 '2.2 유지관리 조사항목' 해설편을 참고하여 사방시설의 종류와 재료별로 구분하여 점검을 실시한다.

2) 정밀점검 조사항목

가. 콘크리트 사방댐

① 본댐(70) : 파손, 변위, 변형, 균열, 누수, 기초부 세굴, 물받이와의 유탈, 콘크리트의 박리, 박락, 백화, 마모, 전석의 이격, 유실, 풍화 및 채움콘크리트 열화, 수문시설의 상태 등

② 측벽(15) : 파손, 변위, 변형, 균열, 누수, 기초부 세굴, 물받이 및 수직벽(앞댐)과의 유탈, 재료의 상태 등 기타사항

③ 물받이 또는 물방석(15) : 파손, 변위, 변형, 기초부 세굴, 수직벽(앞댐)과의 유탈, 균열, 재료의 상태 등 기타사항

나. 석재 사방댐

① 본댐(70) : 파손, 변위, 변형, 균열, 누수, 기초부 세굴, 물받이와의 유탈, 석재의 이격, 유실, 풍화, 채움콘크리트, 방수로 상태, 수문시설 상태 등 기타사항

② 측벽(15) : 파손, 변위, 변형, 균열, 누수, 기초부 세굴, 물받이 및 수직벽(앞댐)과의 유탈, 재료의 상태 등 기타사항

③ 물받이 또는 물방석(15) : 파손, 변위, 변형, 기초부 세굴, 수직벽(앞댐)과의 유탈, 균열, 재료의 상태 등 기타사항

다. 강재 사방댐

① 본댐(70) : 강재사방댐의 경우 본댐부위를 강재와 콘크리트 구간을 각각 평가한 후 가장 높은 점수를 적용함

부위별 재료	조사항목
강 재	파손, 변위, 변형, 앵커, 볼트, 접합부등 부속시설 상태
콘크리트	파손, 변위, 변형, 균열, 누수, 기초부 세굴, 물받이와의 유탈, 석재의 이격, 유실, 풍화, 채움콘크리트, 방수로 상태, 수문시설 상태 등 기타사항

② 측벽(15) : 파손, 변위, 변형, 균열, 누수, 기초부 세굴, 물받이 및 앞댐과의 유탈, 재료의 상태 등

③ 물받이 또는 물방석(15) : 파손, 변위, 변형, 기초부 세굴, 수직벽(앞댐)과의 유탈, 균열, 재료의 상태 등 기타사항

라. 산지사방

① 주요시설(50) : 산지사방은 주요시설의 구조에 따라 각각 평가를 아래와 같은

항목으로 실시하고 가장 높은 점수를 적용함

- 석재구조물 : 파손, 변위, 변형, 균열, 누수, 기초부 세굴, 석재의 이격, 유실, 풍화 및 채움콘크리트 열화
- 콘크리트 : 파손, 변위, 변형, 균열, 누수, 기초부 세굴, 콘크리트의 박리, 박락, 백화, 마모, 전석의 이격, 유실, 풍화 및 채움콘크리트 열화, 배수시설, 부속시설 불량 등
- 목재구조물 : 파손, 유실, 변형, 변위, 마모, 부식, 체결부 부속시설 불량 등 기타사항
- 낙석방지구조물 : 철망의 상태, 지주 및 콘크리트 기초의 상태, 고정핀, 와이어로프, 결속선, 부속시설 상태 등 기타사항

② 배수시설(20)

- 지표수 : 산마루 측구 등 지표수 배수시설 상태
- 지하수 : 수평배수공등 지하수 배수시설 상태

③ 사면 상태(30) : 지반변형(땅밀림, 붕괴, 표층유실) 및 녹화공 상태 등 기타사항

마. 계류보전

① 주요시설(60) : 계류보전은 주요시설의 구조에 따라 각각 평가를 아래와 같은 항목으로 실시하고 가장 높은 점수를 적용함

- 석재구조물 : 파손, 변위, 변형, 기초부 세굴, 균열, 석재의 이격, 유실, 풍화, 배수시설, 돌망태 철선, 채움콘크리트 열화, 부속시설 불량 등 기타
- 콘크리트 : 파손, 변위, 변형, 기초부 세굴, 균열, 누수, 콘크리트의 박리, 박락, 백화, 마모, 배수시설, 부속시설 불량 등 기타사항
- 목재구조물 : 파손, 유실, 변위, 변형, 기초부 세굴, 마모, 부식, 체결부 부대시설 불량 등

② 배수성능(10) : 계류보전시설과 하부의 하천 또는 하수시설과의 연결성

③ 계류 상태(30) : 침식, 붕괴, 전석, 퇴적 등 계류의 상태

바. 해안방재림

① 주요시설(60) : 파손, 유실, 변위, 변형, 마모, 부식, 체결부, 배수시설 등 기타사항

② 방재림(40) : 식재목 활착, 생육 상태

사. 해안침식방지시설

① 주요시설(60) : 해안침식방지 주요시설의 구조에 따라 각각 평가를 아래와 같

은 항목으로 실시하고 가장 높은 점수를 적용함

- 석재구조물 : 파손, 변위, 변형, 균열, 누수, 기초부 세굴, 석재의 이격, 유실, 풍화 및 채움콘크리트 열화, 배수시설, 돌망태철선, 부속시설 불량 등 기타 사항
- 콘크리트 : 파손, 변위, 변형, 균열, 누수, 기초부 세굴, 콘크리트의 박리, 박락, 백화, 마모, 전석의 이격, 유실, 풍화 및 채움콘크리트 열화, 배수시설, 부속시설 불량 등 기타사항

② 해안침식상태(40) : 침식의 정도

3) 정밀점검 조사방법

가. 파손, 변위, 변형

파손, 변위, 변형의 조사는 줄자, 폴대, 레이저 거리측정기, GPS, 디지털 경사계 등을 활용하여 결함 부위의 최대치수(길이, 폭, 깊이 등)로 측정하고, 측정된 결함부는 반수면, 대수면, 물받이, 댐마루, 측벽으로 구분된 야장에 각각의 부위별 결함을 최대한 상세히 기록해야 한다.

측정된 파손, 변위, 변형은 전체 면적율 대비 결함부위 면적율로 계산하여 면적율에 따라 각 공종별, 부재별로 배점을 평가한다. 변위 조사 시 디지털경사계를 활용하여 전도 및 활동 여부를 조사하여야 하며 진행성 변위가 의심될 시 그랙 게이지를 부착하고 단차 여부를 면밀히 조사하여야 한다.

표 2.4.1. 파손, 변위, 변형 평가기준 및 배점 (콘크리트 사방댐)

구 분	결함사항	평가기준 및 배점		
본 댐	파손, 변위, 변형 (25)	5% 미만	5~15% 미만	15% 이상
		0	20	25
측 벽	파손, 변위, 변형 (7)	5% 미만	5~20% 미만	20% 이상
		0	5	7
물받이	파손, 변위, 변형 (7)	5% 미만	5~20% 미만	20% 이상
		0	5	7

나. 균열, 누수

균열 조사는 균열자(Crack Scale), 균열현미경 등을 사용하여 균열 방향에 대해 직각으로 측정 기록해야 하며 누수 조사는 줄자, 폴대 등을 활용하여 결함 부위의 최대치수(길이, 폭, 깊이 등)로 측정한다. 측정된 결함부위는 반수면, 대수면,

물받이, 댐마루, 측벽으로 구분된 야장에 각각의 부위별 결함을 최대한 상세히 기록해야 한다.

균열, 누수평가는 균열면적, 가로균열 길이, 세로균열 길이, 균열부 누수로 평가하며 각 공종별, 부재별로 가장 취약한 배점을 평가하며, 균열부 조사는 수축이음, 시공이음부 열림을 모두 포함한다.

관통균열이나 이음부 열림이 심각할 시 크랙 게이지 등을 활용하여 진행성 여부를 필수적으로 수행하여야 한다.

균열부 및 이음부 열림부에서 누수가 발생할 시 안정성을 저해하며 특히 물가두기 사방댐은 콘크리트 및 채움재의 화학적반응에 의해 누수부위가 확대될 수 있으므로 긴급한 보수·보강이 필요하다.

규열 면적은 다음기준에 의해 산정한다.

- 1방향 균열인 경우

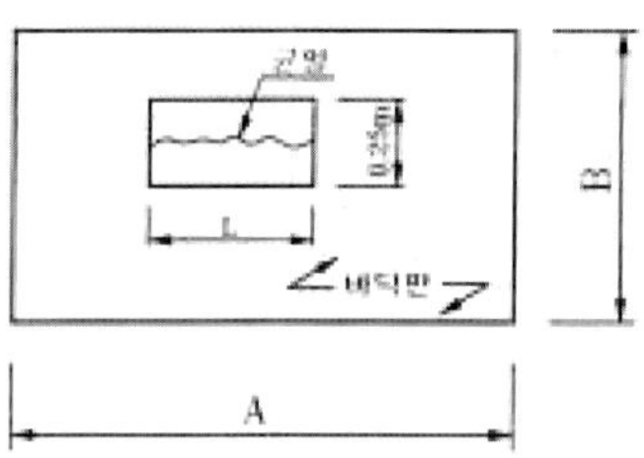

- 균열발생면적은 길이 당 0.25m의 폭을 차지하는 것으로 하며 균열의 개수가 2개 이상일 경우는 각 균열길이에 0.25m의 폭을 곱해서 합산하여 구한다.
- 균열 면적율은 아래 식으로 산정한다.

$$\frac{균열발생면적}{조사단위면적} \times 100 = \frac{균열길이(L) \times 0.25}{A(m) \times B(m)} \times 100 = \%$$

- 2방향 균열인 경우

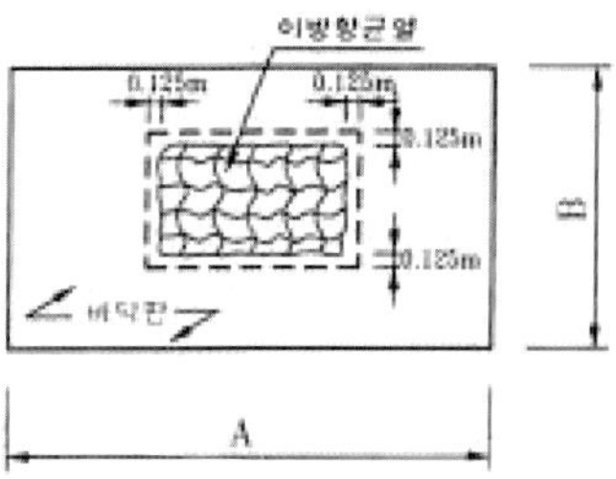

- 균열발생면적은 균열발생부위를 가로, 세로의 최 외측 균열을 경계로 하여 사각형 형태로 구획한 후 점선내면 면적인 (가로길이+0.25m)×(세로길이+0.25m)로 구한다.
- 균열 면적율은 아래 식으로 산정한다.

$$\frac{균열발생면적}{조사단위면적} \times 100 = \frac{균열발생면적(m^2)}{A(m) \times B(m)} \times 100 = \%$$

그림 2.4.1. 균열 면적율 산정방법(한국시설안전공단, 2017)

표 2.4.2. 균열, 누수 평가기준 및 배점 (콘크리트 사방댐)

구 분	결함사항	평가기준 및 배점		
본 댐	균열, 누수 (20)	균열 5% 미만	균열 5~15% 미만	균열 15% 이상
		가로균열이 댐길이의 10% 미만	가로균열이 댐길이의 10~30% 미만	가로균열이 댐길이의 30% 이상
		세로균열이 유효고의 10% 미만	세로균열이 유효고의 10~30% 미만	세로균열이 유효고의 30% 이상
		누수 없음	누수흔적 관찰	누수 관찰
		0	15	20
측 벽	균열, 누수 (5)	균열 5% 미만	균열 5~20% 미만	균열 20% 이상
		누수 없음	누수흔적 관찰	누수 관찰
		0	3	5
물받이	균열, 재료의 상태 (3)	균열 5% 미만	균열 5~20% 미만	균열 20% 이상
		재료의 상태 양호	재료의 상태 보통	재료의 상태 불량
		0	2	3

다. 기초부 세굴, 물받이 유탈

기초부 세굴, 물받이 유탈 조사는 줄자, 폴대, 레이저 거리측정기, GPS 등을 활용하여 결함 부위의 최대치수(길이, 폭, 깊이 등)로 측정하여야 한다.
측정된 결함부는 반수면, 측벽, 물받이로 구분된 야장에 각각의 부위별 결함을 최대한 상세히 기록해야 한다. 기초부 세굴, 물받이 유탈 평가는 각 공종별, 부재별 시설물의 상태에 따라 양호, 보통, 불량으로 평가한다.

기초부와 본댐 사이에 누수를 동반한 세굴이 발생할 수 있으며 이러한 결함은 매우 심각한 결함이므로 발주처와 협의하여 긴급한 보수·보강을 실시하여야 한다.

표 2.4.3. 기초부 세굴, 물받이 유탈 평가기준 및 배점 (콘크리트 사방댐)

구 분	결함사항	평가기준 및 배점		
본 댐	기초부 세굴, 물받이와의 유탈 (15)	양호 (보수 및 보강 불필요)	보통 (경미결함 보수필요)	불량 (중대결함 보강필요)
		0	10	15
측 벽	기초부 세굴, 물받이 유탈, 재료의 상태 (3)	양호 (보수 및 보강 불필요)	보통 (경미결함 보수필요)	불량 (중대결함 보강필요)
		0	2	3
물받이	기초부 세굴, 수직벽(앞댐)과의 유탈 (5)	양호 (보수 및 보강 불필요)	보통 (경미결함 보수필요)	불량 (중대결함 보강필요)
		0	3	5

라. 사방시설 구성재료의 상태

사방시설 구성재료에 따른 상태조사는 콘크리트, 석재, 강재로 구분되며 각 항목에 대하여 줄자, 폴대, 레이저 거리측정기, GPS 등을 활용하여 결함 부위의 최대 치수(길이, 폭, 깊이 등)로 측정하여야 한다.

일반 콘크리트 구조물의 상태조사 항목은 박리, 박락, 백화, 마모이며 전석붙임 콘크리트 상태조사 항목은 이격, 유실, 풍화 및 채움콘크리트 열화이다. 석재 구조물의 상태조사 항목은 석재의 이격, 유실, 풍화 및 채움콘크리트 상태 등이다. 강재 구조물의 상태조사 항목은 앵커, 볼트, 접합부 등 부속시설 상태 및 부식, 도장 손실이다.

측정된 결함부는 반수면, 측벽, 물받이로 구분된 야장에 각각의 부위별 결함을 최대한 상세히 기록해야 한다. 사방시설 구성재료에 따른 상태조사는 각 공종별, 구성재료별로 시설물의 상태에 따라 양호, 보통, 불량으로 평가하거나 전체 면적율 대비 결함부위 면적율로 계산하여 평가한다.

표 2.4.4. 구성재료(콘크리트, 석재, 강재)의 상태 평가기준 및 배점

항목	결함사항	평가기준 및 배점		
콘크리트	콘크리트: 박리, 박락, 백화, 마모 (5)	5% 미만	5~20% 미만	20% 이상
		0	3	5
	전석붙임: 이격, 유실, 풍화 및 채움콘크리트 열화 (5)	5% 미만	5~20% 미만	20% 이상
		0	3	5
석재	석재의 이격, 유실, 풍화 (5)	5% 미만	5~15% 미만	15% 이상
		0	3	5
	채움콘크리트, 방수로 상태, 수문시설 상태 (5)	양호 (보수 및 보강 불필요)	보통 (경미결함 보수필요)	불량 (중대결함 보강필요)
		0	3	5
강재	앵커, 볼트, 접합부 등 부속시설 상태 (20)	양호 (보수 및 보강 불필요)	보통 (경미결함 보수필요)	불량 (중대결함 보강필요)
		0	15	20
	부식, 도장 손실 (20)	5% 미만	5~20% 미만	20% 이상
		0	15	20

마. 기타 결함요소

부속시설의 상태 등 기타 결함요소는 줄자, 폴대, 레이저 거리측정기, GPS 등을 활용하여 결함 부위의 최대치수(길이, 폭, 깊이 등)로 측정하여야 한다.

측정된 결함부는 각각의 부위별 결함을 최대한 상세히 기록한 후 각 공종별, 부재별 상태 및 면적율에 따라 평가한다.

4) 조사자 보정

조사자 보정 점수는 평가표 점수를 통해 조사자가 판단하는 상태를 평가하는 항목으로 조사자의 주관적인 판단을 통해 점수보정을 실시한다.

5) 비파괴검사

비파괴검사는 종류에 따라 다음과 같이 실시할 수 있으며, 기준보다 높고 낮음에 따라 등급을 조정할 수 있다.

표 2.4.5. 시설물별 비파괴검사항목

종류	비파괴검사 항목
콘크리트 사방댐	콘크리트 압축 강도 : 슈미트 해머
	콘크리트 균열깊이 : 초음파 탐상
석재 사방댐	전식 압축상도 : 슈미트 해머
	채움콘크리트 압축강도 : 초음파 탐상
강재 사방댐	콘크리트 압축강도 : 슈미트 해머
	콘크리트 균열깊이 : 초음파 탐상
	강재 두께 : 초음파 탐상
산지사방	주 구조물의 재료에 따라 사방댐 비파괴 기준을 따름
계류보전	
해안방재림	전기전도도, E.C. Test
해안침식방지	주 구조물의 재료에 따라 사방댐 비파괴 기준을 따름

비파괴검사는 각 부위별로 최소 1개소 이상 측정하여 <별표 11, 12, 13, 14, 15, 16, 17>에 첨부된 비파괴 야장에 기입한다.

각 구간별 비파괴검사 결과 중 가장 최소값을 기준으로 평가하여 등급에 반영한다.

표 2.4.6. 비파괴 시험 야장 예시(압축강도 시험)

□ 전석 압축강도 시험 (슈미트해머)						
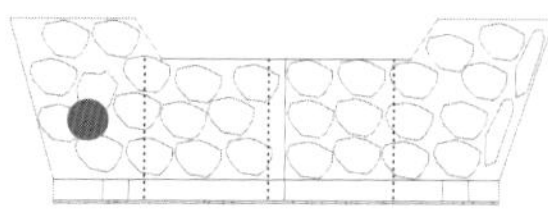	①	②	③	④	⑤	최종 결과 (평균값 중 최소값 택1)
	⑥	⑦	⑧	⑨	⑩	
	⑪	⑫	⑬	⑭	⑮	
<전석 1>	⑯	⑰	⑱	⑲	⑳	
	평균값					
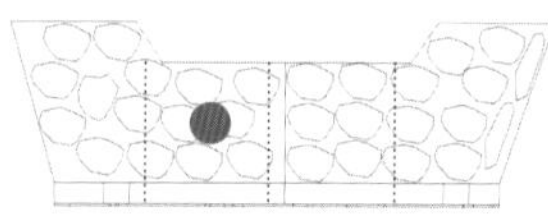	①	②	③	④	⑤	
	⑥	⑦	⑧	⑨	⑩	
	⑪	⑫	⑬	⑭	⑮	
<전석 2>	⑯	⑰	⑱	⑲	⑳	
	평균값					
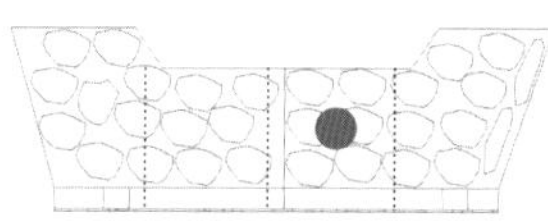	①	②	③	④	⑤	
	⑥	⑦	⑧	⑨	⑩	
	⑪	⑫	⑬	⑭	⑮	
<전석 3>	⑯	⑰	⑱	⑲	⑳	
	평균값					
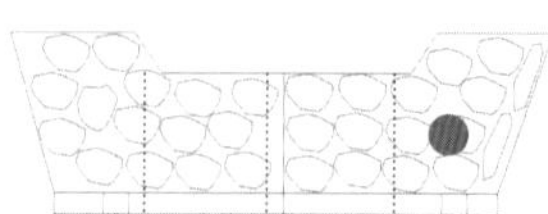	①	②	③	④	⑤	
	⑥	⑦	⑧	⑨	⑩	
	⑪	⑫	⑬	⑭	⑮	
<전석 4>	⑯	⑰	⑱	⑲	⑳	
	평균값					

6) 사방댐 준설 평가

사방댐의 경우에는 <별표 3> 사방댐준설 대상지 평가표를 기준으로 준설여부를 판정한다.

준설 평가 인자는 현재 저사량, 생활권(주요 보호 시설)과의 거리, 계상물매, 토석이동량이며, 평가 방법은 인자별 구분기준을 평가한 후 해당하는 계수와 가중치를 곱한 값들을 총합하여 17점 이상인 경우에 준설을 시행하는 것으로 한다. 준설 여부 판정 시에는 사방댐준설 대상지 평가표에 제시되어 있는 고려사항을 참고하여 최종적으로 준설여부를 결정하도록 한다.

다음 각 호에 해당하는 준설 대상지에서 제외한다.

- 산사태로 밀려 내려온 토석류에 충격 받은 사방댐 등 준설할 경우 계류가 불안정하게 될 우려가 있거나, 사방댐 안전에 영향을 미칠 우려가 있는 사방댐
- 진입로 개설 시 계류·산림이 심하게 훼손될 우려가 있는 암석지역 또는 급경사지역에 있는 사방댐

7) 사방댐준설 평가인자 현지조사 요령

가. 저사량(저사고)

저사량(저사고)은 사방댐 대수면에 퇴적된 높이를 의미하고, 저사량은 현지에서 조사하기 어려우므로 사방댐 유효고를 기준으로 퇴적양 높이(저사고)를 조사한다.

사방댐의 현재 저사량(저사고)을 고(80%이상), 중(50～79%), 저(50%미만)로 구분하여 조사한다.

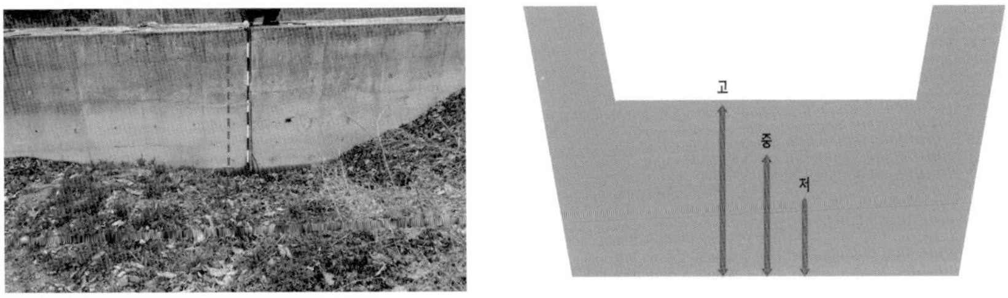

그림 2.4.2. 사방댐 대수면의 현재저사량(저사고) 등급분류 방법

나. 민가(보호대상)

조사대상 사방댐내 주요보호시설(주택지, 병원, 양로원 등 요양시설, 유치원, 학교, 관공서)의 유무를 파악하고, 조사대상 사방댐내 인명피해 우려가 있는 주요보호시설과의 거리를 조사한다.

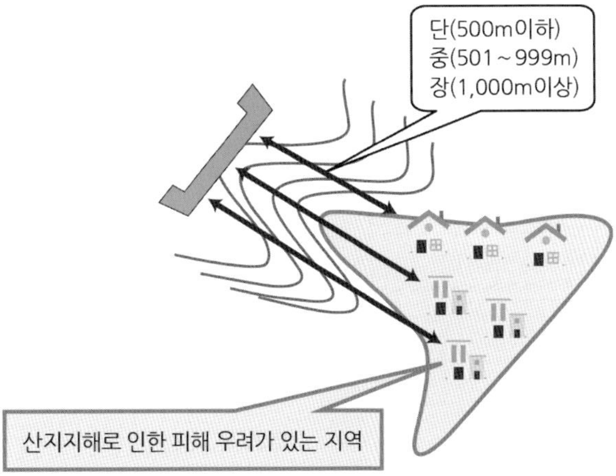

그림 2.4.3. 사방댐 준설대상지역내 주요보호시설 조사

보호대상지와 거리를 단(500m이하), 중(501～999m), 장(1,000m이상)으로 구분 조사 한다.

다. 계상물매(%)

조사대상 사방댐의 계획퇴사선에서부터 계류 상부의 계상물매가 급변하는 지점을 경계로 상하부의 평균 계상물매를 조사하되, 계상물매는 현장에서 경사를 실측하며, %단위로 조사한다.

계상물매를 급(10%이상), 경(5%～9%), 완(5%미만)으로 구분하여 조사한다.

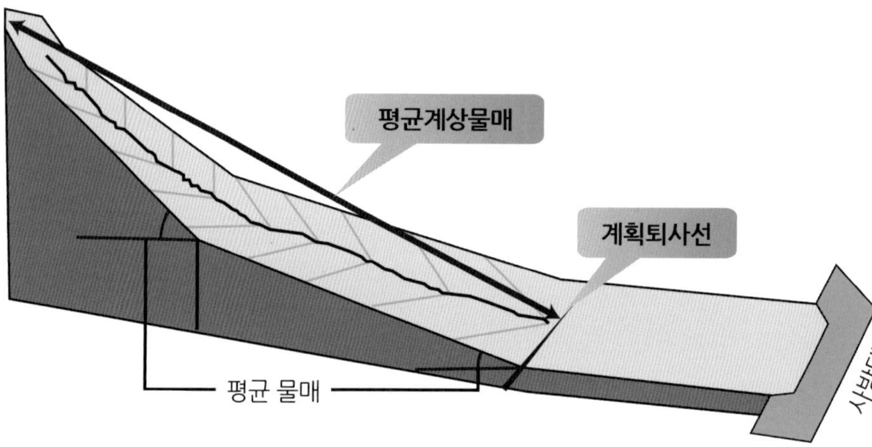

그림 2.4.4. 계상물매 조사

라. 토석이동량(단위면적당 비율, %)

계류내 이동가능 토석량의 예측은 사방댐의 계획퇴사선 상류지점에서 일정간격으로 횡단에 폭 5m 내에 존재하는 토석의 비율을 조사한다.

- 대규모댐(상장 15m 이상) : 0m, 250m, 500m, 소규모댐(상장 15m 이하) : 0m, 150m, 300m, 그 외 : 대상계류 최상단까지를 균등하게 3등분한 지점
- 다단계댐 : 대상계류 최상단까지를 균등하게 3등분한 지점

조사방법은 조사범위내 계상표면에 돌출되어 있는 0.5㎥이상의 전석이 차지하는 단면적의 비율을 조사한다. 단, 조사대상 전석은 1/3이상 지표면으로 돌출된 것으로 한다.(조사지점에 대한 좌표 및 사진자료를 첨부)

단위면적당 이동 가능 토석량을 다(70%이상), 중(30%～69%), 소(30%미만)로 구분하여 조사한다.

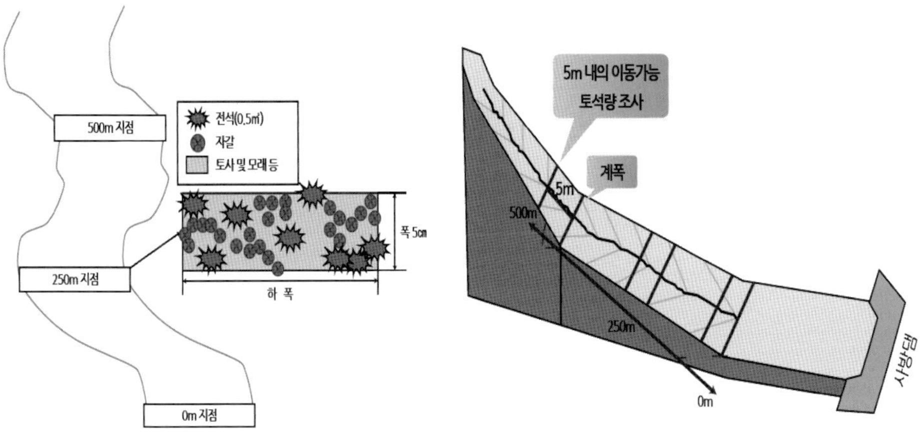

그림 2.4.5. 토석이동량 조사

8) 종합의견

점검결과(등급) 판정 의견, 종합점수, 최종 점검결과 등급, 최종등급을 제시한다.

9) 현장조사 상세도

사방시설의 종류에 따라 <별표 8, 9, 10, 11, 12, 13, 14>에 제시된 현장조사 상세도 양식과 예시자료를 활용하여 점검 대상 사방시설의 현장조사 상세도를 작성한다. 현장조사 상세도에는 파손, 손상 등 문제가 생긴 부분을 주요하게 표현하고 추가로 참고할 수 있는 사항을 도면화하도록 한다.

2.4.3. 정밀점검 비파괴검사

정밀점검에서 비파괴검사를 활용하여 사방시설 재료의 상태 및 균열 등수치적인 데이터를 산출할 수 있으며 이러한 데이터를 활용하여 보다 객관적인 등급판정을 할 수 있다. 정밀점검 비파괴검사는 사업종 및 재료별로 <별표 8, 9, 10, 11, 12, 13, 14>에 제시된 양식을 활용하여 수행한다.

1) 정밀점검의 비파괴 시험 개요

비파괴시험(Non-Destructive Testing)이란 재료나 제품의 원형과 기능을 전혀 변화 시키지 않고 물리적 에너지를 이용하여 점검 대상의 이상 여부나 결함의 정도를 알아내는 모든 시험을 말한다.

2) 비파괴 시험의 항목 및 수량

표 2.4.7. 정밀점검 비파괴 시험항목 및 수량

사방댐 종류	시험 항목	수량
콘크리트 사방댐	콘크리트 압축강도 (슈미트해머)	구간별 1개소 이상
	콘크리트 균열깊이 (초음파탐상)	구간별 1개소 이상
석재 사방댐	석재 압축강도 (슈미트해머)	구간별 1개소 이상
	채움콘크리트 압축강도 (초음파탐상)	구간별 1개소 이상
강재 사방댐	콘크리트 압축강도 (슈미트해머)	구간별 1개소 이상
	콘크리트 균열깊이 (초음파탐상)	구간별 1개소 이상
	강재두께 (초음파탐상)	구간별 1개소 이상

3) 비파괴 시험의 평가기준 및 방법

가. 콘크리트 사방댐

① 콘크리트 압축강도 기준(슈미트해머)

표 2.4.8. 콘크리트 사방댐 슈미트해머 압축강도 기준

콘크리트 압축강도 (슈미트해머)	설계기준강도 21MPa 이상	설계기준강도 21MPa 미만
	만족	미달 (등급 조정 가능)

❍ 일반

- 반발경도시험은 콘크리트의 압축강도를 비파괴로 추정하는 방법의 하나로 경화된 콘크리트 표면을 타격할 때, 측정 반발도(R)와 콘크리트의 압축강도(Fc)와의 사이에 특정 상관관계가 있다는 실험적 경험을 기초로 한다.
- 반발경도시험 결과로 분석된 콘크리트 비파괴강도는 콘크리트 표면 상태에 국한되고 콘크리트 내부의 강도를 추정할 수 없다는 단점을 가지고

있기 때문에 콘크리트 비파괴강도 추정 시의 유일한 지표로 사용하기에는 문제점을 내포하고 있다.

❍ 적용 범위

- 본 요령에서는 경화된 콘크리트의 반발경도와 압축강도 사이의 상관관계에 따른 상관식을 도출하여 적용하는 것을 원칙으로 하며, 이것이 쉽지 않은 경우 기존의 콘크리트 비파괴강도 제안식을 활용하여 평가할 수도 있다. 다수의 신뢰할 수 있는 비파괴강도 추정식이 제시되어 있으나, 추정식의 다양성만큼 비파괴강도가 일정하게 얻어지는 것이 아니므로, 코어 표본의 압축강도를 구하여 이 측정값과 반발도와의 상관관계를 구하는 것이 우선되어야 한다.
- 콘크리트 표면의 경도로부터 콘크리트의 비파괴강도를 추정하는 방법으로 그 시험 방법, 적용 가능한 강도 범위, 판정식 및 판정의 평가 방법에 대한 고려가 비파괴강도를 판정하는 과정에서 필요하다.
- 본 요령에서는 보통콘크리트의 비파괴강도 추정을 위한 시험 등의 절차에 대해서 기술한다.

❍ 측정기의 점검 및 교정

- 반발경도측정기는 엄밀한 검사를 하더라도 사용 후에 기계적인 오차가 발생하는 것이 단점이 있으므로 사전에 테스트 앤빌(Test Anvil)에 의한 정기 교정을 실시하여야 한다.
- 테스트 앤빌에 의한 반발경도측정기(N형)의 반발경도 R은 80을 기준으로 80±2의 범위를 정상으로 할 경우, 가능한 한 80±1의 범위이어야 한다. 이 범위의 값을 벗어날 경우 조정하여야 한다. 반발값이 72 정도까지 나타나고 더 이상 반발값이 올라가지 않을 경우에는 다음 식에 의하여 보정하며, 이 이상의 보정값을 필요로 하는 반발경도측정기는 사용하지 않는 것이 좋다.

$$R = Ro \times 80 \; / \; Ra$$

여기에서 Ra : 테스트 앤빌에 따른 하향 타격시(α=-90°)의 반발도
Ro : 반발도 R의 평균값

② 반발경도시험 및 점검절차

그림 2.4.6. 반발경도시험 및 측정기 점검 등의 절차

❍ 반발경도 시험 방법

- 반발경도측정기와 테스트 앤빌의 보정 특성인 액면 수치(Ra)는 제작사에 따라 교정 반발경도의 치수의 범위는 차이를 나타내므로 유의하여 사용하여야 한다.
- 이는 제조사가 다른 반발경도측정기와 앤빌을 혼용하여 이용할 경우에는 그 결과 값(Ra)이 상이하므로 특별한 주의가 필요하며, 무심코 이를 혼용하여 사용하였을 경우 평가된 콘크리트 비파괴강도의 신뢰성에 문제점으로 나타난다.

❍ 보정반발경도(Ro)의 계산

- 반발경도시험 값(Rm) 20개의 평균을 산정한다.
- 평균값에서 ±20%이상 벗어나는 경우의 시험값은 버리고 나머지 시험값의 평균(R)을 산출한다.
- 시험값 중 버리는 값이 4개 이상인 경우는 시험 부위의 결정에서 문제가 있을 수 있으므로 전체 시험값 군을 무시한다.
- 반발경도시험 현장의 여건 등을 고려하는 반발경도에 영향을 미치는 요인을 검토하여 각종 보정값(△R)을 산정한다.
- 산정한 보정값(△R)을 평균시험값(R)에 가감하여 보정반발경도(Ro)를 결정하여 콘크리트 비파괴강도 추정에 적용한다.
- 보정반발경도(Ro)는 소수 첫째자리를 기준으로 한다.

❍ 반발경도시험의 제약 조건

- 반발경도측정기 활용을 위한 제약조건의 검토
- 대상구조물의 제약조건과 종류, 측정범위 등을 파악하여 시험 결과의 정밀도를 높일 수 있는 방법을 강구하여야 한다.
- 콘크리트에서의 반발도와 비파괴강도와의 관계는 각종 영향인자에 따라 다르므로 비파괴강도 추정의 정도를 향상시키기 위해서는 반드시 이들 인자에 관한 정보를 입수하여 이를 반영시켜야 한다.
- 현장측정 및 결과분석에 대한 절차는 KS F 2730의 규정에 준한다.

❍ 대상 구조물의 제약조건

- 측정 부재의 선정
  * 부재의 두께 : 측정부의 콘크리트 두께 10cm 이상인 장소를 선정한다.
  * 측정 위치 : 보, 기둥 등 모서리로부터 3~6cm 이상 떨어진 장소에서 측정한다.
- 측정 부재의 선정
  * 얇은 바닥판이나, 벽에서는 고정단 부근이나, 지지변에 가까운 장소를 선정한다.
  * 보, 기둥 등에서는 시공이음부, 재료분리, 높이, 방향 등의 강도변화를 고려해서 측정 장소를 선정한다.
  * 측정면이 모르타르, 타일 등 부착물이 있는 장소 등은 회피한다.
  * 미장, 도장이 있을 경우 이것을 제거하여 콘크리트 면을 노출시킨다.
  * 타격방향은 항상 측정면에 대하여 직각방향으로 조용히 눌러서 측정한다.

❍ 반발경도시험에 영향을 미치는 인자

- 반발경도에 미치는 영향인자와 시험결과에 편차 요인에 대하여 시험 전·후에 이를 파악하여 산정한 각종 보정값(△R)을 콘크리트 비파괴강도 추정에 적용하여야 한다.
- 반발경도에 미치는 영향인자
  * 콘크리트 및 반발경도측정기의 온도
  * 콘크리트 표면의 함수 상태
  * 콘크리트 탄산화(중성화) 정도
  * 측정 시 타격방향
  * 반발경도측정기의 종류
  * 콘크리트의 거동
- 시험결과의 편차 요인
  * 시험결과 편차의 요인과 표준편차
  * 콘크리트의 재료와 조합의 관계 : 시멘트, 골재 등
  * 측정 대상면의 상태 : 콘크리트 표면상태, 측정 높이, 구속력 등
  * 콘크리트의 재령
  * 비파괴강도 추정 제안식의 이용

③ 콘크리트 균열깊이(초음파탐상)

❍ 균열깊이 기준

표 2.4.9. 콘크리트 사방댐 균열깊이 기준

콘크리트 균열깊이 (초음파탐상)	부재 두께의 50% 미만	부재 두께의 50% 이상
	만족	미달 (등급 조정 가능)

❍ 일반

- 콘크리트 구조물에 발생된 균열깊이는 초음파전달속도법에 의하여 비파괴시험 방법으로 측정한다. 초음파의 발·수신자를 균열 근방에 설치하여 균열을 측정하는 방법이다.
- 초음파 발·수신자를 설치하는 위치와 탐촉자 직경에 따라 실제의 pulse 전달거리와 전달속도가 다르므로 균열깊이 추정 시에는 주의가 필요하다.

❍ T-법

- T-법은 발진자(Tx)를 고정하고, 수신자(Rx)를 10～15cm 간격으로 이동시켜 전파거리와 전달시간을 측정하는 방법이다. 이 방법은 균열이 없는 부분의 주시곡선과 균열을 통과한 후의 주시곡선의 차이를 다음 식으로 계산하여 균열 깊이 h 를 구한다.

$$\mathrm{h} = \frac{T\cos\alpha\ (T\cot\alpha + 2L)}{2\ (\mathrm{T}\cot\alpha + L)} \quad \text{or} \quad \mathrm{h} = \frac{\mathrm{L}}{2}\left(\frac{\mathrm{T_2}}{\mathrm{T_1}} - \frac{\mathrm{T_1}}{\mathrm{T_2}}\right)$$

여기서, $\mathrm{T} : \mathrm{T_2} - \mathrm{T_1}$

L : 발진자(Tx)에서 균열까지의 거리

α : 주시곡선 시작점에서 균열까지의 전달시간 기울기

T_1 : 주시곡선의 측정 시작점에서 균열까지의 전달시간

T_2 : 주시곡선의 균열 시작점에서 이후의 전달시간

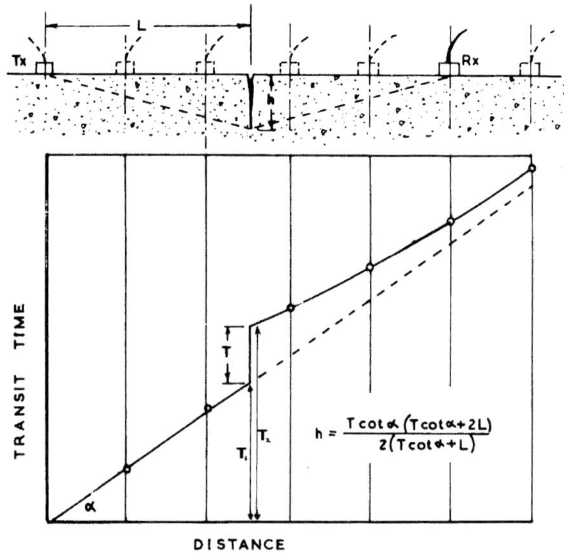

그림 2.4.7. T-법

❍ Tc-To 법

- Tc-To 법은 수신자와 발신자를 균열의 중심으로 등간격 x 로 배치한 경우의 전파시간 Tc와 균열이 없는 부근 $2x$ 에서의 전파시간 To로부터 균열깊이를 추정하는 방법으로 균열 면이 콘크리트의 표면과 직각으로 발생되어 있으며, 균열 주위의 콘크리트는 어느 정도 균질한 것이라고 가정하여 유도한 것이다.
- 이 방법의 균열깊이 탐사 결과는 15% 정도의 오차를 가지고 있으며, 균열에서 발·수신자까지의 거리 x 는 탐촉자까지의 거리이다.

$$h = X\sqrt{(\frac{T_C^{\ 2}}{T_O^{\ 2}} - 1)}$$

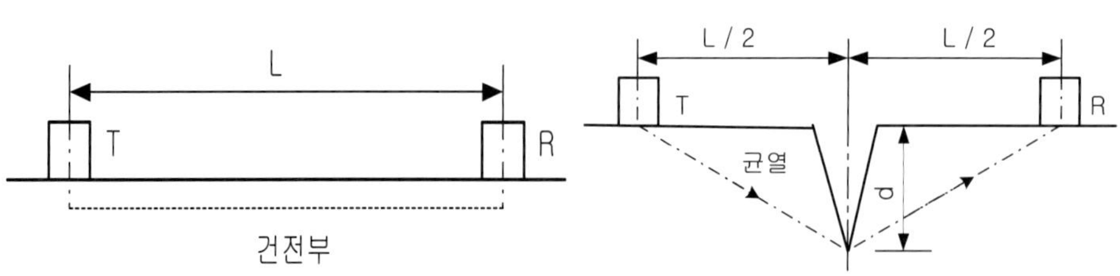

그림 2.4.8. Tc-To 법

❍ BS 법

- BSI 1881 Part No. 203에 규정되어 있는 방법으로 발·수신자 배치를 균열 개구부에서 a_1=150mm일 경우의 전파시간 T_1, a_2=300mm일 경우의 전파시간 T_2를 이용하여 균열깊이 d 를 추정하는 방법으로 콘크리트 내부에 존재하는 철근의 영향으로 측정 결과의 오류를 나타낼 수 있으므로 주의가 요구된다.

$$d = 150\sqrt{\frac{(4T_1^{\,2} - T_2^{\,2})}{(T_2^{\,2} - T_1^{\,2})}}$$

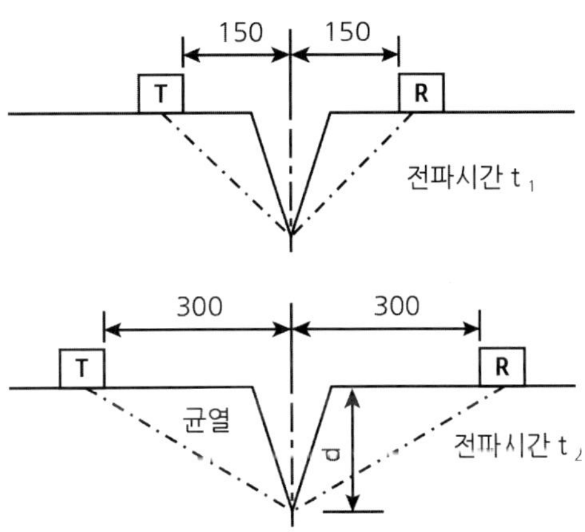

그림 2.4.9. BS 법

❍ 균열깊이 측정의 제약조건[1)]

- 균열깊이가 1,000mm이상이 되면 수신하는 초음파전달속도가 현저하게 쇠퇴하기 때문에 일반적인 초음파측정기로는 측정이 곤란하다.
- 표층부 철근의 배근깊이가 100mm이하가 되면 철근 배근깊이 이상인 표면균열의 깊이를 측정하는 것이 곤란하다.
- 콘크리트의 품질불량 및 콘크리트 내부에 곰보나 공동(구멍) 등 다짐불량의 가능성이 있으면 정확한 측정이 곤란하다.
- 균열 내부에 물, 이물질이 있는 대상이나, 미세균열이 밀집되어 있는 경우에는 측정이 곤란하다.

---

1) 진단장비 활용·관리 매뉴얼 : 한국시설안전기술공단('06.12).

- 발생된 균열이 개폐되는 경향을 나타내고 있으면 측정이 곤란하다.
- 측정 대상과 측정 정밀도
  * 평탄한 측정면에 직각한 균열깊이 : 200mm이하의 경우 ±5%
  * 평탄한 측정면에 직각한 균열깊이 : 1,000mm이하의 경우 ±3%
  * 경사균열의 균열깊이 길이 : ±15%

❍ 기존의 제안식을 이용한 콘크리트 비파괴강도 추정

- 반발경도를 이용한 비파괴강도 추정은 가급적 시험 대상 구조체의 수 개소에 대해서 반발경도를 구하고, 상기 성형 및 코어 표본에 의한 반발경도와 압축강도의 비파괴강도 제안식을 이용해야 한다.
- 다음은 국내에서 주로 이용되고 있는 제안식을 정리한 것으로 이외의 신뢰성 있는 제안식을 이용할 수 있으며, 제안식의 적용은 시험 방법 및 시험 조건에 맞는 제안식을 선정하는 것이 중요하다.

표 2.4.10. 기존의 비파괴강도 추정 제안식

연구자	추정 제안식 (MPa)	비고
일본재료학회	Fc=-18.0+1.27·Ro	
동경 건축재료 검사소	Fc=(10Ro-110)×0.098	
일본건축학회	Fc=(7.3Ro+100)×0.098	
U.S Army	Fc=(-120.6+8.0Ro+0.0932Ro^2)×0.098	
木村	Fc=(9.37×(0.987)^t Ro+(1.3t-109))×0.098	t는 재령(년)

나. 석재 사방댐

① 석재 압축강도(슈미트해머)

❍ 압축강도 기준

표 2.4.11. 석재 사방댐 슈미트해머 압축강도 기준

석재 압축강도 (슈미트해머)	압축강도 50MPa 이상	압축강도 50MPa 미만
	만족	미달 (등급 조정 가능)

콘크리트 사방댐 압축강도편 참조

② 채움콘크리트 압축강도(초음파탐상)

표 2.4.12. 채움콘크리트 압축강도 기준

채움콘크리트 압축강도 (초음파탐상)	압축강도 11MPa 이상	압축강도 11MPa 미만
	만족	미달 (등급 조정 가능)

❍ 일반

- 콘크리트에서의 초음파전달속도 시험은 음향적 측정방법인 음속법의 하나로 초음파의 투과속도가 콘크리트의 밀도 및 탄성계수에 따라서 변화하는 것을 이용하며, 초음파가 콘크리트를 통과하는 시간(Pulse Velocity)을 측정하여 이로부터 콘크리트의 비파괴강도, 결함의 유무, 균열 및 콘크리트의 내부 분리, 공동현상 등을 추정하는 비파괴적인 방법에 이용한다.
- 일반적으로 점검과 진단에서 사용하는 콘크리트 초음파측정기는 측정대상 콘크리트에 동일한 사용목적을 가지며, 초음파전달속도는 콘크리트의 구성 성분, 다짐 정도, 숙성도, 콘크리트 제품과 구조물 내에 본래부터 존재하는 자유수의 함유량에 따라 결정된다.

❍ 적용범위

- 본 지침에서의 초음파전달속도시험은 콘크리트의 한쪽 끝에 접촉시킨 탐촉자로부터 발신한 초음파 펄스가 콘크리트 내부를 통과하여 반대방향의 다른 끝 쪽에 접촉시킨 탐촉자에 도달할 때까지의 소요시간 및 양 탐촉자간 거리를 측정하여 음속을 구하고, 그 음속값을 이용하여 콘크리트의 비파괴강도를 추정하기 위하여 실시한다.
- 이 시험 방법은 콘크리트 비파괴강도 추정 이외에도 콘크리트의 탄성 계수, 균열 깊이, 내부 결함 등을 검사하는데 이용할 수 있으며, 콘크리트의 비파괴강도를 추정하는 경우 다수의 신뢰할 수 있는 추정 제안식이 제시될 수 있으나, 추정식의 다양성만큼 비파괴강도가 일정하게 얻어지는 것이 아니므로 성형 또는 코어 표본의 압축강도를 구하여 이 측정값과 펄스속도와의 상관관계를 구하는 것이 우선되어야 한다.

❍ 시험 등의 절차

그림 2.4.10. 초음파전달속도시험 및 측정기 점검 등의 절차

○ 측정기의 영 보정(Zero Setting)

- 측정기를 사용하기 전에는 반드시 측정기에 대한 교정을 하여야 한다.
- 발신 및 수신 탐촉자를 합쳐서 측정 거리가 Zero의 경우에서 전달시간이 영점으로 나타나는지 확인 여부와 측정 전에 표준시험체(교정봉)로 측정해서 미리 영 보정을 하여야 한다.
- 탐촉자 및 케이블의 교체의 경우 매번 영 보정하여야 하며, 전자회로나 케이블의 안정성을 확인하기 위해 수시로 영 보정을 재확인한다.

○ 초음파전달속도시험의 제약조건(측정기 활용을 위한 제약조건의 검토)

- 측정 대상구조물의 제약조건과 종류, 측정범위 등을 파악하여 측정 정밀도를 높일 수 있는 방법을 강구하여야 한다.
- 콘크리트 중의 초음파전달속도와 압축강도의 관계는 각종 영향인자에 따라 다르다. 비파괴강도 추정이나, 결함탐사의 정도를 향상시키기 위해서는 반드시 이들 영향인자에 관한 정보를 입수하여 이를 반영시켜야 한다.
- 현장측정 및 결과분석에 대한 절차는 KS F 2731의 규정에 준한다.

○ 측정 대상으로 하는 구조물에서의 제약조건

- 측정 대상구조물 : 콘크리트 구조물 전반
  * 콘크리트 표면에 도장이나, 외장재 및 구조물 내부에 철근이 과밀 배근되어 있는 경우, 균열 내부에 수분, 충전물, 미세균열, 밀집균열 등이 존재하는 구조물에서의 초음파전달속도의 시험은 곤란하다.
  * 초음파전달속도시험 대상 콘크리트 면에 강재나 공동(구멍), 곰보가 존재하는 경우에는 초음파전달속도시험 결과가 크게 변화될 수 있다.
  * 초음파전달속도시험에서는 시험 결과에 영향을 미칠 수 있는 부분과 없는 부분에 대한 병용 시험을 통해서 이를 확인하는 것이 바람직하다.
  * 측정하기 전에 측정 위치 부근에 철근탐사장비로 철근이나 강재 등의 배치 여부 등을 확인하는 것이 필요하다.

○ 초음파전달속도 시험에 미치는 영향인자

- 초음파전달속도에 미치는 영향인자와 시험결과에 편차 요인에 대하여 시험 전·후에 이를 파악하여 산정한 각종 영향계수를 콘크리트 비파괴강도 추정에 적용해야 한다.

- 콘크리트의 함수량
  * 콘크리트는 습윤상태일수록 초음파전달속도는 커진다.
  * 대상 부재의 함수량 차이를 고려하여 측정된 초음파전달속도를 보정해야 한다.
- 콘크리트의 온도
  * 콘크리트의 온도변화에 따라 초음파전달속도는 변한다.
  * 콘크리트가 고온일 경우 초음파전달속도는 감소하며, 저온으로 동결되었을 경우 초음파전달속도는 증대하므로 이에 대한 보정이 필요하다.
- 측정거리(표면법의 경우 : 탐촉자간의 간격)
  * 콘크리트의 이질적인 성질이 시험에 영향을 미치지 않도록 충분히 길어야 한다.
  * 굵은골재의 최대치수가 20mm 미만의 경우 측정거리는 100mm 이상
  * 굵은골재의 최대치수가 20~40mm의 경우 측정거리는 150mm 이상
- 시험체의 형상
  * 시험대상이 되는 부재의 단면치수에 따라 초음파전달속도에 영향을 미친다.
  * 시험대상의 최소허용 측면 치수를 고려하여 시험하여야 한다.
- 철근의 영향
  * 강재에서의 초음파전달속도는 약 5.1 kg/s로 콘크리트보다 크다.
  * 강재는 콘크리트에서 추정된 초음파전달속도의 정확도를 감소시키므로 가능한 한 철근이 탐촉자 사이의 직진 경로 그 가까이에 놓여 있지 않는 조건에서 시험해야 한다.
  * 철근 간섭을 허용하기 위한 초음파전달속도 시험값의 보정의 경우는 철근이 초음파 경로와 평행으로 배근된 경우와 철근이 초음파 경로와 직각으로 배근된 경우 보정한다.
- 접촉매질
  * 탐촉자와 콘크리트면과의 접촉(밀착) 상태가 불량한 경우에는 측정치의 재현성은 없어지고, 그 신뢰도 확보가 곤란하다.
  * 접촉매질로 인해 콘크리트의 특성이 연속성을 잃을 수 있으므로, 접촉매질의 층이 얇아져 최소값이 얻어질 때까지 읽기를 반복한다.

❍ 측정결과의 편차요인

- 콘크리트의 재료, 배합, 재령
  * 콘크리트의 재료, 배합, 재령 등에 따라 초음파전달속도는 다르므로 비파괴강도 추정 전에 반드시 이들 정보를 입수하여 검토한 결과를 반영하여야 한다.
- 측정 대상면의 상태
  * 콘크리트 표면에 모래입자, 먼지, 수분함유, 미세균열 등은 초음파전달속도에 영향을 미치므로 이를 고려한 시험이 필요하다.
- 측정기의 사용요령
- 탐촉자의 연결
- 초음파전달속도의 관계
- 비파괴강도 추정식의 이용

❍ 초음파전달속도시험

- 탐촉자의 배치
  * 본 시험의 정확도는 주로 투과 거리 측정의 정확도에 의해 좌우되며, 이 경우 탐촉자 간의 에너지 이동이 최대이기 때문에 비파괴강도 추정 시에는 직접법인 대향면의 배치방법을 원칙으로 한다.
  * 다만 현장에서 탐촉자를 직접법으로 배치할 수 없는 경우 간접법과 표면법으로의 측정은 그 신뢰성에 문제가 제기되고 있으나, 현장 여건상 표면법을 적용하는 경우가 많다.
  * 이때 표면법의 탐촉자 간격은 100~150mm 간격으로 측정하는 것이 좋다.

❍ 초음파전달속도의 산정(직접법)

$$Vd = \frac{L}{T}$$

여기에서 Vd : 직접법에 의한 초음파전달속도(m/s)

L : 투과 거리(m)

T : 유효 시간(s)

❍ 초음파전달속도의 산정(표면법)

$$\frac{dS}{dT} = \frac{1}{b} \quad (= Vi\ :\ \text{표면법 초음파전달속도})$$

* X_i에 대한 전달시간 T_i를 측정하여 X_i와 T_i의 관계를 그래프에 도시하여 나타나는 회귀직선식 $T = a + b \cdot S$의 상관관계를 구한 후, 기울기의 함수에 의한 초음파전달속도 V_i를 결정한다.

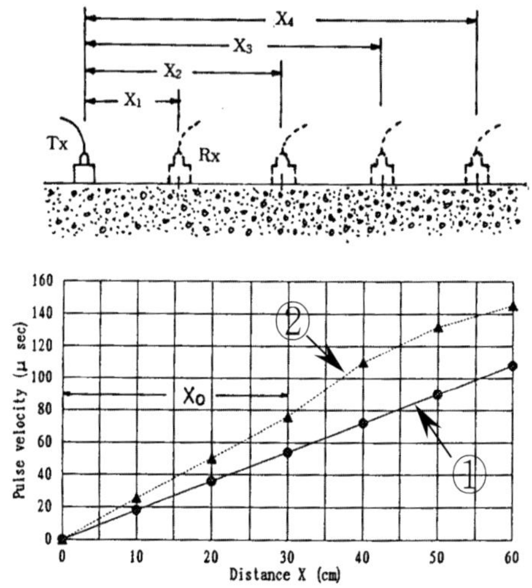

그림 2.4.11. 표면법에 의한 초음파전달속도의 측정

❍ 콘크리트 비파괴강도 추정

- 코어 표본을 이용한 초음파전달속도와 압축강도와의 상관관계
- 콘크리트 비파괴강도를 도출하기 위해서는 구조체의 콘크리트에서 채취한 코어 표본을 이용하는 것이 유효하다.
- 절단과 습윤 처리된 코어 표본의 초음파전달속도는 구조물의 일부로 구성되어 있을 때보다 일반적으로 높게 나타나므로 코어 표본 채취 전에 초음파전달속도를 시험하는 것이 필요하다.
- 초음파전달속도 시험값과 코어 표본으로 구한 압축강도 시험값을 플로트하고 전체 결과에 대한 선형회귀식을 최소 제곱법에 의해 해당 시설물의 콘크리트 비파괴강도 제안식을 도출한다.

$$Fc = k_1 V_d + C \quad (Mpa)$$

- 코어 표본의 압축강도 시험은 KS F 2422[2]에 따른다.

❍ 기존의 제안식을 이용한 콘크리트 비파괴강도 추정

- 초음파전달속도를 이용한 비파괴강도 추정은 코어 표본에 의한 초음파 전달속도와 압축강도의 비파괴강도 제안식을 이용한다.
- 다음은 국내에서 주로 이용되고 있는 제안식을 정리한 것으로 이외의 신뢰성 있는 제안식을 이용할 수 있으며, 제안식의 적용은 시험 방법 및 시험 조건에 맞는 제안식을 선정하는 것이 중요하다.

표 2.4.13. 기존의 비파괴강도 추정 제안식

연구자	추 정 식 (MPa)	비 고
일본건축학회식	$Fc=(215Vd-620)\times0.098$	Vd : 직접법에 의한 초음파전달속도 (km/s)
일본재료학회식	$Fc=(102Vd-117)\times0.098$	
J. Pysziak의 제안식	$Fc=(92.5Vd^2-508Vd+782)\times0.098$	
谷川의 제안식	$Fc=(172.5Vd-499.6)\times0.098$	

다. 강재 사방댐

① 콘크리트 압축강도(슈미트해머)

❍ 압축강도 기준

표 2.4.14. 강재 사방댐의 콘크리트부 슈미트해머 압축강도 기준

콘크리트 압축강도 (슈미트해머)	설계기준강도 21MPa 이상	설계기준강도 21MPa 미만
	만족	미달 (등급 조정 가능)

콘크리트 사방댐 압축강도 내용 참조

② 콘크리트 균열깊이(초음파탐상)

❍ 균열깊이 기준

2) KS F 2422: 콘크리트에서 절취한 코어 및 보의 강도시험 방법.

표 2.4.15. 강재사방댐 콘크리트부 균열깊이 기준

콘크리트 균열깊이 (초음파탐상)	부재 두께의 50% 미만	부재 두께의 50% 이상
	만족	미달 (등급 조정 가능)

콘크리트 사방댐 균열깊이 내용 참조

③ 강재두께(초음파탐상)

❍ 강재두께 기준

표 2.4.16. 강재사방댐 강재두께 기준

강재두께 (초음파탐상)	강재 : 설계 두께 이상	강재 : 설계 두께 미만
	만족	미달 (등급 조정 가능)

2.4.4. 정밀점검 등급판정

정밀점검 등급판정은 정밀점검 조사서 <별표 11, 12, 13, 14, 15, 16, 17>에 따라 수행하고, 다음의 등급으로 판정한다.

표 2.4.17. 정밀점검 등급판정

등급	점수	사방시설의 상태	점검 주기
A등급 (양호, 필요시 보수)	30점 미만	변형·손상 등 문제점이 없는 양호한 상태	2년 주기 외관점검 * 보수한 경우 1년 주기
B등급 (보수 필요)	30~70점 미만	일부 결함이 발생하였으나 시설물의 기능 발휘에는 지장이 없는 상태로서 일부 보수가 필요한 상태	보수 후 외관점검
C등급 (보강·개량 필요)	70점 이상	중대한 결함이 발생하여 사방시설의 기능 저하 및 안전관리에 이상이 발생하여 시급한 보강 또는 개량이 필요한 상태	보강·개량 후 정밀점검
D등급 (안전진단 필요)	70점 이상	중대한 결함이 발생하여 안전에 위험이 예상되나 정밀점검 수준에서 대책을 제시하기에 불충분하여 추가로 안전진단이 필요한 상태	안전조치 후 정밀점검
E등급 (추가시공 또는 재·대체시공)	70점 이상	중대한 결함이 발견되었음에도 시공상 보완 및 개량이 불가능하거나 경제적으로 비효율적인 경우로서 추가시공 또는 재·대체시공이 필요한 상태	안전조치 후 외관점검

정밀점검 결과는 사업종별로 <별표 11, 12, 13, 14, 15, 16, 17>의 서식 중 정밀점검 평가표의 해당 배점에 따라 합산된 최종 점수를 기준으로 제시된 등급이 결정된다. 70점 이상의 등급은 C, D, E등급으로 보강·개량, 안전진단, 추가시공 또는 재·대체시공 여부를 결정하여야 한다. 또한, D등급은 보강·개량, 추가시공 또는 재·대체시공 여부를 판단하기 어려운 경우 안전진단을 실시하여 보다 정밀한 조사를 수행하여 최종 결정하며, 각 등급에 따른 점검주기는 제시된 조치사항을 완료한 후 주기별로 해당 점검을 실시하도록 한다.

2.4.5. 정밀점검 예시

정밀점검은 다음과 같이 점검항목에 따라 조사서를 작성한 후, 점검표 점수 총합에 따라 A~E등급을 판단한다.

콘크리트 사방댐 정밀점검 조사서

□ 일반사항

종 류 : 콘크리트	형식 : 중력식	점검일시 : 2018. 12. 12.
사방댐관리번호 : KW-1234		점 검 자 : 김 점 검
국가지점번호 : 라12345		

소 재 지					시 설 제 원						
도	시·군	읍·면	리·동	지번 (속칭)	시설 년도	상장 (m)	하장 (m)	높이(m) 전고	높이(m) 유효고	천단폭	시공비 (천원)
강원도	홍천군	화촌면	풍천리	산999	1986	40	35	5	7	1.5m	200,000

산사태정보시스템 위치정보 (WGS84)				측벽			
북위	37 ° 49 ′ 25.9″	동경	127 ° 46 ′ 39.5″	길이	10m	높이	5m
현지계측 위치정보 (WGS84)				**물받이**			
북위	37 ° 49 ′ 26.3″	동경	127 ° 46 ′ 41.5″	가로	5m	세로	35m

□ 정밀점검 평가표

항목	결함사항	평가기준 및 배점			평가 점수
본 댐 (70)	1. 파손, 변위, 변형 (25)	5% 미만	5~15% 미만	15% 이상	20
		0	20	25	
	2. 균열, 누수 (20)	균열 5% 미만	균열 5~15% 미만	균열 15% 이상	20
		가로균열이 댐길이의 10% 미만	가로균열이 댐길이의 10~30% 미만	가로균열이 댐길이의 30% 이상	
		세로균열이 유효고의 10% 미만	세로균열이 유효고의 10~30% 미만	세로균열이 유효고의 30% 이상	
		누수 없음	누수흔적 관찰	누수 관찰	
		0	15	20	
	3. 기초부 세굴, 물받이와의 유실 (15)	양호 (보수 및 보강 불필요)	보통 (경미결함 보수필요)	불량 (중대결함 보강필요)	0
		0	10	15	
	4. 택1 콘크리트: 박리, 박락, 백화, 마모 (5)	5% 미만	5~20% 미만	20% 이상	3
		0	3	5	
	4. 택1 전석분암: 이격, 유실, 풍화 및 채움콘크리트 열화 (5)	5% 미만	5~20% 미만	20% 이상	-
		0	3	5	
	5. 수문시설 상태 등 기타사항	양호 (보수 및 보강 불필요)	보통 (경미결함 보수필요)	불량 (중대결함 보강필요)	3
		0	3	5	
측벽 (15)	1. 파손, 변위, 변형 (7)	5% 미만	5~20% 미만	20% 이상	7
		0	5	7	
	2. 균열, 누수 (5)	균열 5% 미만	균열 5~20% 미만	균열 20% 이상	3
		누수 없음	누수흔적 관찰	누수 관찰	
		0	3	5	
	3. 기초부 세굴, 물받이 및 수직벽(앞댐)과의 유실, 재료의 상태 등 기타사항 (3)	양호 (보수 및 보강 불필요)	보통 (경미결함 보수필요)	불량 (중대결함 보강필요)	3
		0	2	3	

그림 2.4.12. 정밀점검 조사예시(1)

물받이 또는 물방석 (15)	1. 파손, 변위, 변형 (7)	5% 미만	5~20% 미만	20% 이상	7
		0	5	7	
	2. 기초부 세굴, 수직벽(앞댐)과의 유발 (5)	양호 (보수 및 보강 불필요)	보통 (경미결함 보수필요)	불량 (중대결함 보강필요)	3
		0	3	5	
	3. 균열, 재료의 상태 등 기타 사항 (3)	균열 5% 미만	균열 5~20% 미만	균열 20% 이상	3
		재료의 상태 양호	재료의 상태 보통	재료의 상태 불량	
		0	2	3	
조사자 보정 (±10)	경미한 결함으로서 조치 불필요	경미한 결함으로서 간단한 조치 필요	중대한 결함이지만 단순한 조치 필요	중대한 결함이 있거나 경미한 결함이 다수 존재하여 반드시 조치 필요	10
	-10	-5	+5	+10	
합계 (110)					82

비파괴 검사	콘크리트 압축강도 (슈미트해머)	설계기준강도 21MPa 이상	설계기준강도 21MPa 미만	만족
		만족	미달 (등급 조정 가능)	
	콘크리트 균열깊이 (초음파탐상)	부재 두께의 50% 미만	부재 두께의 50% 이상	미달
		만족	미달 (등급 조정 가능)	

□ 사방댐 준설 평가표

인 자	인자 실측치		가중치	준설 기준값 (계수×가중치)	
	구분기준	계 수			
1. 현재 저사량 (저사고)	① 고 (80% 이상) ② 중 (50%~79%) ③ 저 (50% 미만)	2.5 1.8 1.0	3.4	3.4	
2. 생활권 (주요 보호시설과의 거리)	① 단 (500m 이하) ② 중 (501m~999m) ③ 장 (1000m 이상)	2.5 1.8 1.0	2.8	7.0	
3. 계상물매	① 급 (10% 이상) ② 경 (5%~9%) ③ 완 (5% 미만)	2.5 1.8 1.0	1.0	2.56	
4. 토석이동량	① 다 (70% 이상) ② 중 (30% ~ 69%) ③ 소 (30% 미만)	2.5 1.8 1.0	1.2	1.2	
총 점 (인자별 준설기준 값의 합) : 14.16 점					
사방댐 준설여부 판정 (총점 기준)					
준설시행 (17점 이상)			준설불요 (17점 미만)		

□ 정밀점검 종합 결과

점검자 종합의견

본체 상태는 약간의 균열 및 누수가 확인되며 방수로는 마모 및 파손되어 즉시 보강이 필요함.
지수벽이 있었으나 파손되어 일부만 남아있고, 물받이는 파손되어 유실된것으로 추정됨.
계상은 안정되어 있으나 대수면 만사상태임

[작성 TIP] 사방댐에서 발생한 주요 결함에 대해 세부 기술하도록 하며, 점검표 항목 외에 참고할 수 있는 사항들을 기입

종합점수			최종 점검결과 등급		
82			C		
최종등급	A (30 미만)	B (30~70 미만)	C (70 이상)	D (70 이상)	E (70 이상)
	유지 또는 필요시 보수	보완·보수	보강·개량	안전진단	추가시공 또는 철거후 재·대체시공

그림 2.4.13. 정밀점검 조사예시(2)

□ 현장조사 상세도

본체 정면 (반수면)	본체 물받이 면
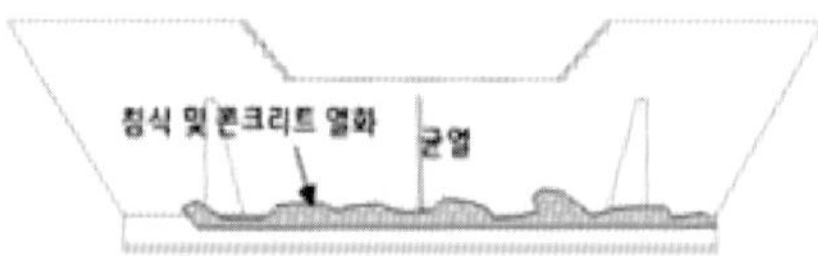	
본체 배면 (대수면)	**본체 둑 천단 (댐둑마루)**
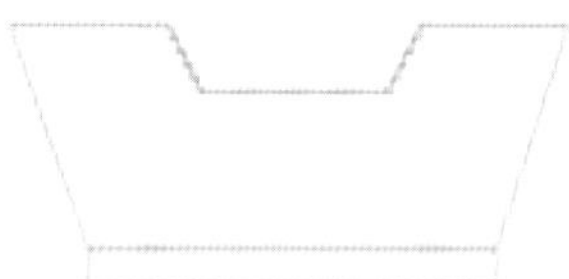	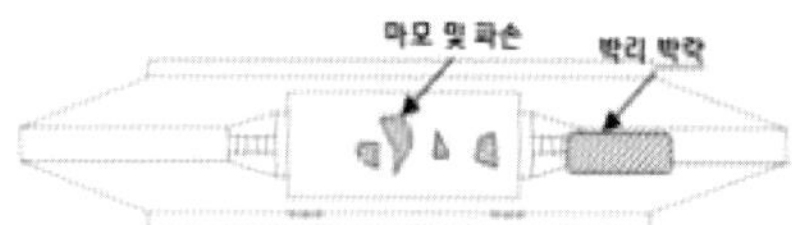
본체 우측면 (측벽)	**본체 좌측면 (측벽)**
	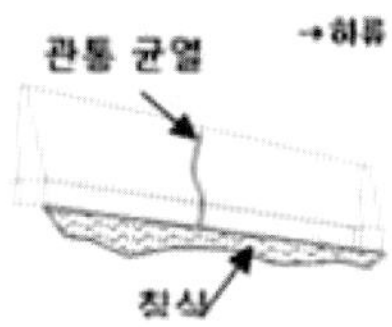
기타 사항	**기타 사항**

그림 2.4.14. 정밀점검 조사예시(3)

□ 콘크리트 압축강도 시험 (슈미트해머)

<table>
<tr><td rowspan="5">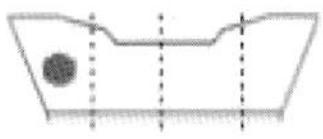
<콘크리트 1></td><td>① 40</td><td>② 40</td><td>③ 40</td><td>④ 40</td><td>⑤ 40</td><td rowspan="20">최종 결과 (평균값 중 최소값 택1)

40</td></tr>
<tr><td>⑥ 40</td><td>⑦ 40</td><td>⑧ 40</td><td>⑨ 40</td><td>⑩ 40</td></tr>
<tr><td>⑪ 40</td><td>⑫ 40</td><td>⑬ 40</td><td>⑭ 40</td><td>⑮ 40</td></tr>
<tr><td>⑯ 40</td><td>⑰ 40</td><td>⑱ 40</td><td>⑲ 40</td><td>⑳ 40</td></tr>
<tr><td>평균값</td><td colspan="4">40</td></tr>
<tr><td rowspan="5">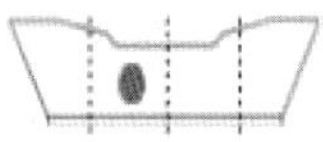
<콘크리트 2></td><td>① 45</td><td>② 45</td><td>③ 45</td><td>④ 45</td><td>⑤ 45</td></tr>
<tr><td>⑥ 45</td><td>⑦ 45</td><td>⑧ 45</td><td>⑨ 45</td><td>⑩ 45</td></tr>
<tr><td>⑪ 45</td><td>⑫ 45</td><td>⑬ 45</td><td>⑭ 45</td><td>⑮ 45</td></tr>
<tr><td>⑯ 45</td><td>⑰ 45</td><td>⑱ 45</td><td>⑲ 45</td><td>⑳ 45</td></tr>
<tr><td>평균값</td><td colspan="4">45</td></tr>
<tr><td rowspan="5">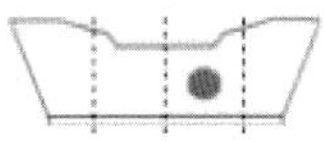
<콘크리트 3></td><td>① 50</td><td>② 50</td><td>③ 50</td><td>④ 50</td><td>⑤ 50</td></tr>
<tr><td>⑥ 50</td><td>⑦ 50</td><td>⑧ 50</td><td>⑨ 50</td><td>⑩ 50</td></tr>
<tr><td>⑪ 50</td><td>⑫ 50</td><td>⑬ 50</td><td>⑭ 50</td><td>⑮ 50</td></tr>
<tr><td>⑯ 50</td><td>⑰ 50</td><td>⑱ 50</td><td>⑲ 50</td><td>⑳ 50</td></tr>
<tr><td>평균값</td><td colspan="4">50</td></tr>
<tr><td rowspan="5">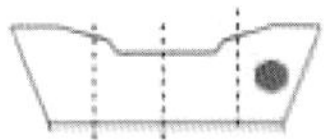
<콘크리트 4></td><td>① 50</td><td>② 50</td><td>③ 50</td><td>④ 50</td><td>⑤ 50</td></tr>
<tr><td>⑥ 50</td><td>⑦ 50</td><td>⑧ 50</td><td>⑨ 50</td><td>⑩ 50</td></tr>
<tr><td>⑪ 50</td><td>⑫ 50</td><td>⑬ 50</td><td>⑭ 50</td><td>⑮ 50</td></tr>
<tr><td>⑯ 50</td><td>⑰ 50</td><td>⑱ 50</td><td>⑲ 50</td><td>⑳ 50</td></tr>
<tr><td>평균값</td><td colspan="4">50</td></tr>
</table>

□ 콘크리트 균열깊이 측정 (초음파탐상)

<table>
<tr><td rowspan="5">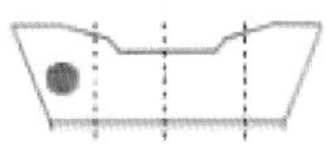
<콘크리트 1></td><td>① 1</td><td>② 1</td><td>③ 1</td><td>④ 1</td><td>⑤ 1</td><td rowspan="20">최종 결과 (평균값 중 최소값 택1)

50%</td></tr>
<tr><td>⑥ 1</td><td>⑦ 1</td><td>⑧ 1</td><td>⑨ 1</td><td>⑩ 1</td></tr>
<tr><td>⑪ 1</td><td>⑫ 1</td><td>⑬ 1</td><td>⑭ 1</td><td>⑮ 1</td></tr>
<tr><td>⑯ 1</td><td>⑰ 1</td><td>⑱ 1</td><td>⑲ 1</td><td>⑳ 1</td></tr>
<tr><td>평균값</td><td colspan="4">(깊이 평균 1m/ 전체두께 5m)*100 = 20%</td></tr>
<tr><td rowspan="5">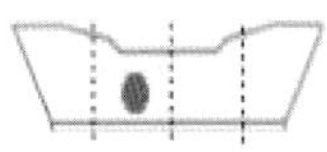
<콘크리트 2></td><td>① 2</td><td>② 2</td><td>③ 2</td><td>④ 2</td><td>⑤ 2</td></tr>
<tr><td>⑥ 2</td><td>⑦ 2</td><td>⑧ 2</td><td>⑨ 2</td><td>⑩ 2</td></tr>
<tr><td>⑪ 2</td><td>⑫ 2</td><td>⑬ 2</td><td>⑭ 2</td><td>⑮ 2</td></tr>
<tr><td>⑯ 2</td><td>⑰ 2</td><td>⑱ 2</td><td>⑲ 2</td><td>⑳ 2</td></tr>
<tr><td>평균값</td><td colspan="4">(깊이 평균 2m/ 전체두께 4m)*100 = 50%</td></tr>
<tr><td rowspan="5">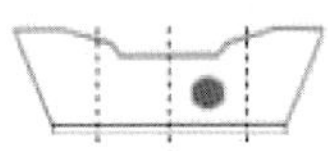
<콘크리트 3></td><td>① 1</td><td>② 1</td><td>③ 1</td><td>④ 1</td><td>⑤ 1</td></tr>
<tr><td>⑥ 1</td><td>⑦ 1</td><td>⑧ 1</td><td>⑨ 1</td><td>⑩ 1</td></tr>
<tr><td>⑪ 1</td><td>⑫ 1</td><td>⑬ 1</td><td>⑭ 1</td><td>⑮ 1</td></tr>
<tr><td>⑯ 1</td><td>⑰ 1</td><td>⑱ 1</td><td>⑲ 1</td><td>⑳ 1</td></tr>
<tr><td>평균값</td><td colspan="4">(깊이 평균 1m/ 전체두께 5m)*100 = 20%</td></tr>
<tr><td rowspan="5">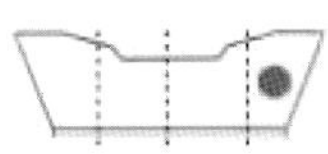
<콘크리트 4></td><td>① 1</td><td>② 1</td><td>③ 1</td><td>④ 1</td><td>⑤ 1</td></tr>
<tr><td>⑥ 1</td><td>⑦ 1</td><td>⑧ 1</td><td>⑨ 1</td><td>⑩ 1</td></tr>
<tr><td>⑪ 1</td><td>⑫ 1</td><td>⑬ 1</td><td>⑭ 1</td><td>⑮ 1</td></tr>
<tr><td>⑯ 1</td><td>⑰ 1</td><td>⑱ 1</td><td>⑲ 1</td><td>⑳ 1</td></tr>
<tr><td>평균값</td><td colspan="4">(깊이 평균 1m/ 전체두께 5m)*100 = 20%</td></tr>
</table>

그림 2.4.15. 정밀점검 조사예시(4)

■ 현장사진

< 전경 >

< 대수면 >

< 반수면 >

< 측벽 >

< 물받이 >

< 기타 등 >

그림 2.4.16. 정밀점검 조사예시(5)

2.5. 안전진단

2.5.1. 목적

사방댐에 발생한 심각한 물리적·기능적 결함을 해소하기 위한 안전조치방안을 정밀점검 수준에서 제시하기에 불충분할 경우 비파괴검사 및 안정해석 기술 등을 이용하여 사방댐의 구조적 안전상태를 전문적으로 진단하고 보완·개량 등의 방법을 제시한다.

2.5.2. 과업 내용

표 2.5.1. 안전진단 과업내용

항 목	기본과업	선택과업(필요시)
자료수집 및 분석	• 시공도면, 구조계산서, 시방서, 수리·수문계산서 검토·분석 • 시설물관리대장 검토·분석 • 기존 외관점검·정밀점검·안전진단 결과 검토·분석 • 보수·보강이력 검토·분석	• 선형측량 및 실측도면 작성 (도면이 없는 경우) • 수리·수문 조사
정밀상태 조사	• 구조물조사 - 콘크리트 사방댐 : 파손, 균열, 단차, 기울어짐, 세굴, 누수 등 - 석재 사방댐 : 석재결손, 채움재 결함, 단차, 기울어짐, 세굴, 누수 등 - 강재 사방댐 : 강재손상, 체결부 결함, 기울어짐, 세굴, 강재부식 등 • 비파괴검사 - 콘크리트(석재) 사방댐 : 부재강도(반발경도시험, 표면파 기법 등), 초음파 균열 깊이 측정 - 강재 사방댐 : 강재 비파괴시험(강재 두께, 도막 두께, 초음파 경도 등) • 유역 취약성조사 - 사방댐 영향유역 취약성조사	• 재료시험 - 시료채취(콘크리트, 석재, 강재) 및 실내시험 - 콘크리트 제체 소규경 코어링 - 관리주체의 추가 요구 및 안정성평가에 필요한 조사·시험 • 측량 및 계측 - 침하, 변위, 거동 등의 측정 • 토석류 충격시험 • 지반조사 및 누수탐사
안정성 평가	• 조사, 시험, 측정결과의 분석 • 콘크리트 및 강재 등의 내구성 평가 • 기존의 구조계산서 또는 안정성평가 자료 검토·분석 • 구조 안정성평가 및 충격력 검토	• 수리·수문 해석 • 토석류 시뮬레이션 • 구조안정성 평가 등 전문기술을 요하는 경우 전문가 자문 • 내진성능 평가

항 목	기본과업	선택과업(필요시)
종합평가 등급결정	• 정밀상태조사 결과분석 • 안정성평가 결과분석 • 정밀상태조사 및 안정성평가 결과를 고려하여 종합평가등급 결정	-
안전조치 방안	• 구조물의 부재별 상태 분석 • 유역 상태 및 안정성 평가 분석 • 종합평가등급을 고려한 안전조치방안 선정	-
종합결론	• 시설물의 안전진단 결과에 대한 의견	-

안전진단의 자료수집 및 분석은 "사방시설 설계도·서 등의 관리"에 명시된 사방시설 관리대장, 설계도·서, 시공관련 자료, 기존 점검 및 안전진단 결과, 안전조치 내용 등을 면밀히 검토하여야 하며, 설계도·서가 누락된 경우 선형측량 및 실측도면을 작성하고 필요시 수리·수문 조사를 실시한다.

안전진단은 정밀상태조사(구조물조사, 비파괴검사, 유역 취약성조사), 안정성평가(구조해석, 시뮬레이션 등) 및 보수·보강 대책제시 등의 필수적인 기본과업과 재료시험(콘크리트 시험 및 강재시험), 지반조사, 누수탐사, 수리·수문조사 및 토석류 충격시험 등 필요시 추진하는 선택과업으로 구분하여 실시한다.

구조물조사는 사방댐 본체, 측벽, 물받이로 구분하여"안전진단 정밀상태조사"에 제시된 기준을 따라 등급을 평가한다.

비파괴검사는 "안전진단 비파괴검사"에 제시된 기준을 따라 등급을 평가한다. 유역 취약성조사는 사방댐의 유역에 대하여「산사태 발생 우려지역 조사 및 취약지역 지정·관리 지침」의 "토석류 발생 우려지역 판정표"에 따라 조사한 후 "안전진단 정밀상태조사"에 제시된 기준을 따라 등급을 평가한다.

재료 시험은 선택 과업으로 안정성 평가 및 종합평가에 필요한 조사·시험을 말하며 재료시험에는 시료채취 및 실내시험, 측량 및 계측, 토석류 충격시험, 지반조사 및 누수탐사 등이 있다. 재료시험 수량은 책임기술자의 판단에 따라 발주처와 협의 후 선정한다.

안정성평가는 사방댐의 전도, 활동, 제체의 파괴, 기초지반 안정에 대하여 각각 평가한 후 "안전진단 안정성평가"에 제시된 기준을 따라 등급을 평가하며, 종합평가 등급결정은 정밀상태조사 및 안정성평가 결과를 종합적으로 고려하여 평가등급을 결정하고 안전조치 방안을 수립한다.

기본과업의 현장조사 및 시험 항목에 있어서 특별한 사유가 있는 경우에는 발주처와 협의 후 추가할 수 있다. 또한 선택과업은 대상 시설물의 특성 및 현지여건 등을 감안하여 실시하여야 하며, 사방댐 및 계류주변의 황폐도 등을 감안하여 안전진단에 필요한 사항을 추가할 수 있다.

2.5.3. 정밀상태조사

1) 정밀상태조사 항목

표 2.5.2. 안전진단 정밀상태조사 항목

분 류		조 사 항 목	조 사 방 법
구조물 조사	콘크리트 사방댐	콘크리트 파손 및 손상	육안조사
		균열 및 이음부 열림	균열측정기, 초음파 속도시험, 균열게이지, 육안조사
		단차/기울어짐	디지털 경사계, 측량
		기초부 세굴	육안조사
		누수	육안조사
	석재 사방댐	석재 결손 및 손상	육안조사
		채움재 균열 및 유실	균열측정기, 초음파 탐사법, 균열게이지, 육안조사
		단차/기울어짐	디지털 경사계, 측량
		기초부 세굴	육안조사
		누수	육안조사
	강재 사방댐	강재 함몰 및 도장 손상	육안조사
		체결부 결함	육안조사
		기울어짐	디지털 경사계, 측량
		기초부 세굴	육안조사
		강재부 부식	육안조사
비파괴검사		사방댐 구성재료 건전도 평가	슈미트해머, 초음파탐상, SASW 등
유역 취약성조사		영향유역 취약성조사	육안조사, 산사태정보시스템

정밀상태조사는 구조물조사, 비파괴검사, 유역 취약성조사로 구분되며 구조물조사는 구성 재료별로 "2.2.1 사방댐 조사항목"을 참고하여 조사하며, 비파괴검사는 "2.5.5 비파괴검사"의 수량 및 기준에 따라 수행한다.

유역 취약성조사는 산사태 발생 우려지역 조사 및 취약지역 지정·관리 지침(2015, 산림청)의 [별표 23] "토석류 발생 우려지역 판정표"를 이용하여 조사한다.

2) 정밀상태조사 기준

사방댐의 정밀상태조사는 각 항목에 대하여 본댐, 측벽, 물받이로 구분하여 각각 조사·평가한 후 종합평가와 각 부재별 평가를 수행하여야 한다. 정밀상태조사는 사방댐 구성재료에 따라 콘크리트 사방댐, 석재 사방댐, 강재 사방댐으로 구분하였고 복합 사방댐의 경우, 각 시공재료에 따른 정밀상태조사 기준을 적용하여 종합평가 하여야 한다. 각 재료에 따른 종합 정밀상태조사 기준은 다음과 같다.

표 2.5.3. 콘크리트 사방댐 정밀상태조사 기준

<table>
<tr><th colspan="2">평가 기준</th><th colspan="6">평가 배점</th></tr>
<tr><td rowspan="6">콘크리트
본댐
(72)</td><td>1. 파손/손상</td><td>0</td><td>4</td><td colspan="2">8</td><td>12</td><td>16</td></tr>
<tr><td>2. 균열/이음부결함</td><td>0</td><td>4</td><td colspan="2">8</td><td>12</td><td>16</td></tr>
<tr><td>3. 단차/기울어짐</td><td>0</td><td>2</td><td colspan="2">4</td><td>6</td><td>8</td></tr>
<tr><td>4. 기초부 세굴</td><td>0</td><td>2</td><td colspan="2">4</td><td>6</td><td>8</td></tr>
<tr><td>5. 누 수</td><td>0</td><td>2</td><td colspan="2">4</td><td>6</td><td>8</td></tr>
<tr><td>6. 비파괴</td><td>0</td><td>4</td><td colspan="2">8</td><td>12</td><td>16</td></tr>
<tr><td rowspan="4">콘크리트
측벽
(16)</td><td>1. 파손/손상</td><td>0</td><td>1</td><td colspan="2">2</td><td>3</td><td>4</td></tr>
<tr><td>2. 균열/이음부결함</td><td>0</td><td>1</td><td colspan="2">2</td><td>3</td><td>4</td></tr>
<tr><td>3. 단차/기울어짐</td><td>0</td><td>1</td><td colspan="2">2</td><td>3</td><td>4</td></tr>
<tr><td>4. 기초부 세굴</td><td>0</td><td>1</td><td colspan="2">2</td><td>3</td><td>4</td></tr>
<tr><td rowspan="3">콘크리트
물받이
(12)</td><td>1. 파손/손상</td><td>0</td><td>1</td><td colspan="2">2</td><td>3</td><td>4</td></tr>
<tr><td>2. 균 열</td><td>0</td><td>1</td><td colspan="2">2</td><td>3</td><td>4</td></tr>
<tr><td>4. 세 굴</td><td>0</td><td>1</td><td colspan="2">2</td><td>3</td><td>4</td></tr>
<tr><td colspan="2" rowspan="2">토석류 발생 우려지역 평가 (10)</td><td colspan="2">4등급</td><td colspan="2">2~3등급</td><td colspan="2">1등급</td></tr>
<tr><td colspan="2">0</td><td colspan="2">+ 5</td><td colspan="2">+ 10</td></tr>
<tr><td colspan="2">정밀상태조사 (110)</td><td>1등급
(30 이하)</td><td colspan="2">2등급
(31~45)</td><td>3등급
(46~60)</td><td>4등급
(61~75)</td><td>5등급
(76 이상)</td></tr>
</table>

표 2.5.4. 석재 사방댐 정밀상태조사 기준

평가 기준		평가 배점				
석재 본댐 (72)	1. 석재결손	0	4	8	12	16
	2. 채움재 균열/유실	0	4	8	12	16
	3. 단차/기울어짐	0	2	4	6	8
	4. 기초부 세굴	0	2	4	6	8
	5. 누 수	0	2	4	6	8
	6. 비파괴	0	4	8	12	16
석재 측벽 (16)	1. 석재결손	0	1	2	3	4
	2. 채움재 균열/유실	0	1	2	3	4
	3. 단차/기울어짐	0	1	2	3	4
	4. 기초부 세굴	0	1	2	3	4
석재 물받이 (12)	1. 석재결손	0	1	2	3	4
	2. 채움재 균열/유실	0	1	2	3	4
	4. 세 굴	0	1	2	3	4
토석류 발생 우려지역 평가 (10)		4등급	2~3등급		1등급	
		0	+ 5		+ 10	
정밀상대조사 (110)		1등급 (30 이하)	2등급 (31~45)	3등급 (46~60)	4등급 (61~75)	5등급 (76 이상)

표 2.5.5. 강재 사방댐 정밀상태조사 기준

평가 기준		평가 배점				
강재 본댐 (72)	1. 강재손상	0	4	8	12	16
	2. 체결부 결함	0	4	8	12	16
	3. 기울어짐	0	2	4	6	8
	4. 기초부 세굴	0	2	4	6	8
	5. 강재부식	0	2	4	6	8
	6. 비파괴	0	4	8	12	16
콘크리트 측벽 (16)	1. 파손/손상	0	1	2	3	4
	2. 균열/이음부열림	0	1	2	3	4
	3. 단차/기울어짐	0	1	2	3	4
	4. 기초부 세굴	0	1	2	3	4
콘크리트 물받이 (12)	1. 파손/손상	0	1	2	3	4
	2. 균 열	0	1	2	3	4
	4. 세 굴	0	1	2	3	4
토석류 발생 우려지역 평가 (10)		4등급	2~3등급		1등급	
		0	+ 5		+ 10	
정밀상태조사 (110)		1등급 (30 이하)	2등급 (31~45)	3등급 (46~60)	4등급 (61~75)	5등급 (76 이상)

가. 구성재료에 따른 정밀상태조사

사방댐의 본댐과 측벽, 물받이의 구성재료가 다를 경우, 각 구성재료에 적합한 기준을 적용하여 평가하여야 한다.

나. 부재별(본댐, 측벽, 물받이) 정밀상태조사 방법

① 본댐 정밀상태조사

사방댐의 평가는 그림 2.5.1과 같이 영역을 구분하여 평가하며 사방댐의 상장이 40m를 초과할 경우 그림 2.5.1의 1영역을 필러기준으로 구분하거나 20m 간격으로 구분하여 평가한다.

본댐의 평가는 영역 구성재료(콘크리트, 석재, 강재)별 세부 평가기준을 적용하여 평가하며 복합 사방댐의 경우, 구성재료별로 재구분하여 평가한다. 예를 들어 2영역과 3영역이 콘크리트로 구성되어 있고, 1영역이 강재로 구성된 경우, 각 구성재료 기준을 적용하여 평가하고 1영역이 콘크리트와 강재로 구성된 복합 사방댐의 경우, 영역을 재구분하여 평가한다.

1영역을 2개 이상으로 구분한 경우와 복합 사방댐의 경우, 각각의 영역별 평가점수를 도출하여 평균점수로 환산하고 앞댐이 있는 경우는 앞댐평가를 수행하여 등급 산정을 한다.

본댐의 영역별 조사항목(파손, 균열, 단차, 세굴, 누수 등) 평가는 댐마루, 반수면, 대수면에 대하여 각각 평가한 후 가장 낮은 등급을 그 조사항목의 등급으로 평가한다. 단, 물가두기 사방댐이나 만사 사방댐 등 대수면의 조사가 불가능할 경우, 반수면과 댐마루만 조사·평가하고 누수 및 기초부 세굴은 반수면에서만 조사·평가 한다.

그림 2.5.1. 본댐의 평가영역 구분

표 2.5.6. 본댐의 등급산정 방법

구 분	본댐 평가 기준
앞댐이 없는 경우	(1영역 평균점수×0.6)+(2영역 점수×0.2)+(3영역 점수×0.2)
앞댐이 있는 경우	(1영역 평균점수×0.5)+(2영역 점수×0.15)+(3영역 점수×0.15)+(앞댐 점수×0.2)

② 측벽 정밀상태조사

측벽의 평가는 그림 2.5.2와 같이 좌측벽과 우측벽으로 구분하여 평균점수로 평가하고, 측벽이 없는 경우는 모든 항목에 대하여 최하점으로 평가한다.

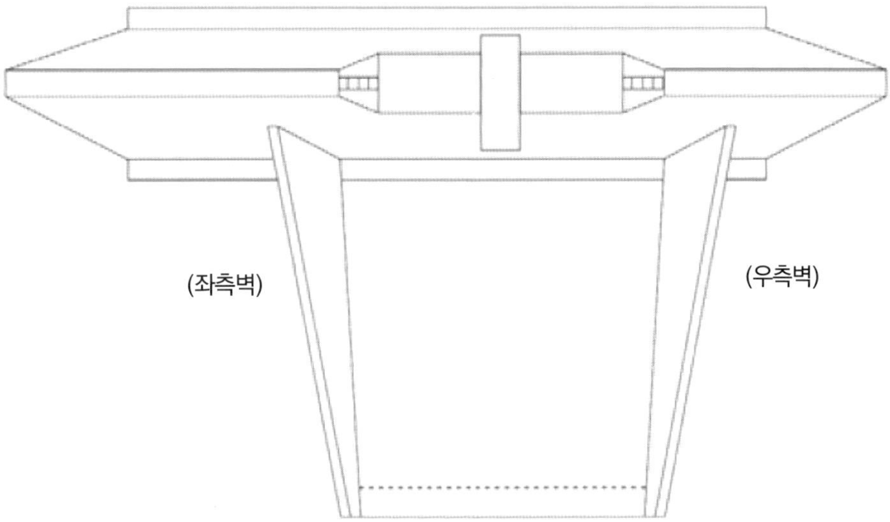

그림 2.5.2. 측벽 평가영역 구분

③ 물받이 정밀상태조사

물받이는 영역구분 없이 평가하며, 물받이가 없는 경우는 모든 항목에 대하여 최하점으로 평가한다.

3) 구조물조사

가. 파손 및 손상, 석재결손, 강재손상 구조물조사 기준

콘크리트 사방댐의 파손 및 손상, 석재 사방댐의 석재 결손, 강재 사방댐의 강재 함몰 및 도장손상을 편의상 그룹화 하였으며 세부기준은 다음과 같다.

표 2.5.7. 파손 및 손상, 석재결손, 강재손상 구조물조사 기준

평가배점	면적율	상 태
0	-	파손/손상, 석재결손, 강재손상 없음
4	10% 미만	경미한 파손/손상, 석재결손, 강재손상
8		심각한 파손/손상, 석재결손, 강재손상
	10%~20%	경미한 파손/손상, 석재결손, 강재손상
12		심각한 파손/손상, 석재결손, 강재손상
	20% 이상	경미한 파손/손상, 석재결손, 강재손상
16		심각한 파손/손상, 석재결손, 강재손상
콘크리트 사방댐 - 경미한 파손/손상 : 파손/손상 깊이 50 mm 미만 심각한 파손/손상 : 파손/손상 깊이 50 mm 이상 석재 사방댐 - 경미한 석재결손 : 석재 2개 미만 결손 심각한 석재결손 : 석재 2개 이상 결손 강재 사방댐 - 경미한 강재손상 : 도막손상 심각한 강재손상 : 강재함몰 및 변형		

면적율은 경미한 결함을 포함한 전체 결함의 면적율을 의미하며, 면적율에 관계없이 심각한 결함이 관찰되면 심각한 결함으로 판단한다. 콘크리트 사방댐의 파손/손상은 골재노출, 박리·박락, 침식·마모를 포함한다.

파손 및 손상의 조사는 줄자, 폴대, 레이저 거리측정기, GPS 등을 활용하여 결함 부위의 최대치수(길이, 폭, 깊이 등)로 측정하여야 한다. 측정된 결함부는 반수면, 대수면, 물받이, 댐마루, 측벽으로 구분된 야장에 각각의 부위별 결함을 최대한 자세히 기록해야 한다.

석재결손 기준은 일본 국토교통성 석재결손 점검기준을 참고하였다.

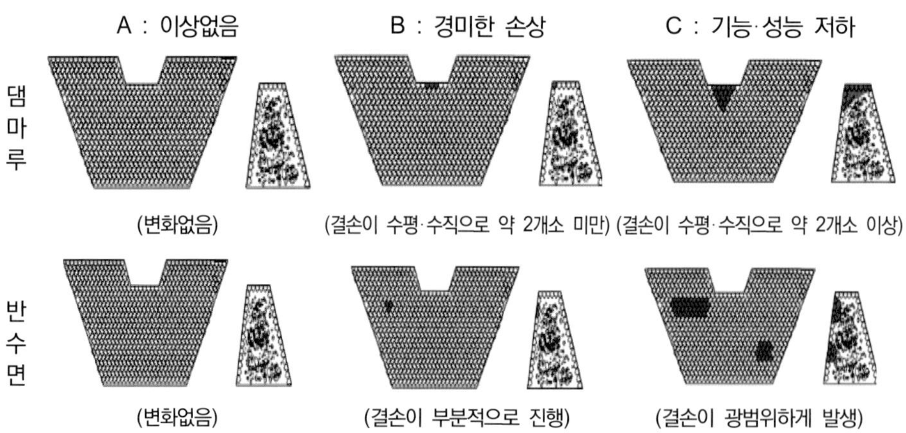

그림 2.5.3. 사방댐의 결손판정 기준(国土交通省, 2015)

콘크리트 사방댐의 파손/손상 기준은 국토교통부 안전점검 및 정밀안전진단 세부지침해설서(댐)를 참고하였다.

표 2.5.8. 콘크리트 댐 파손 및 손상 정밀상태조사기준(국토교통부, 2017)

<table>
<tr><td rowspan="6">파손
및
손상</td><td rowspan="6">일반
손상</td><td>1.0</td><td>a</td><td>5</td><td>파손/손상 없음</td></tr>
<tr><td>1.1</td><td>b</td><td>4</td><td>파손/손상깊이 20 mm 미만이면서 면적율 10% 미만,</td></tr>
<tr><td>1.3</td><td>c</td><td>3</td><td>파손/손상깊이 20~50 mm 미만이면서 면적율 10% 미만
파손/손상깊이 20 mm 미만이면서 면적율 10% 이상</td></tr>
<tr><td>1.7</td><td>d</td><td>2</td><td>파손/손상깊이 50~80 mm 미만이면서 면적율 10% 미만
파손/손상깊이 50 mm 미만이면서 면적율 10% 이상</td></tr>
<tr><td>3.0</td><td>e</td><td>1</td><td>파손/손상깊이 80 mm 이상이면서 면적율 10% 미만,
파손/손상깊이 50 mm 이상이면서 면적율 10% 이상</td></tr>
</table>

나. 균열/이음부 열림, 채움재 유실, 체결부 결함 구조물조사 기준

콘크리트 사방댐의 균열 및 이음부 열림, 석재 사방댐의 채움재 결함, 강재 사방댐의 체결부 결함을 편의상 그룹화 하였으며 세부기준은 다음과 같다.

표 2.5.9. 균열/이음부 열림, 채움재 유실, 체결부 결함 구조물조사 기준

<table>
<tr><th>평가배점</th><th>면적율</th><th>상 태</th></tr>
<tr><td>0</td><td>-</td><td>균열/이음부 열림, 채움재 결함,
체결부 결함 없음</td></tr>
<tr><td>4</td><td rowspan="2">10% 미만</td><td>경미한 균열/이음부 열림,
채움재 유실, 체결부 결함</td></tr>
<tr><td rowspan="2">8</td><td>심각한 균열/이음부 열림,
채움재 유실, 체결부 결함</td></tr>
<tr><td rowspan="2">10%~20%</td><td>경미한 균열/이음부 열림,
채움재 유실, 체결부 결함</td></tr>
<tr><td rowspan="2">12</td><td>심각한 균열/이음부 열림,
채움재 유실, 체결부 결함</td></tr>
<tr><td rowspan="2">20% 이상</td><td>경미한 균열/이음부 열림,
채움재 유실, 체결부 결함</td></tr>
<tr><td>16</td><td>심각한 균열/이음부 열림,
채움재 유실, 체결부 결함</td></tr>
</table>

평가배점	면적율	상 태
콘크리트 사방댐 - 경미한 균열 : 균열 폭 0.5 mm 미만 또는 표층균열 경미한 이음부 열림 : 이음부열림 폭 2.0 mm 미만 심각한 균열 : 균열 폭 0.5 mm 이상 또는 관통균열 심각한 이음부 열림 : 이음부열림 폭 2.0 mm 이상 석재 사방댐 - 경미한 채움재 결함 : 채움재 균열 심각한 채움재 결함 : 채움재 유실 강재 사방댐 - 경미한 체결부 결함 : 볼트 결함 심각한 체결부 결함 : 체결부 이격 ※ 진행성 균열이 확인될 시 평가배점을 1단계 하향 ※ 관통균열이 의심될 시 비파괴검사(초음파탐상)를 활용하여 확인		

면적율은 경미한 결함을 포함한 전체 결함의 면적율을 의미하며, 면적율에 관계없이 심각한 결함이 관찰되면 심각한 결함으로 판단하고, 강재사방댐의 볼트결함은 볼트의 풀림, 파손, 결손 등이 있으며 체결부 이격은 볼트결함 및 용접부결함에 의해 강재부가 이격되거나 기초부와 이격된 상태이다.

관통균열이나 이음부 열림이 심각할 때에는 크랙 게이지 등을 활용하여 진행성 여부를 반드시 확인하여야 하며, 진행성으로 확인될 시에는 정밀상태조사 배점을 1단계 하향하고 보수·보강 전 까지 지속적인 모니터링을 실시하여야 한다. 콘크리트 사방댐의 이음부 열림은 수축이음, 시공 이음부 열림을 모두 포함한다.

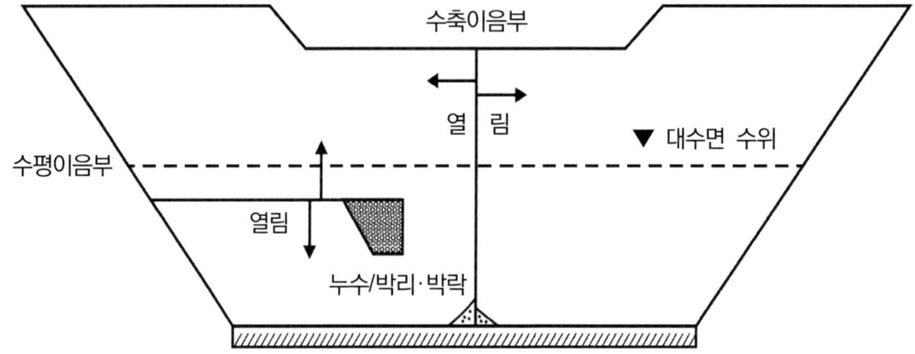

그림 2.5.4. 수축이음 및 수평시공이음의 결함형태 (경상북도산림환경연구원, 2015)

균열폭 및 이음부 열림은 균열자(Crack Scale), 균열현미경 등을 사용하여 균열방향에 대해 직각으로 측정 기록해야 한다. 규열 면적은 정밀점검의 균열 면적

산정방법으로 산정한다.

관통 균열 여부는 가는 철심을 이요하여 측정하거나 반수면, 대수면, 댐마루에 연장된 균열형태로 확인할 수 있으며 육안확인이 불가한 경우, 비파괴검사를 이용하여 측정하여야 한다.

균열 및 이음부 열림 기준은 국토교통부 안전점검 및 정밀안전진단 세부지침 해설서(댐) 및 일본 국토교통성 균열 점검기준을 참고하였다.

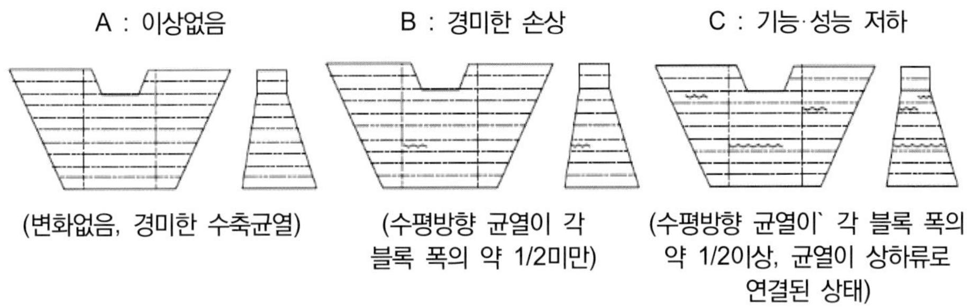

그림 2.5.5. 사방댐의 균열판정 기준(国土交通省, 2015)

표 2.5.10. 수처리 구조물 균열 평가기준 (국토교통부, 2017)

평가유형	영향계수	평가기준	평가점수	평가내용	
국부결함	1	a	5	면적율 5 % 이하	0.1 mm 미만
	1	a	5		0.1 mm~0.2 mm 미만
	1.1	b	4		0.2 mm~0.3 mm 미만
	1.2	c	3		0.3 mm~0.5 mm 미만
	1.4	d	2		0.5 mm 이상
	1	a	5	면적율 20 % 이하	0.1 mm 미만
	1.1	b	4		0.1 mm~0.2 mm 미만
	1.2	c	3		0.2 mm~0.3 mm 미만
	1.4	d	2		0.3 mm~0.5 mm 미만
	2	e	1		0.5 mm 이상
	1.1	b	4	면적율 20 % 이상	0.1 mm 미만
	1.2	c	3		0.1 mm~0.2 mm 미만
	1.4	d	2		0.2 mm~0.3 mm 미만
	2	e	1		0.3 mm~0.5 mm 미만
	2	e	1		0.5 mm 이상

표 2.5.11. 수축 및 수평시공 이음의 결함 판정기준 (국토교통부, 2017)

<table>
<tr><th>상태
변화</th><th>평가
유형</th><th>영향
계수</th><th>평가
기준</th><th>평가
점수</th><th>평가내용</th></tr>
<tr><td rowspan="5">수축
이음부
열림</td><td rowspan="5">중요
결함</td><td rowspan="5">1</td><td>a</td><td>5</td><td>수축이음부의 열림이 없는 최상의 상태</td></tr>
<tr><td>b</td><td>4</td><td>수축이음부의 열림이 없는 양호한 상태</td></tr>
<tr><td>c</td><td>3</td><td>수축이음부의 열림이(<2 mm) 상태</td></tr>
<tr><td>d</td><td>2</td><td>수축이음부의 열림이(≥2 mm) 진행성인 상태</td></tr>
<tr><td>e</td><td>1</td><td>수축이음부의 열림이(>2.5 mm) 진행성인 상태</td></tr>
</table>

다. 단차, 기울어짐 구조물조사 기준

콘크리트 사방댐 및 석재 사방댐의 침하/전도에 의한 단차, 강재 사방댐의 기울어짐을 편의상 그룹화 하였으며 세부기준은 다음과 같다.

표 2.5.12. 단차, 기울어짐 구조물조사 기준

<table>
<tr><th>평가배점</th><th>면적율</th><th>상 태</th></tr>
<tr><td>0</td><td>-</td><td>단차/기울어짐 없음</td></tr>
<tr><td>2</td><td rowspan="2">10% 미만</td><td>경미한 단차/기울어짐</td></tr>
<tr><td rowspan="2">4</td><td>심각한 단차/기울어짐</td></tr>
<tr><td rowspan="2">10%~20%</td><td>경미한 단차/기울어짐</td></tr>
<tr><td rowspan="2">6</td><td>심각한 단차/기울어짐</td></tr>
<tr><td rowspan="2">20% 이상</td><td>경미한 단차/기울어짐</td></tr>
<tr><td>8</td><td>심각한 단차/기울어짐</td></tr>
<tr><td colspan="3">콘크리트, 석재 사방댐 - 경미한 단차 : 수평 및 수직 단차 5 mm 미만 발생 또는 경미한 기울어짐 : 경사도 5° 미만 기울어짐
심각한 단차 : 수평 및 수직 단차 5 mm 이상 발생 또는 심각한 기울어짐 : 경사도 5° 이상 기울어짐
강재 사방댐 - 경미한 기울어짐 : 경사도 5° 미만 기울어짐
심각한 기울어짐 : 경사도 5° 이상 기울어짐</td></tr>
</table>

면적율은 경미한 결함을 포함한 전체 결함의 면적율을 의미하며, 면적율에 관계없이 심각한 결함이 관찰되면 심각한 결함으로 판단한다.

단차 및 기울어짐면은 디지털 경사를 활용하여 수직단차와 수평단차, 수직면에 기울어짐과 수평면에 기울어짐을 모두 측정한다.

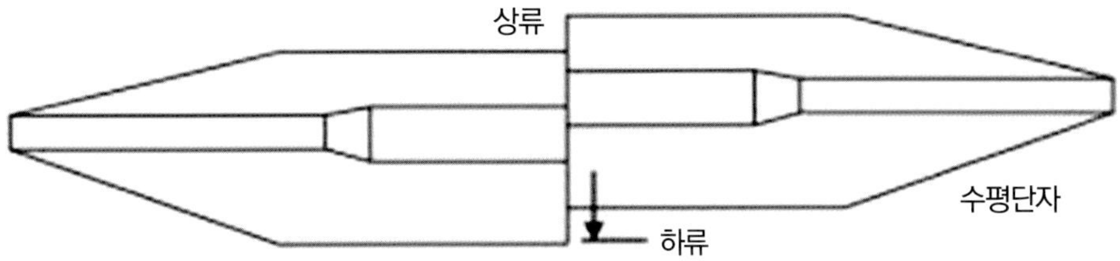

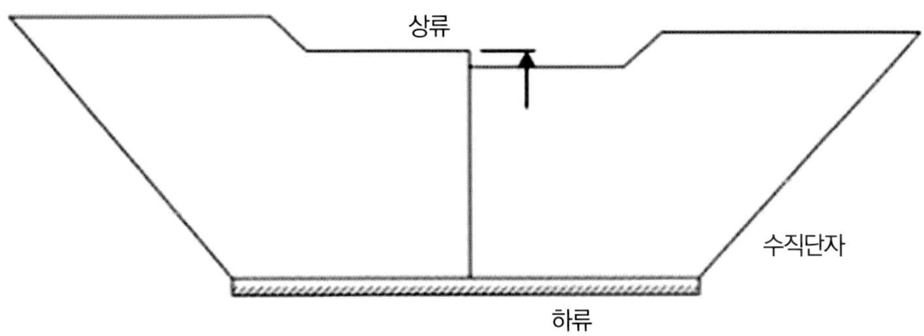

그림 2.5.6. 수직·수평단차의 발생형태 (경상북도산림환경연구원, 2015)

단차 및 기울어짐은 설계도서상 경사도와 비교검토를 하여야하며 설계도서가 없을 경우 결함이 발생하지 않은 부위와 비교하여 검토하고, 단차가 발생한 이음부는 이동방향과 정도를 자 또는 줄자를 이용하여 측정하고, 기타 이음부에 대해서 다시 한 번 단차발생 여부를 조사한다.

균열부 및 이음부에 발생한 단차는 불량시공에 의한 단차인지 외부충격에 의한 단차인지 침하 및 토압에 의한 단차인지 반드시 확인하고 기록하여야 한다. 단차 발생부는 크랙 게이지 및 측량 등을 활용하여 진행성 여부를 검토하고, 진행성으로 확인될 시에는 정밀상태조사 배점을 1단계 하향하고 보수·보강 전 까지 지속적인 모니터링을 실시하여야 한다.

단차 및 기울어짐 기준은 국토교통부 안전점검 및 정밀안전진단 세부지침해설서(댐) 및 일본 국토교통성 철강부 점검기준을 참고하였다.

표 2.5.13. 콘크리트 댐마루 균열 및 단차 평가기준 (국토교통부, 2017)

평가 유형	영향 계수	평가 기준	평가 점수	평가내용
중요 결함	1.0	a	5	상류에서 하류까지 확장된 횡방향 균열 및 단차가 없는 최상의 상태
		b	4	상류에서 하류까지 확장된 횡방향 균열 및 단차가 없는 양호한 상태
		c	3	상류에서 하류까지 확장된 횡방향 균열 및 단차가 상태 (균열깊이 <30 cm)
		d	2	상류에서 하류까지 확장된 횡방향 균열 및 단차가 발생한 상태 (균열깊이 ≥ 30 cm)
		e	1	상류에서 하류까지 확장된 횡방향 균열 및 단차가 발생한 상태 (균열깊이> 300 cm, 단차> 2 mm)

표 2.5.14. 사방댐의 철강재 손상기준(国土交通省, 2015)

평가기준	상 태
E	변형 각도 5° 이상
C	변형 각도 2°~5°
B	변형 각도 2° 이상
A	손상 등이없는 것

라. 기초부 세굴 구조물조사 기준

콘크리트 사방댐, 석재 사방댐, 강재 사방댐의 기초부 세굴 세부기준은 다음과 같다.

표 2.5.15. 기초부 세굴 구조물조사 기준

<table>
<tr><th>평가배점</th><th>면적율</th><th>상 태</th></tr>
<tr><td>0</td><td>-</td><td>세굴 없음</td></tr>
<tr><td>2</td><td rowspan="2">10% 미만</td><td>경미한 세굴</td></tr>
<tr><td rowspan="2">4</td><td>심각한 세굴</td></tr>
<tr><td rowspan="2">10%~20%</td><td>경미한 세굴</td></tr>
<tr><td rowspan="2">6</td><td>심각한 세굴</td></tr>
<tr><td rowspan="2">20% 이상</td><td>경미한 세굴</td></tr>
<tr><td>8</td><td>심각한 세굴</td></tr>
<tr><td colspan="3">콘크리트, 석재, 강재 사방댐 - 경미한 세굴 : 근입깊이 1/3 미만 세굴
심각한 세굴 : 근입깊이 1/3 이상 세굴

※ 누수를 동반한 세굴이 확인될 시 평가배점을 1단계 하향</td></tr>
</table>

면적율은 경미한 결함을 포함한 전체 결함의 면적율을 의미하며, 면적율에 관계없이 심각한 결함이 관찰되면 심각한 결함으로 판단한다.

기초부 세굴은 줄자, 폴대, 레이저 거리측정기 등을 활용하여 세굴 부위의 최대치수(길이, 폭, 깊이 등)로 측정하여 야장에 기록한다.

기초부와 본댐사이에 누수를 동반한 세굴이 발생할 수 있으며 이러한 결함은 매우 심각한 결함이므로 정밀상태조사 배점을 1단계 하향하고 발주처와 협의하여 긴급한 보수·보강을 실시하여야 한다.

마. 누수, 강재부식 구조물조사 기준

콘크리트 사방댐 및 석재 사방댐의 누수, 강재 사방댐의 강재부식을 편의상 그룹화 하였으며 세부기준은 다음과 같다.

표 2.5.16. 누수, 강재부식 구조물조사 기준

<table>
<tr><th>평가배점</th><th>면적율</th><th>상 태</th></tr>
<tr><td>0</td><td>-</td><td>누수, 강재부식 없음</td></tr>
<tr><td>2</td><td rowspan="2">10% 미만</td><td>경미한 누수, 강재부식</td></tr>
<tr><td rowspan="2">4</td><td>심각한 누수, 강재부식</td></tr>
<tr><td rowspan="2">10%~20%</td><td>경미한 누수, 강재부식</td></tr>
<tr><td rowspan="2">6</td><td>심각한 누수, 강재부식</td></tr>
<tr><td rowspan="2">20% 이상</td><td>경미한 누수, 강재부식</td></tr>
<tr><td>8</td><td>심각한 누수, 강재부식</td></tr>
<tr><td colspan="3">콘크리트, 강재 사방댐 - 경미한 누수 : 젖은 상태 및 누수흔적 관찰
심각한 누수 : 균열부 및 이음부로 누수발생
석재 사방댐 - 경미한 누수 : 채움재 젖음 및 누수흔적 관찰
심각한 누수 : 석재 사이로 누수발생
강재 사방댐 - 경미한 부식 : 변색이 발생하였으나 산화물이 없는 상태
심각한 부식 : 부식부에 산화물 발생</td></tr>
</table>

면적율은 경미한 결함을 포함한 전체 결함의 면적율을 의미하며, 면적율에 관계없이 심각한 결함이 관찰되면 심각한 결함으로 판단한다. 또한 기초부 세굴에 의한 누수는 본 평가에서 제외한다.

누수 및 강재부식은 줄자, 폴대, 레이저 거리측정기 등을 활용하여 결함 부위의 최대치수(길이, 폭, 깊이 등)로 측정하여 야장에 기록한다.

균열부 및 이음부 열림부에서 누수가 발생할 시 안정성을 저해하며 특히 물가두기 사방댐은 콘크리트 및 채움재의 화학적반응에 의해 누수부위가 확대될 수 있으므로 긴급한 보수·보강이 필요하다.

강재부의 부식은 화학적 반응에 의한 강재의 파괴 및 수명단축을 야기시킨다. 경미한 부식은 변색만 발생한 부식을 말하며, 심각한 부식은 산화물이 발생하여 강재표면이 거칠어진 상태이다.

특히 부식부위가 지속적으로 물에 노출되는 경우는 긴급한 방식 및 보수를 하여야 한다.

4) 비파괴검사

안전진단의 비파괴검사는 정밀점검의 비파괴검사와 동일한 목적으로 시설물의 원형과 기능을 전혀 변화 시키지 않고 물리적 에너지를 이용하여 점검 대상의 이상 여부나 결함의 정도를 알아내는 모든 시험을 말한다.

가. 비파괴검사 항목

안전진단의 비파괴검사 항목은 정밀점검 비파괴검사를 기본으로 하고 콘크리트 사방댐의 표면파 기법(SASW)와 강재 사방댐의 경도시험(리브경도)을 추가로 실시하여야 한다. 비파괴검사는 사업종 및 재료별로 <별표 11, 12, 13, 14, 15, 15, 17>의 서식에 따른다.

① 비파괴검사의 항목 및 수량

안전진단의 비파괴 항목과 수량은 다음과 같으며, 정밀점검 비파괴검사 외에 추가(*)로 수행되는 비파괴검사에 대하여 기술하였다.

표 2.5.17. 안전진단 비파괴검사 항목 및 수량

사방댐 종류	시험 항목	수량
콘크리트 사방댐	콘크리트 압축강도 (슈미트해머)	구간별 1개소 이상
	콘크리트 균열깊이 (초음파탐상)	구간별 1개소 이상
	콘크리트 표면파 기법(SASW*)	반수면 1개소 필수 대수면 1개소 선택
석재 사방댐	석재 압축강도 (슈미트해머)	구간별 1개소 이상
	채움콘크리트 압축강도 (초음파탐상)	구간별 1개소 이상
강재 사방댐	콘크리트 압축강도 (슈미트해머)	구간별 1개소 이상
	콘크리트 균열깊이 (초음파탐상)	구간별 1개소 이상
	강재두께 (초음파탐상)	구간별 1개소 이상
	강재 경도시험 (리브경도*)	구간별 1개소 이상

② 비파괴 시험 방법

❍ 콘크리트 압축강도(슈미트해머)

- 정밀점검 콘크리트 사방댐 압축강도편 참조

❍ 콘크리트 균열깊이(초음파탐상)

- 정밀점검 콘크리트 사방댐 균열깊이편 참조

❍ 콘크리트 표면파 기법(SASW)

- 콘크리트 구조물 안전도 평가를 위한 표면파 기법

* SASW(Spectral-Analysis-of-Surface-Waves Method; Stokoe, 1994; 조성호 등, 2005)기법 적용하여 기존 콘크리트와 압축강도와의 관계에 대한 P-파 속도방식과의 검토를 통해 콘크리트 제체의 결함으로 판단되는 균열, 연속이음, 콜드 조인트, 박리, 백태 등에 대한 표면파시험 실시한다.
* 표면파(SASW) 방법은 천부 지반의 전단계수를 비파괴적인 방법으로 구할 수 있는 탄성파 탐사방법이다.
* 기존 굴절파 또는 반사파 탄성파 탐사에서 잡음으로 간주되었던 레일레이피는 친부지반 담사에서 사용되는 에너지의 대부분을 차지하고 표면파로서 전파에 따른 에너지의 감쇄가 body wave(P파, S파)에 비해 적은 장점이 있다.
* SASW는 내부분의 탄성파 탐사에서 쉽게 얻어지는 레일레이파의 분산성질을 이용하여 지반의 깊이에 따른 전단계수를 구할 수 있다는 원리를 이용한다.

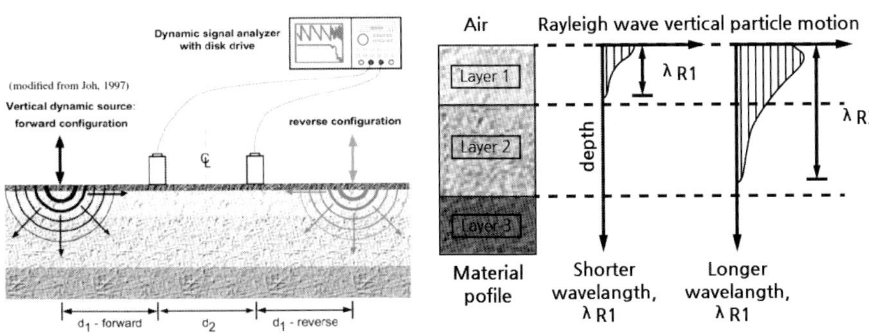

(a) 설치·탐사 모식도　　　　(b) 표면파 투과 모식도

그림 2.5.7. SASW 모식도

- 사방댐 비파괴검사 절차
  * 사방댐 비파괴검사를 위한 검사위치(격자)는 사방댐의 횡방향으로는 약 30cm 간격으로 설정하고, 종방향으로는 약 5cm 간격으로 설정하도록 한다. 그리고 2차원보간법을 사용하여 각 격자의 교점에 해당되는 표면파 속도를 구한다.
  * 단, 비파괴검사 위치는 사방댐의 대수면과 반수면을 검사하는 것을 원칙으로 하나, 경우에 따라서는 반수면 만을 검사할 수 있다.
  * 사방댐에 격자를 구성하고 각 격자의 교점에서 표면파 속도 값을 추정한 후, 이에 대한 산술평균을 구하는 방법을 택한다.
  * 각 격자 교점에서의 표면파 속도에 대하여 산술평균을 구한 후 P-파와 표면파 속도와의 관계식을 이용하여 P-파 속도를 추정하고 이를 측선 매질의 P-파 속도를 대표하는 값으로 결정한다.

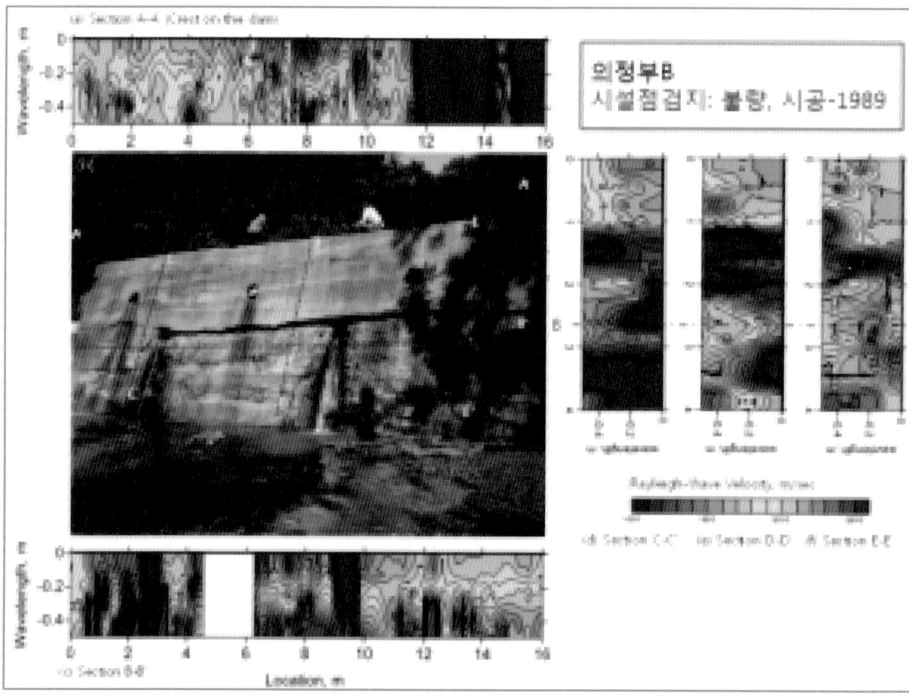

그림 2.5.8. 콘크리트 사방댐의 SASW 측선 및 결과

- 탄성파 속도(SASW)에 따른 구조물 상태
  * SASW 기법의 등급은 산출된 사방댐의 P-파속도를 이용하여 다음과 같이 평가한다.

표 2.5.18. 콘크리트 탄성파 속도(SASW)에 따른 구조물 상태

P-파 속도 (m/sec)	상 태
2,600 이상	문제가 없는 상태로 안전 및 기능발휘에는 지장이 없음. 단, 내구성 증진을 도모하고자 할 경우에는 외관상 취약한 곳에 간단한 보수 및 보강조치를 할 수 있음
2,000~2,600	전체적인 사방댐의 안전에는 지장이 없으나, 내구성, 기능성 저하가 우려되므로 조속한 보수 및 보강조치가 필요함.
2,000 미만	사방댐에 심각한 결함으로 사방댐의 안전에 위험이 있을 가능성이 농후하므로 즉각 사용을 금지하고 확실한 보강 혹은 개축조치가 필요함

❍ 석재 압축강도 (슈미트해머)

- 정밀점검 콘크리트 압축강도편 참조

❍ 채움콘크리트 압축강도 (초음파탐상)

- 정밀점검 채움콘크리트 압축강도편 참조

❍ 상재누께 (초음파탐상)

- 정밀점검 강재사방댐 강재두께편 참조

❍ 강재경도 (리브경도시험)

- 경도 시험의 개요
  * 어떤 단단한 표준물체인 시험편에 누르개로 힘을 가했을 때 시험편에 나타나는 변형에 대한 저항력의 크기
  * 시험편에 가해지는 시험 하중은 경도의 종류에 따라 단 몇 mN의 극미소 하중을 가하는 것에서부터 몇 십 kN을 가하는 고하중까지 그 특성은 다양하다.
  * 재료의 무르거나 단단한 정도는 물리적 표준상수와 달리 재료의 여러 가지 성질의 복합적인 작용 결과가 나타나는 것이므로 어느 한 가지의 물리적 성질에 근거를 둔 표준 상수값을 정할 수 없다.
  * 여러 가지 물성 가운데 어느 하나에 중점을 두고 시험하면 중점을 둔 물성에 따라 시험 값이 바뀌는 것을 알 수 있다. 즉, 경도라는 용어에 대한 일반적인 설명은 압입저항, 반발저항, 마모저항 등으로 표시한다.
- 경도 시험의 주의사항
  * 누르개 (indenter)는 마모에 의하여 사용하지 못하는 경우 보다는 충격

등 외부의 물리적 손실에 따른 파손을 방지하여야 한다.

* 압입자국은 소성변형으로 경화 정도가 측정값에 영향을 미치지 않도록 압입자국 사이에 충분한 간격을 두고 측정한다.
* 소성변형 량은 부하시간에 관계되므로 변형이 완료할 때까지 하중 유지시간을 준수하여야 한다.
* 시험면은 광택이 나야 하며 하중의 방향은 시험 표면에 항상 수직으로 작용하여야 한다.
* 시험편의 시험면과 바닥면은 서로 평행하여야 하고, 시험편의 바닥면은 시험기 받침대의 표면과 서로 밀착되어야 한다.

- 경도 시험의 주의사항리브 경도 시험기 원리
  * 리브 경도 시험기는 1970년 초반에 스위스의 Dr. Leeb에 의해 최초로 개발되었다. 반발시험기의 일종으로 그 구조는 그림 6.1과 같다. 반발 및 충격속도 VR, VI 은 측정관 선단부에 내장된 코일의 자속을 영구자석으로 된 해머가 통과하는 것에 의해서 발생한 전압 변화에 의해 측정되며, 측정관 내에 있는 초경 강구 해머가 용수철의 힘으로 시험편 표면에 충돌할 때 충돌 전후의 속도비로 재료의 경도를 나타낸다.

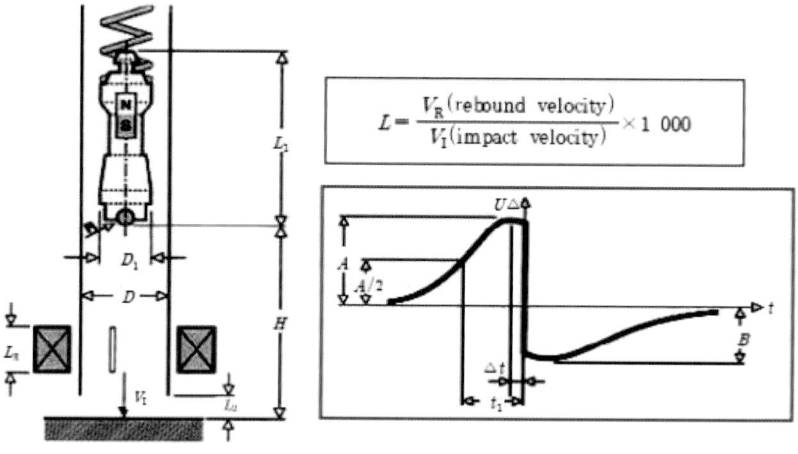

그림 2.5.9. 리브 경도 시험기의 원리

* 초경합금구가 물체 표면으로부터 1 mm 이내에 있을 때 자석은 유도관을 감싸고 있는 코일 속에 전압을 일으킨다. 측정자 충격 부는 시험면에 충격 후 반발하여 재차 튀어 오르고 자석은 2차 전압을 일으키는 코

일을 통과해서 되돌아간다.

$$L = 1000 \times \frac{V_R}{V_I}$$

V_R = 해머가 시험편에서 반발한 직후의 속도

V_I = 해머기 시험편에 충돌하기 직전의 속도

- 시험기의 용도
  * 금속 조립품, 실용품, 석유화학, 자동차와 항공 산업에 있어서 많은 응용성을 가지고 있으며 시험기의 크기가 작아서 사용하기 쉽고 한손으로도 작동할 수 있다.
  * 강철 및 롤이나 터빈 하우징과 같이 크고 무거운 단조품이나 주조품들의 경도 시험에 가장 이상적이다. 또한 시험기의 크기가 작고 휴대하기 쉽기 때문에 완성된 조립품을 분해하는 일이 없이 큰 조립부품 각각의 부품들을 시험하는데 가장 적합하다.
  * 이 시험기는 수평 또는 수직으로도 사용할 수 있고 빠르고 정확한 측정값을 얻기 위하여 아주 작은 표면적만 있어도 경도 측정이 가능하다. 이들 다용도의 시험기들은 장소와 측정자에 관계없이 직접 정확한 경도 측정값을 용이하게 읽는데 사용할 수 있다.

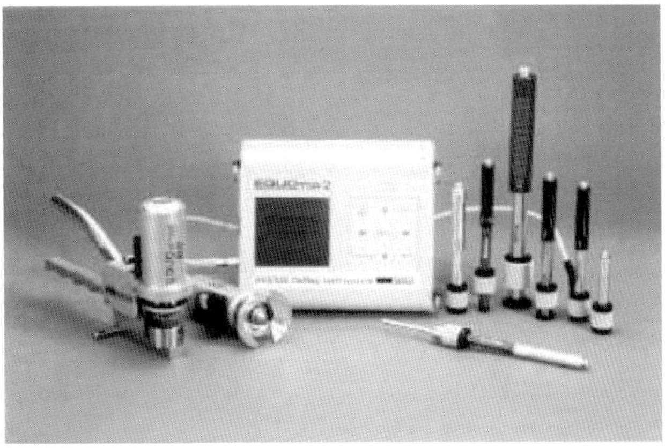

그림 2.5.10. 리브 경도 시험기

- 시험기의 특징
  * 조작이 아주 간편하여 측정 경험이 없는 측정자라도 측정이 쉽고 정확

한 경도 값을 얻을 수 있으며, 개인 오차가 적은 것이 특징이다.

* 측정관의 유지방향 (수직, 경사, 수평)등에 제약이 없기 때문에 이전의 경도 시험의 방법과 달리 편리한 경도 측정이 가능하다.
* 보조링 (support ring)을 사용하면 요철 면과 좁은 장소에서도 측정이 가능하다.
* 측정관의 종류는 사용목적에 따라 여러 종류가 있어 사용 용도에 맞게 선택하여 사용할 수 있으며, 통상의 경도 값으로의 경도 값 환산은 각 재질에 따라 작성된 경도 값 환산표를 사용한다.

- 재료별 강재의 경도기준
  * 다음 표에 제시된 재료별 강재의 경도 기준과 현장에 측정한 강재의 경도기준과 비교하여 적합성 여부를 판정하고 비파괴 정밀상태조사 등급을 산정한다.

표 2.5.19. 재료별 강재의 경도 기준

Workpiece Sample Under Test	Standard Hardness Scales					
	Leeb (HL)	Vickers (HV)	Brinell (HB)	Rockwell B(HRB)	Rockwell C(HRC)	Shore D (HSD)
Steel/Cast Steel (ST)	300-900	80-940	80-650 ($F=30D^2$)	38.4-99.5	20-68	32.5-99.5
Alloy Tool Steel	300-840	80-900			20.4-67	
Stainless Steel or Refractory Steel (SS)	300-800	85-800	85-670 ($F=30D^2$)	46.5-100	20-63	
Bearing Steel (GS)	500-880	80-800			20-68.8	32.5-99.0
Gray Cast Iron (GC)	360-660		93-340 ($F=30D^2$)			
Nodular Cast Iron (NC)	400-660		130-390 ($F=30D^2$)			
Aluminum Alloys (AL)	200-560	32-190	30-160 ($F=30D^2$)	27-91		
Brass (BS)	200-560	45-200	40-180 ($F=30D^2$)	12-94		
Bronze (BZ)	300-700		60-290 ($F=30D^2$)			
Copper (CU)	200-420	50-130	45-120 ($F=30D^2$)	4-72		

나. 비파괴검사 기준

콘크리트 사방댐, 석재 사방댐, 강재 사방댐의 비파괴 정밀상태조사 기준은 다음과 같다.

표 2.5.20. 비파괴검사 기준

평가점수	슈미트 해머, 초음파 속도, 에코팁 경도	SASW (P파 속도)
0	본댐, 측벽, 물받이 기준강도(설계두께) 이상	2,600 m/sec 이상
8	본댐 기준강도 이상, 측벽, 물받이 기준강도(설계두께) 미만	2,000~2,600 m/sec
16	본댐 기준강도(설계두께) 미만	2,000 m/sec 미만
※ 비파괴검사 중 가장낮은 등급을 비파괴 평가등급으로 판정 ※ 물가두기 사방댐 및 만수위 사방댐은 SASW 평가등급 1등급 하향		

5) 유역 취약성조사

유역 취약성조사는 산사태 발생 우려지역 조사 및 취약지역 지정·관리 지침(2015, 산림청)의 [별표. 23] "토석류 발생 우려지역 판정표"를 이용하여 조사한다.

가. 보호내상

조사대상 지역 내 주요보호시설(병원, 학교, 양로원, 관공서 등)의 유무를 조사한다.

a : 능선과 능선까지의 거리
b : 계곡에서 능선까지의 거리

그림 2.5.11. 토석류 발생 우려지역 조사 대상

조사대상 지역 내 인명피해 우려가 있는 주택수를 조사한다.

주택수의 경우 아파트는 주요시설로 분류한다. 주택수의 조사는 단독주택과 연립주택을 구분하여 조사한다. 단 연립주택의 경우, 가구 수 파악이 불가능한 경우에는 5채 이상으로 본다.

나. 황폐 발생원조사

황폐발생원 조사는 황폐계류 유역 내 현장에서 산사태 위험등급비율을 확인해야 하며, 도상조사로 대체할 수 있다.

산사태위험지도는 현재 산림청에서 사용하고 있는 산사태정보시스템의 자료를 활용하고, 대상유역의 산사태위험등급 1, 2등급의 비율을 조사하여 비율을 기록 한다.

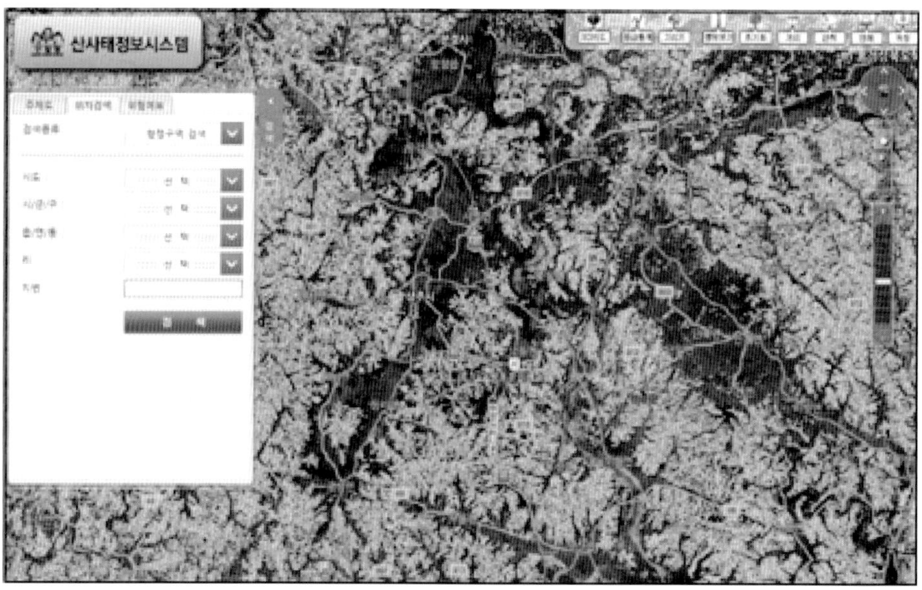

그림 2.5.12. 황폐 발생원조사(도상조사)

다. 계류 내 전석(0.5m^{3}이상) 분포비율(%)

계류 내 전석은 조사대상 계류의 최하단부, 중간부, 최상단부 상류지점의 횡단에 폭 5m 내에 존재하는 전석 비율을 조사한다. 단, 전체 길이가 500m이하인 계류는 최하단과 중간지점을 조사한다.

조사방법은 조사범위 내 계상표면에 돌출되어 있는 전석(0.5m^3) 이상의 단면적을 파악하여 비율을 조사, 기입한다. 단, 조사대상 전석은 1/3이상 돌출된 것을 대상으로 한다.(조사지점에 대한 좌표 및 사진자료를 첨부)

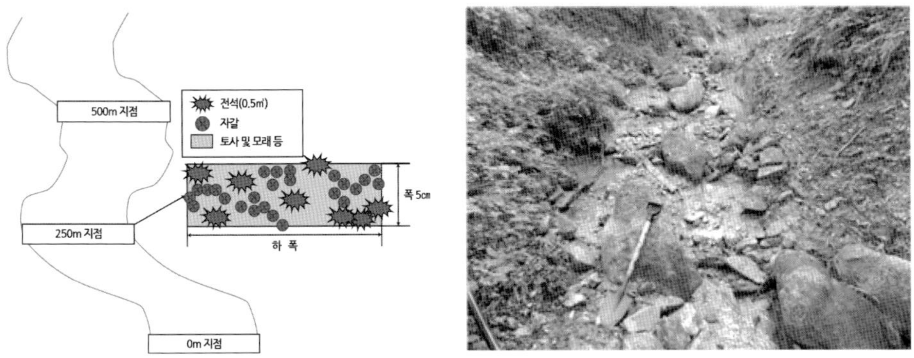

그림 2.5.13. 전석 분포비율 조사

라. 계류 상부경사(˚)

조사대상 계류의 최하단부로부터 최상단부로 이동하면서 급격한 경사 변화가 있는 지점의 상부 경사를 조사한다. 다만, 전체 길이가 500m 이하인 계류는 중간 지점에서 상부 계류 평균경사를 조사한다.

경사도는 현장에서 경사계(클리노미터 등)를 이용하여 실측하며, 경사를 1도 단위로 조사한다.

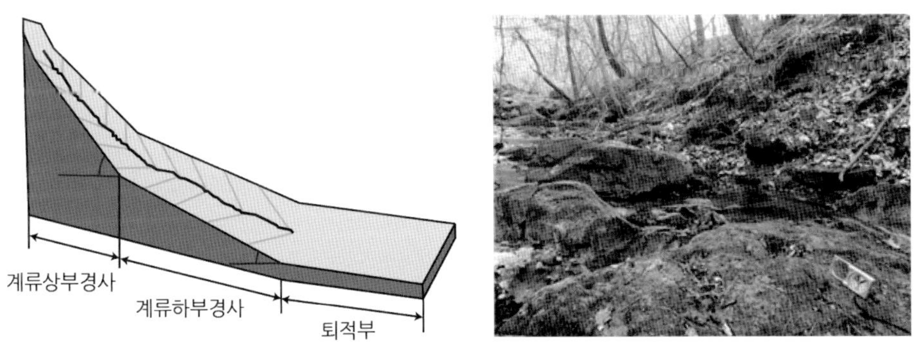

그림 2.5.14. 계류 상부경사 평균경사

마. 총 계류길이(m)

조사대상 계류의 주계류를 대상으로 최하단부로부터 최상단부까지의 길이를 조사하는 것을 원칙으로 하나, 지류가 발달하여 주계류의 파악이 어려운 경우에는 지형도를 이용하여 조사한다.

- 최상단의 정의는 최상부 사면과 계곡이 만나는 지점 또는 최상부의 누구(淚溝)침식[3]이 진행된 곳

경사길이는 거리측정기 또는 도상으로 측정하고, m 단위로 조사한다.

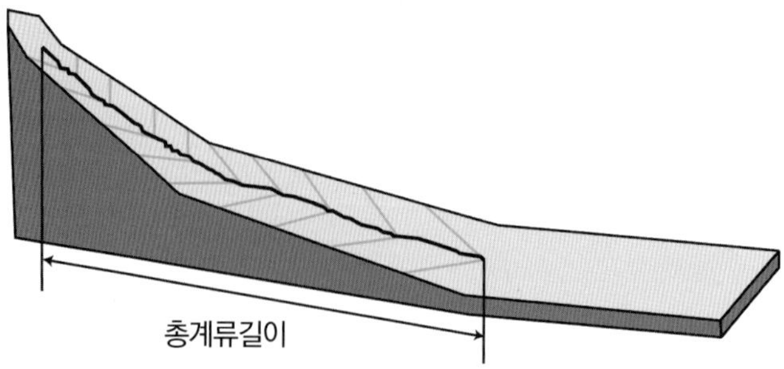

그림 2.5.15. 총 계류길이 측정

바. 계류 평균경사(°)

계류 평균경사는 현지조사 시 측정(경사계)하는 것을 원칙으로 하되 현장에서 조사가 어려운 경우에는 지형도 및 GPS를 사용하여 평균경사를 측정한다.

- 평균경사도 계산식 : 경사도 = tan−1(고도차/총 계류 길이)

경사도는 경사를 1도 단위로 조사한다.

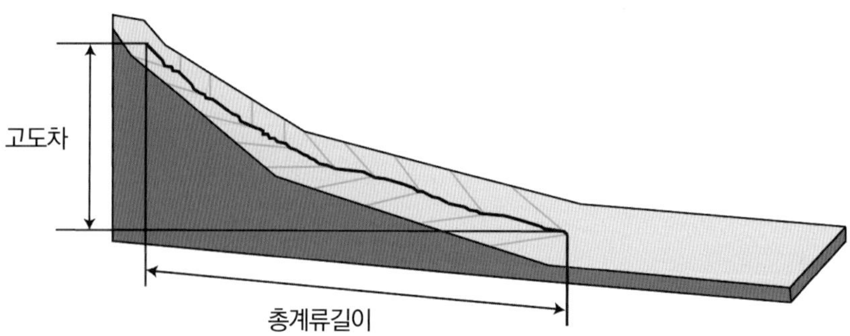

그림 2.5.16. 계류 평균경사 측정

사. 토석류 발생 우려지역 등급산정

표 2.5.21. 토석류 발생 우려지역 등급산정 기준

토석류 발생 우려지역 등급	점수
1등급(발생가능성이 현저히 높은 지역)	540점 이상
2등급(발생가능성이 높은 지역)	360~540점 미만
3등급(발생가능성이 낮은 지역	121~360점 미만
4등급(발생가능성이 현저히 낮은 지역)	120점 이하

3) 경사지에 빗물에 의해 작은 물길에 생기는 침식

2.5.4. 안정성평가

1) 안정성평가 방법

사방댐 안정성에 대한 검토방법은 산림청 보고서(2016) 및 사방기술교본(2014), 사방공학(2011)을 기본으로 하였다. 또한 일부 자료는 국내의 건축 및 콘크리트 관련 법령 등과 일본의 국토교통성 자료를 근거로 하였다.

사방댐 안정성 평가는 사방댐에 작용하는 외력의 조합에 대해 파악하고, 토석류 시 사방댐 안정 등 모든 안정조건에 대해 제체의 안정성을 간편식으로 평가하는 방법을 적용하였다. 평가방법에 대한 상세한 내용은 상기 기술한 자료를 참고로 하고, 정밀 안전진단 시 필수적으로 평가해야하는 사항은 안전진단 전문가 또는 사방관련 기술자가 수행하는 것이 바람직하다.

가. 사방댐에 작용하는 외력

▪ 사방댐에 작용하는 힘은 **자중, 정수압, 퇴사압, 토석류 충격력**

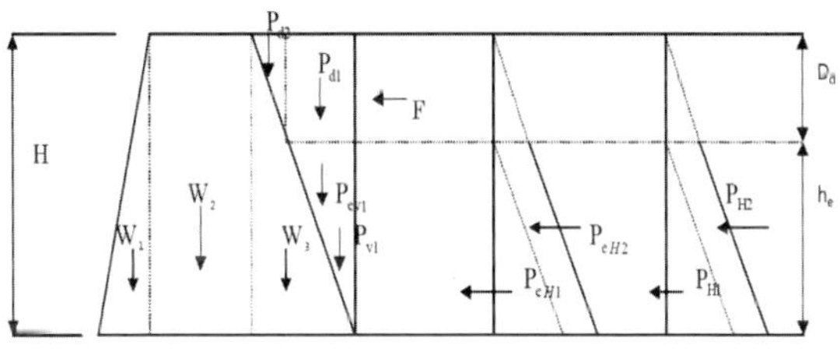

<불투과형 사방댐에 작용하는 힘>

▪ **자중**

$W = \gamma_c \cdot A$

W : 단위폭당 댐제체의 자중 (kN)

γ_c : 콘크리트 단위체적중량 (kN/㎥)

A : 댐제체 단위폭당 체적(㎥)

▪ **정수압**

$\Gamma = \gamma_w \cdot h_w$

γ_w : 물의 단위체적중량

h_w : 저류수면에서 임의 점의 수심(m)

▪ **퇴사압**

$P_{eV} = \gamma_s \cdot h_e$

$P_{eH} = C_e \cdot \gamma_s \cdot h_e$

P_{eV} : 퇴사압의 수직분력 (kN/㎥)

P_{eH} : 퇴사압의 수평분력 (kN/㎥)

γ_s : 수중퇴사 단위체적중량 (kN/㎥)으로 $\gamma_s = \gamma_e - (1-v) \cdot \gamma_w$로 표시한다.

h_e : 퇴사면부터 임의점까지의 퇴사깊이(m)

C_e : 토압계수

▪ **토석류 충격력**

$F = K_h \frac{\gamma_d}{g} D_d \cdot U^2$

F : 단위폭당 토석류 충격력 (kN/m)

U : 토석류 유속 (m/s)

D_d : 토석류 수심 (m)

g : 중력가속도 (9.8m/s2)

K_h : 토석류 충격력 계수 1.0

γ_d : 토석류의 단위체적중량 (kN/㎥)

표 2.5.22. 사방댐에 작용하는 외력의 종류

종 류	작용하는 힘
댐 제체의 자중(무게)	연직력으로만 작용
정수압(물)	연직력, 수평력
퇴사압(토사)	연직력, 수평력
토석류 충격력	연직력, 수평력

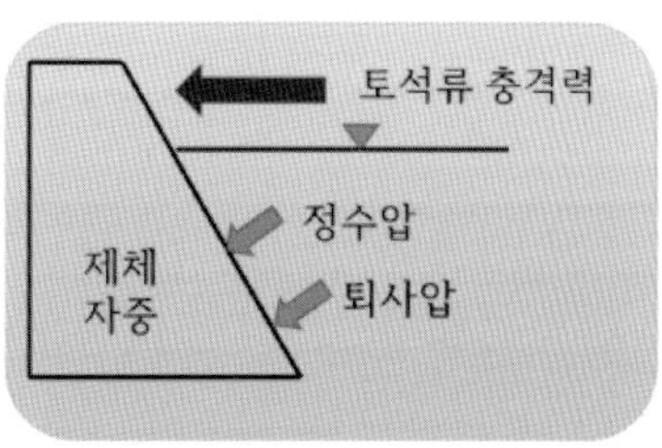

사방댐 단면의 안정성 계산에 사용되는 외력은 제체의 자중, 정수압, 퇴사압, 토석류 충격력 등이 있으며, 각 외력의 조합은 작용방향에 따라 연직력과 수평력으로 구분하였다. 토석류 시 정수압을 계산할 때, 물의 단위체적중량은 양압력을 고려하지 않는 것으로 한다.

나. 제체의 안정조건

① 전도에 대한 안정 : 사방댐 자중과 외력의 합력이 댐둑밑 중앙 1/3 이내에 위치

② 활동에 대한 안정 : 사방댐과 기초지반의 접촉면에서 미끄러짐에 대한 저항

③ 제체파괴에 대한 안정 : 사방댐 구성 재료의 구조적 안정성

④ 기초지반의 지지력에 대한 안정 : 사방댐 기저의 지반이 버티는 힘

사방댐 제체의 안정은 기본적으로 버티는 힘(연직력)이 가해지는 힘(수평력)보다 커야만 안정성이 확보될 수 있으며, 이는 수식을 이용하여 안전율로 파악할 수 있다.

2) 전도 및 활동에 대한 안정성

사방댐의 전도 및 활동에 대한 안정성 산정방법 및 기준 안전율은 다음과 같다.

표 2.5.23. 전도 및 활동에 대한 안정성 산정방법

구 분	전 도	활 동
기준 안전율	1.5	1.2
산정 방법	하중작용점 거리를 계산하여 양의 모멘트(M_{+ve})의 합과 음의 모멘트(M_{-ve})의 합을 비교 즉, $\frac{\Sigma M_{+ve}}{\Sigma M_{-ve}} \geq 1.5$ ※ 모멘트계산은 하중작용점 수식에 따라 계산한 거리에 각각의 연직력과 수평력을 곱함	저항력 성분인 연직력의 합(ΣV)과 지반마찰계수(f')를 미끄러지게 하려는 성분인 수평력의 합(ΣH)과 비교 즉, $\frac{f' \cdot \Sigma V}{\Sigma H} \geq 1.2$ → ΣV = W1+W2+W3+PV1+PeV1+Pd1+Pd2 ΣH = PH1+PH2+PeH1+PeH2+Fd

사방댐 제체는 기본적으로 버티는 힘( )ΣV이 가해지는 힘(ΣH)보다 커야만 안정성이 확보될 수 있으며, 이는 수식을 이용하여 수치로 파악할 수 있다.

제체의 전도 및 활동에 대한 안정성 평가는 상기 식으로 계산한 안전율이 제시된 기준안전율 조건을 만족하는지를 평가하는 것으로 안전율 계산에 사용되는 연직력(V), 수평력(H), 양의 모멘트(M_{+ve}) 그리고 음의 모멘트(M_{-ve})는 사방댐에 작용하는 외력 계산식을 통해 구할 수 있다.

모멘트는 하중작용점 계산식으로 구한 거리에 각각의 연직력과 수평력을 곱하여 계산한다. 예를 들어, 제체의 자중 W1의 모멘트 M_{W_1}을 구하는 경우 다음과 같이 계산한다.

$$M_{W_1} = \mathrm{W1} \times \text{거리}\ (\mathrm{W1} = 1/2 \cdot \gamma_C \cdot \mathrm{n} \cdot \mathrm{H_2},\ \text{거리} = 2/3 \cdot \mathrm{n} \cdot \mathrm{H})$$

전도에 대한 안정조건 중 합력의 작용점이 댐둑밑 중앙 1/3에 위치하는지를 평가하는 부분은 제체파괴에 대한 안정 검토 시 인장응력 발생 여부를 계산하면서 검토하게 되므로 여기서는 생략하였다.

표 2.5.24. 토석류 시 사방댐에 작용하는 외력 계산식

설계하중	기호	계산식	연직력 V (kN/m)	수평력 H (kN/m)	하중작용점 계산식	하중작용점 거리 (m)	모멘트 M_{+ve} (kN·m/m)	모멘트 M_{-ve} (kN·m/m)
제체 자중	W_1	$1/2 \cdot \gamma_C \cdot n \cdot H^2$	○		$2/3 \cdot n \cdot H$		○	
	W_2	$\gamma_C \cdot b \cdot H$	○		$n \cdot H + 1/2 \cdot b$		○	
	W_3	$1/2 \cdot \gamma_C \cdot m \cdot H^2$	○		$n \cdot H + b + 1/3 \cdot m$		○	
정수압	P_{V1}	$1/2 \cdot \gamma_W \cdot m \cdot h_e^2$	○		$B - 1/3 \cdot m \cdot h_e$		○	
	P_{H1}	$1/2 \cdot \gamma_W \cdot h_e^2$		○	$1/3 \cdot h_e$			○
	P_{H2}	$\gamma_W \cdot Dd \cdot h_e$		○	$1/2 \cdot h_e$			○
퇴사압	P_{eV1}	$1/2 \cdot \gamma_S \cdot m \cdot h_e^2$	○		$B - 1/3 \cdot m \cdot h_e$		○	
	P_{eH1}	$1/2 \cdot Ce \cdot \gamma_S \cdot h_e^2$		○	$1/3 \cdot h_e$			○
	P_{eH2}	$Ce \cdot (\gamma_d - \gamma_W) \cdot D_d \cdot h_e$		○	$1/2 \cdot h_e$			○
토석류 무게	P_{d1}	$\gamma_d \cdot m \cdot he \cdot D_d$	○		$B - 1/2 \cdot m \cdot h_e$		○	
	P_{d2}	$1/2 \cdot \gamma_d \cdot m \cdot D_d^2$	○		$B - m \cdot h_e + 1/3 \cdot m \cdot D_d$		○	
토석류 충격력	F_d			○	$he + 1/2 \cdot D_d$			○
합계			ΣV	ΣH			ΣM_{+ve}	ΣM_{-ve}

※ 버티는 힘(ΣV, 연직력 합계) : 자중+정수압·퇴사압의 연직력+토석류 무게

※ 가해지는 힘(ΣH, 수평력 합계) : 정수압·퇴사압의 수평력+토석류 충격력

외력 계산 시 각 항목의 입력 값은 현장에서 측정 또는 시험하거나 수식을 통해 계산하여 적용한다. 댐체의 단위체적중량(γ_C)은 실제 댐에서 코어링하거나 재료의 배합을 통해 산정하는 것이 바람직하다. 다만 현장여건 등이 불리하여 시험을 실시하지 못할 경우 제체의 단위체적중량은 표 2.5.26에 제시된 값을 참고로 하고, 이때 전석댐은 찰쌓기 또는 막돌콘크리트 값을 사용한다.

물의 단위체적중량(γ_W)은 9.8kN/㎥으로 계산하고, 수중퇴사 단위체적중량(γ_S)은 수식을 이용하여 산출한다. 입력값인 사력의 밀도와 이수(물)의 밀도는 현장시험 또는 실내시험을 통해 구하며, 시험이 불가할 경우 제안된 값을 적용한다. 일반적으로 수중퇴사 단위체적중량은 대략 8~11kN/㎥의 범위이다. 토석류의 단위체적중량(γ_d)과 토석류 수심(D_d) 등은 표 2.5.30의 토석류 충격력 산정시 상세히 검토할 수 있다.

토사의 퇴사깊이(he)는 보수적 기준을 적용하여 안전율이 가장 낮은 지점으로 설정한다. 기존 보고서에서는 다음 그림 2.5.17과 같이 사방댐의 유효고에서 토석류 수심을 뺀 퇴사깊이를 적용할 경우 전도 및 활동에 대한 안전율이 모두 낮게 나타났다.

토압계수(Ce)는 현장에서 측정한 퇴사면 경사(i)와 실험을 통해 구한 수중 토사의 내부마찰각($\varnothing$)을 각각 수식에 입력하여 계산한다. 만일 시험으로 수중 토사의 내부마찰각을 구하기 어려울 경우 표 2.5.27와 표 2.5.28을 참고한다. 일반적으로 토압계수는 0.3~0.6의 범위이므로 계산결과 0.3보다 다소 작을 경우 0.3을, 또는 0.6보다 큰 경우는 0.6을 입력한다.

기초지반 마찰계수(f')는 현장시험결과를 통해 구한 값을 적용하는 것이 원칙이나 실험이 불가할 경우 표 2.5.29를 참고한다.

표 2.5.25. 외력 계산에 사용되는 입력 값

항 목	기호	단위	비 고
댐높이	H	m	측정값
댐둑마루(천단) 폭	b	m	측정값
대수면 물매(경사)	m	m/m	측정값
반수면 물매(경사)	n	m/m	예) 1:0.2라면 0.2 입력
댐둑밑폭(저면저폭)	B	m	측정값

항 목	기호	단위	비 고
콘크리트의 단위체적중량	γ_C	kN/m³	실험값 (*실험 불가시 문험값 참조. 이때, 전석댐은 찰쌓기 또는 막돌콘크리트 값 사용)
물의 단위체적중량	γ_W	kN/m³	*9.8kN/m³
수중퇴사 단위체적중량	γ_S	kN/m³	$\gamma_S = C_* \cdot (\rho_s - \rho_w) \cdot g$ • 사력의 밀도 ρ_s=2600~2800(kg/m³) • 이수의 밀도 ρ_w=1000~1200(kg/m³) • 퇴적토사농도 C_*=0.6 (*실험 불가시 문헌값 참조)
토석류의 단위체적중량	γ_d	kN/m³	$\gamma_d = \{\rho_s \cdot C_d + \rho_w \cdot (1 - C_d)\} \cdot g$
퇴사깊이 (댐높이-토석류 수심)	h_e	m	$h_e = H - D_d$
토석류 수심	D_d	m	$D_d = \dfrac{Q_{sp}}{\nu_d \cdot B_d}$
토압계수	C_e		$C_e = \dfrac{\cos i - \sqrt{\cos^2 i - \cos^2 \varnothing}}{\cos i + \sqrt{\cos^2 i - \cos^2 \varnothing}} \fallingdotseq \dfrac{1 - \sin\varnothing}{1 + \sin\varnothing}$, $0.3 \leq Ce \leq 0.6$ • i : 퇴사면 경사 • $\varnothing$: 수중 토사의 내부마찰각 (*실험 불가시 문헌값 참조)
기초지반 마찰계수	f'		실험값 (*실험 불가시 문헌값 참조)

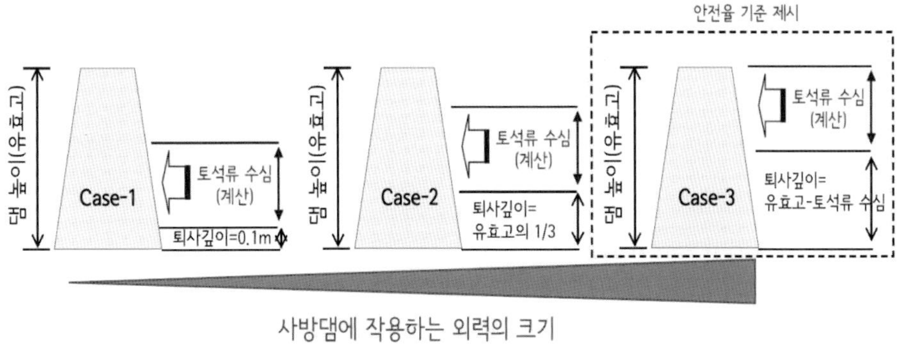

그림 2.5.17. 토석류 발생 시 대수면의 퇴사깊이에 따른 외력의 크기 모식도

표 2.5.26. 제체의 단위체적중량

재료별	단위중량(kN/m^3)
콘크리트	23.0
철근 콘크리트	23.5
시멘트 모르타르	20.6
찰쌓기(l_3 0.35 기준)	23.5
매쌓기(l_3 0.35 기준)	16.7
막돌 콘크리트	23.0

표 2.5.27. 수중 토사의 내부마찰각(일본 국토교통성)

종별	상태	단위중량 (kN/m^3)	수중 단위중량 (kN/m^3)	내부마찰각 (°)	수중 내부마찰각 (°)
사력	-	16~19	10~13	35~45	35
자갈	-	16~20	10~12	30~40	30
석탄회	-	9~12	4~7	30~40	30
모래	밀실한 것	17~20	10	35~40	30~35
	약간 느슨한 것	16~19	9	30~35	25~30
	느슨한 것	15~18	8	25~30	20~25
일반토	단단한 것	17~19	10	25~35	20~30
	약간 연한 것	16~18	8~10	20~30	15~25
	연한 것	15~17	6~9	15~25	10~20
점토	단단한 것	16~19	6~9	20~30	10~20
	약간 연한 것	15~18	5~8	10~20	0~10
	연한 것	14~17	4~7	0~10	0
실트	단단한 것	16~18	10	10~20	5~15
	연한 것	14~17	5~7	0	0

표 2.5.28. 토질에 따른 흙의 전단강도 (한국도로공사)

구분	종류	상태		내부마찰각(°)	점착력(kN/m²)
흙쌓기	자갈 및 자갈섞인 모래	다져진 것		40	0
	모래	다져진 것	입도가 좋은 것	35	0
			입도가 나쁜 것	30	0
	사질토	다져진 것		25	30 이하
	점성토	다져진 것		15	50 이하
자연지반	자갈	조밀한 것 또는 입도가 좋은 것		40	0
		조밀하지 않은 것 또는 입도가 나쁜 것		35	0
	자갈섞인 모래	조밀한 것		40	0
		조밀하지 않은 것		35	0
	모래	조밀한 것		35	0
		조밀하지 않은 것 또는 입도가 나쁜 것		30	0
	사질토	조밀한 것		30	30 이하
		주밀하지 않은 것		25	0
	점성토	단단한 것 (N = 8~15)		25	50
		약간 연한 것 (N = 4~8)		20	30
		연한 것 (N = 2~4)		15	15
	점토 및 실트	단단한 것 (N = 8~15)		20	50
		약간 연한 것 (N = 4~8)		15	30
		연한 것 (N = 2~4)		10	15

표 2.5.29. 기초지반 마찰계수(f')

지반 종별	양호한 경암	사암, 석회암	자갈층	모래층	마른 점토	습한 점토
기초지반의 마찰계수(f')	0.6~0.7	0.6~0.7	0.5	0.4	0.5	0.3

※ 일반적으로 0.7을 적용하고 있으나 찰쌓기돌댐의 경우 f=0.75, 콘크리트댐의 경우 f=1.0을 적용하는 경우도 있음

※ 암반이나 토층에 현장타설 콘크리트를 시공하는 경우 f=0.6~1.0)

토석류의 충격력 산정은 다음 표와 설명을 참조하여 계산한다.

표 2.5.30. 토석류 충격력 산정

항 목	기호	단위	비 고
계류 폭	B_d	m	사방댐 상류지역에서 댐까지 3지점 측정하여 평균
계상 물매(경사)	S	m/m	GIS로 계산 또는 측정값 예) 1:0.2라면 0.2 입력
사방댐 상류 유역면적	A_c	㎢	GIS로 계산
유출토사량	V_t	㎥	$V_t = 4442.1 \cdot A_c + 1217.6$
퇴적토사 용적농도	C_*		*일반적으로 0.6 적용
토석류 농도	C_d		$C_d = \dfrac{\rho_w \cdot \tan\theta}{(\rho_s - \rho_w) \cdot (\tan\varnothing - \tan\theta)}$ • $\varnothing$: 퇴적토사 내부마찰각 (*실험 불가시 표 2.5.27~2.5.28 참조) • θ : 계상경사 • $0.3 \leq C_d \leq 0.54$ (C_d값이 범위를 벗어나면 최저 0.3, 최대 0.54 입력)
토석류의 단위체적중량	γ_d	kN/㎥	$\gamma_d = \{\rho_s \cdot C_d + \rho_w \cdot (1 - C_d)\} \cdot g$ • 사력의 밀도 ρ_s=2600~2800(kg/㎥) • 이수의 밀도 ρ_w=1000~1200(kg/㎥) • 토석류 농도 C_d=0.3~0.54 • 중력가속도 g=9.8
총유량	ΣQ	㎥	$\Sigma Q = \dfrac{C_* \cdot V_t}{C_d}$, C_*=0.6
피크유량	Q_{sp}	㎥/s	$Q_{sp} = 0.01 \cdot \Sigma Q$
토석류 유속	υ_d	m/s	$\nu_d = 2.1 \cdot Q_{sp}^{0.33} \cdot S^{0.33}$
토석류 심도 (*경심)	Dd	m	$D_d = \dfrac{Q_{sp}}{\nu_d \cdot B_d}$ (B_d: 그림참조) *단면적/윤변(=폭+높이*2)
토석류 충격력	F_d	kN/m	$F_d = K \cdot \dfrac{\gamma_d}{g} \cdot D_d \cdot \nu_d^2$ • 충격력 계수 K=1.0 • 중력가속도 g=9.8

토석류 충격력 계산시 각 항목의 입력값은 현장에서 측정 또는 GIS 활용을 통해 도출하거나 수식을 이용하여 계산한다.

토석류 농도(C_d) 계산에 필요한 계상경사(θ)는 측정한 경사도를 입력하고, 퇴적토사의 내부마찰각($\varnothing$)은 실험을 통해 구하되 실험이 어려울 경우 표 2.5.27 또는 표 2.5.28을 참고한다. 토석류 농도는 일본 국토교통성에서 제안한 0.3~0.54 범위를 만족하도록 하고, 만일 0.3보다 작을 경우는 0.3을, 0.54보다 큰 경우는 0.54를 입력한다.

토석류의 단위체적중량(γ_d)은 수식에 따라 계산하며, 입력값 중 사력의 밀도와 이수의 밀도는 현장시험 또는 실내시험을 통해 구하는 것을 원칙으로 하되 시험이 불가할 경우 제안된 값을 선택한다. 참고로 밀도 단위 1kg/㎥은 중력가속도 9.8m/s2을 곱하면 9.8N/㎥ 중량으로 변환되며 1000N/㎥은 1kN/㎥이 된다. 유량과 유속은 수식으로 산출하고, 토석류 심도는 현장에서 하상 단면적과 윤변(하도 양 측면과 바닥 길이)을 측정하여 경심을 구하거나 식을 이용하여 구한다. 토석류 충격력 계산 시 충격력 계수 K는 일반적으로 1.0을 적용한다.

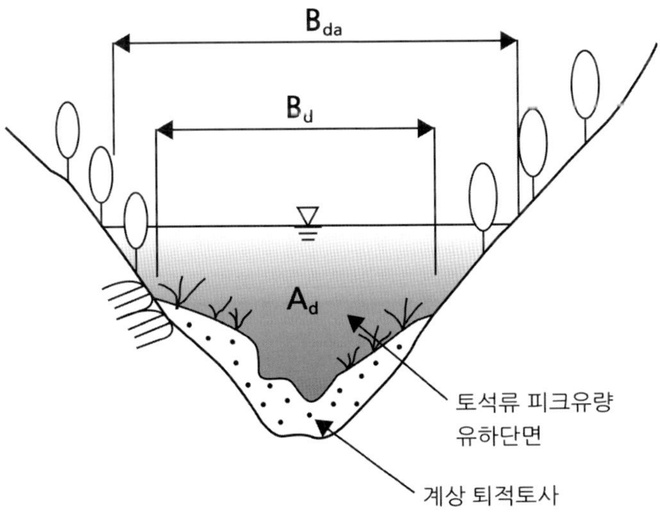

그림 2.5.18. 계상저면폭 (B_d)

3) 제체파괴 및 기초지반 지반반력대한 안정

사방댐의 제체파괴 및 기초지반 지반반력대한 안정성 산정방법 및 안정 기준은 다음과 같다.

표 2.5.31. 제체파괴 및 기초지반 지반반력대한 안정성 산정방법

안정 기준	제체의 작용응력 〈제체 또는 기초지반의 허용응력
산정 방법	• 제체 내부 압축응력 검토 → σ1 또는 σ2 $<f_{ca} = 0.3f_{ck}$ (f_{ca}: 콘크리트 허용압축응력) 여기서 수직응력 $\sigma_1 = \frac{\Sigma V}{B}(1+\frac{6e}{B})$, $\sigma_2 = \frac{\Sigma V}{B}(1-\frac{6e}{B})$ • 제체 내부 인장응력 검토 - 인장응력 미발생 조건 : 합력의 작용점이 댐둑밑 중앙 1/3에 위치 합력작용점 위치 $d = \frac{\Sigma M_{+ve} - \Sigma M_{-ve}}{\Sigma V}$, $\frac{1}{3}\mu \le d \le \frac{2}{3}\mu$ - 부응력 미발생 조건 : 편심거리가 댐둑밑폭의 1/6 이내 편심거리 $e = \frac{B}{2} - d$, $e \le \frac{B}{6}$ 즉, $\sigma_1>0$, $\sigma_2>0$ 그리고 $e \le \frac{B}{6}$ → 인장응력 발생하지 않음 • 기초지반 지반반력 검토 - 제체 최대지반반력이 기초지반 허용지지력보다 작아야 함 즉, $P_1 < Q_s$ (Q_s: 기초지반 허용지지력) → 여기서 지반반력(P_i) = 내부응력(σ_i) 지반반력 $P_1 = \frac{\Sigma V}{B}(1+\frac{6e}{B})$, $P_2 = \frac{\Sigma V}{B}(1-\frac{6e}{B})$

제체 및 기초지반의 안정을 위해 사방댐에 작용하는 최대응력이 제체 구성 재료의 허용응력을 초과하지 않아야 하며, 지반이 받는 최대압력이 지반의 허용지지력 이내가 되어야 한다.

기초지반이 모래인 경우, 침투 파괴에 대해서도 안정적이어야 한다. 제체파괴 및 기초지반 지반반력에 대한 안정 계산은 상기 식을 이용하여 평가하고, 수식에 필요한 입력값 및 내용은 표 2.5.32를 참고한다.

콘크리트댐 제체는 내부 압축응력이 콘크리트의 허용압축응력보다 작아야 안정하므로 수식에 따라 제체의 내부압축응력을 계산하고 이를 콘크리트 허용압축응력과 비교한다. 이때 콘크리트 허용압축응력(f_{ca})은 일반적으로 콘크리트 기준강도(f_{ck})*0.3이며, 만일 기초부가 무근확대기초인 경우 무근콘크리트 기준강도의 0.25배를 한다.

사방댐 바닥부에 인장응력이 발생하지 않으려면 제체의 자중 및 외력의 합력이 사방댐 바닥부의 중앙 1/3 이내에 들어가야 한다. 이는 동시에 전도에 대한 안전성도 확보할 수 있다. 또한 편심거리가 댐둑밑폭의 1/6 이내에 위치하여야 부응력이 발생하지 않는다.

기초지반의 파괴에 대한 안정은 제체 바닥의 최대압축응력이 기초지반의 허용지지력을 초과하지 않아야 가능하다. 이때 최대압축응력은 최대지반반력이 되므로 수직응력중 최대응력값을 선택하여 기초지반 허용지지력과 비교한다. 기초지반 허용지지력은 현장시험을 통해 산출하고, 여건상 현장시험이 불가능할 경우 표 2.5.33, 표 2.5.34를 참고한다.

표 2.5.32. 계산에 사용되는 입력 값

항 목	기호	단위	비고
댐둑밑폭(저면저폭)	B	m	측정값
양압력계수	μ		1/3~1.0 *일반적으로 1/3 사용
콘크리트 설계기준강도	f_{ck}	MPa	무근: 18, 철근: 21
허용압축응력(*무근확대기초)	f_{ca}	MPa	$f_{ca}=0.3f_{ck}$ (*$f_{ca}=0.25f_{ck}$)
허용휨인장응력(*무근확대기초)	f_{ta}	MPa	$f_{ta}=0.42\sqrt{f_{ck}}$ (* $f_{ta}=0.13\sqrt{f_{ck}}$)
허용지압응력(*무근확대기초)	f_{ba}	MPa	$f_{ca}=0.3f_{ck}$ (*$f_{ca}=0.25f_{ck}$)
지반허용지지력	Q_s	kPa	현장시험값 (*시험 불가시 문헌값 참조)

※ 1MPa=1000kN/m², 1kPa=1kN/m²

표 2.5.33. 일반적인 지반의 허용지내력

지반		장기응력에 대한 허용지내력(kN/m²)	단기응력에 대한 허용지내력(kN/m²)
경암반	화강암·석록암·편마암·안산암 등의 화성암 및 굳은 역암 등의 암반	4,000	각각 장기응력에 대한 허용지내력 값의 1.5배로 한다.
연암반	판암·편암 등의 수성암의 암반	2,000	
	혈암·토단반 등의 암반	1,000	
자갈		300	
자갈과 모래의 혼합물		200	
모래섞인 점토 또는 롬토		150	
모래 또는 점토		100	

※ 건축물의 구조기준 등에 관한 규칙

표 2.5.34. 얕은기초(depth≤6m)의 지지력 경험치

지지층	현장 연경도 상태	허용 지지력(kPa)	
		범위	추천값
괴상의 결정질 화강암, 변성암 : 화강암, 섬록암, 현무암, 완전히 고결된 역암	경질의 신선한 암	6,500～10,700	8,600
엽리성의 변성암 : 슬레이트, 편암	중간 경질의 신선한 암	3,200～4,300	3,750
퇴적암 : 시멘트화된 경질의 셰일, 실트암, 사암, 동공이 없는 석회암	중간 경질의 신선한 암	1,600～2,700	2,150
풍화되거나 파쇄된 모암, 이질암(셰일) 이외의 모든 암, RQD<25	연암	850～1,300	1,050
컴팩션 셰일(compaction shale)이나 신선한 이질암	연암	850～1,600	1,050
입도분포가 양호한 세립토 모래자갈의 혼합물 : 빙하 퇴적물, 하드팬(hardpan), 점성토 섞인 자갈(GW-GC, GC, SC)	매우 조밀함	850～1,300	1,050
자갈, 자갈-모래 혼합물, 호박돌-자갈 혼합물(GW, GP, SW, SP)	매우 조밀함 중간정도 조밀 느슨함	650～1,050 400～750 200～650	750 500 300
입자가 굵거나 중간정도의 모래, 자갈이 약간 섞인 모래(SW, SP)	매우 조밀함 중간정도 조밀 느슨함	400～650 200～400 100～300	400 300 150
가는 모래, 실트질이나 점토질 중간정도 입도나 굵은 모래(SW, SM, SC)	매우 조밀함 중간정도 조밀 느슨함	300～500 200～400 100～300	300 250 150
균질한 점토, 모래질이나 실트질, 점토	굳음 중간정도 굳음 느슨함	300～600 100～300 50～100	400 200 50
실트, 모래질 실트, 점토질 실트, 교호된(varved) 실트-점토-세사층	매우 굳음 중간정도 굳음 연함	200～400 100～300 50～100	300 150 50

4) 안정성 평가 등급판정

사방댐의 안정성 평가는 전도, 활동, 제체의 파괴 및 기초지반 안정 등 4가지 조건에 대해 제시된 기준을 만족하는지를 평가하는 것으로 이를 정리하면 다음 표와 같다.

표 2.5.35. 사방댐 안정성 등급판정

안정조건		기 준	판 정
전 도		$\dfrac{\sum M_{+ve}}{\sum M_{-ve}} \geq 1.5$	만족 또는 불만족
활 동		$\dfrac{f' \cdot \sum V}{\sum H} \geq 1.2$	만족 또는 불만족
제체	압축응력	σ_1 또는 $\sigma_2 < f_{ca}$	만족 또는 불만족
	인장(전도)	$\frac{1}{3}\mu \leq d \leq \frac{2}{3}\mu,\ e \leq \frac{B}{6}$	만족 또는 불만족
지반		$P_1 < Q_s$	만족 또는 불만족
※ 모든 조건을 만족할 경우			1등급
※ 하나의 경우라도 불만족할 경우			5등급

사방댐 안정성 평가 시 전도와 활동에 대한 안정은 기준안전율 각 1.5와 1.2이상이 되는 값을 가질 때 안정하다고 판정되며, 제체에 대한 안정은 제체의 내부응력이 구성 재료의 허용응력을 초과하지 않고, 인장응력이 발생하지 않아야 한다. 또한 제체의 최대응력이 지반허용지지력 이내에 있어야 안정하다.

사방댐의 안정성은 각 항목에 대한 기준을 모두 만족할 때 확보될 수 있으며, 어느 하나라도 만족하지 못할 경우 안정하다고 볼 수 없다. 따라서 사방댐 정밀안전진단을 통한 재료 및 기능에 대한 평가와 더불어 사방댐의 공학적인 안정성도 함께 평가하여 유역 및 하류의 안정성을 확보하도록 한다.

2.5.5. 안전진단 등급판정

안전진단 등급판정은 안전진단 조사서 <별표 18, 19, 20, 21, 22>에 따라 수행하고, 다음의 등급으로 판정한다.

표 2.5.36. 안전진단 종합평가 등급판정

사방댐 안전진단 등급판정					
정밀상태조사 결과	1등급	2등급	3등급	4등급	5등급
안전성평가 결과	1등급			5등급	
종합평가 등급	Ⅰ등급	Ⅱ등급	Ⅲ등급	Ⅳ등급	Ⅴ등급

※ 정밀상태조사 등급과 안전성평가 등급 중 최저등급을 안전진단 종합평가 등급으로 결정

표 2.5.37. 안전진단 등급에 따른 조치사항

등급	사방댐의 상태 및 조치사항	점검 주기
Ⅰ등급 (유지, 필요시 보수)	변형·손상 등 문제점이 없는 양호한 상태	2년 주기 외관점검 * 보수한 경우 1년 이내 외관점검
Ⅱ등급 (보수)	일부 결함이 발생하였으나 사방댐의 기능 발휘에는 지장이 없는 상태로서 일부 보수가 필요한 상태	보수 후 외관점검
Ⅲ등급 (부분적 보강·개량)	중대한 결함이 국부적으로 발생하여 사방시설의 기능 저하 및 안전관리에 이상이 발생하여 부분적 보강·개량이 필요한 상태	보강·개량 후 정밀점검
Ⅳ등급 (전반적 보강·개량)	중대한 결함이 다수 발생하여 전반적 보강·개량이 필요한 상태	보강·개량 후 정밀점검
Ⅴ등급 (추가시공 또는 재·대체시공)	중대한 결함이 광범위하게 발생하여 시공상 보완 및 개량이 불가능하거나 경제적으로 비효율적인 경우로서 추가시공 또는 재·대체시공이 필요한 상태	안전조치 후 외관점검

2.5.6. 안전진단 예시

콘크리트 사방댐의 현장조사 예시는 다음 그림과 같으며 예시 사방댐을 대상으로 정밀상태조사 및 안정성 평가를 수행하였다.

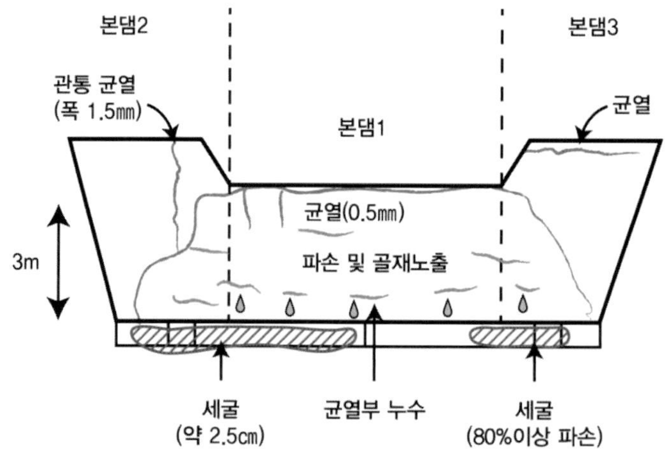

그림 2.5.19. 반수면 현장조사 결과예시

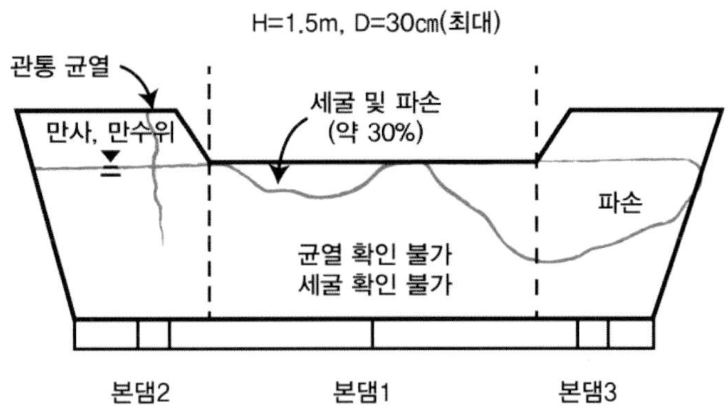

그림 2.5.20. 대수면 현장조사 결과예시

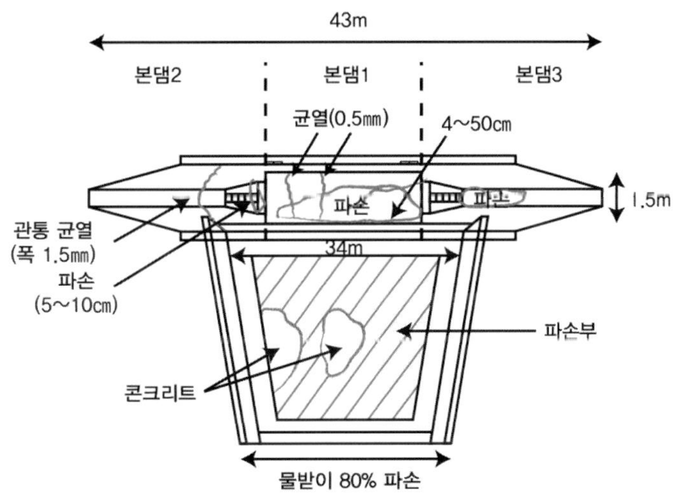

그림 2.5.21. 댐마루 및 물받이 현장조사 결과예시

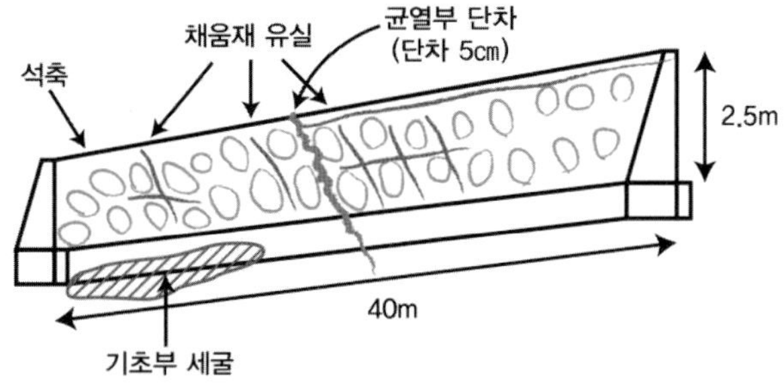

그림 2.5.22. 우측벽 현장조사 결과예시

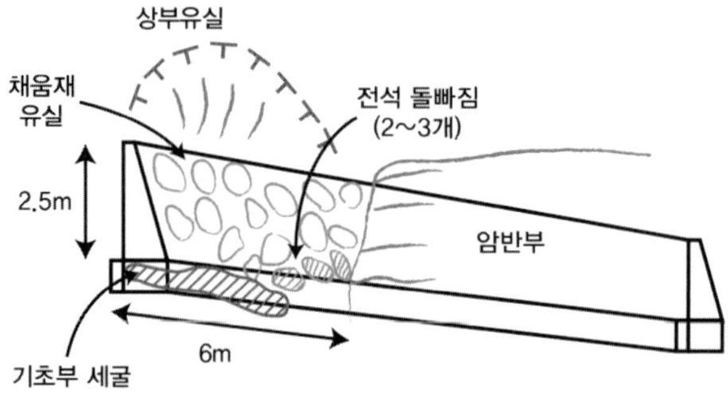

그림 2.5.23. 좌측벽 현장조사 결과예시

1) 정밀상태조사 결과 예시

콘크리트 사방댐의 본댐, 측벽, 물받이에 대하여 각각 세부항목별 평가기준을 적용하여 정밀상태조사 등급판정을 수행하였다.

표 2.5.38. 콘크리트 사방댐 정밀상태조사 결과 예시

구분	파손/손상/석재 결손	균열/이음부 열림/채움재 결함	단차	기초부 세굴	누수	비파괴	결함 점수	평가 단위 점수	평가 단위 평가 결과
본댐 1	16	16	0	8	8	8	56	54.4	4등급
본댐 2	16	16	0	8	6	8	54		
본댐 3	16	12	0	8	6	8	50		
좌측벽	4	4	0	4	-	-	12	12	4등급
우측벽	0	4	4	4	-	-	12		
물받이	4	4	-	4	-	-	12	12	5등급
토석류 평가	4등급							10	
종합 평가	-							88.4	5등급

가. 본댐(콘크리트) 평가 예시

① 본댐 1

❍ 파손/손상

- 반수면 파손 : 파손 깊이 평균 180mm, 90% 파손
- 대수면 파손 : 파손 깊이 평균 150mm, 30% 파손
- 댐마루 파손 : 파손 깊이 평균 200mm, 50% 파손 → 5등급(16점)

❍ 균열/이음부열림

- 반수면 균열 : 균열 폭 0.5mm, 균열부 25%
- 댐마루 균열 : 균열 폭 0.5mm, 균열부 15% → 5등급(16점)

❍ 단차 없음 → 1등급(0점)

❍ 반수면 세굴 : 세굴 깊이 평균 25cm, 40% 세굴 → 5등급(8점)

❍ 반수면 누수 : 균열부로 누수발생, 20% 누수 → 5등급(8점)

❍ 비파괴 검토 : SASW결과 p파속도 2,000m/sec 미만 → 5등급(8점)

② 본댐 2

❍ 파손/손상

- 반수면 파손 : 파손 깊이 평균 150mm, 30% 파손
- 대수면 파손 : 확인 불가
- 댐마루 파손 : 파손 깊이 평균 70mm, 5% 파손 → 5등급(16점)

❍ 균열/이음부열림

- 반수면 균열 : 관통균열 폭 1.5mm, 균열부 20%
- 댐마루 균열 : 관통균열 폭 1.5mm, 균열부 15% → 5등급(16점)

❍ 단차 없음 → 1등급(0점)

❍ 반수면 세굴 : 세굴 깊이 평균 25cm, 80% 세굴 → 5등급(8점)

❍ 반수면 누수 : 균열부로 누수발생, 15% 누수 → 4등급(6점)

❍ 비파괴 검토 : SASW결과 p파속도 2,000m/sec 미만 → 5등급(8점)

③ 본댐 3

❍ 파손/손상

- 반수면 파손 : 파손 깊이 평균 150mm, 30% 파손
- 대수면 파손 : 파손 깊이 평균 150mm, 40% 파손
- 댐마루 파손 : 파손 깊이 평균 70mm, 15% 파손 → 5등급(16점)

❍ 균열/이음부열림

- 반수면 균열 : 균열 폭 0.5mm, 균열부 20%
- 댐마루 균열 : 균열 폭 0.5mm, 균열부 10% → 5등급(16점)

❍ 단차 없음 → 1등급(0점)

❍ 반수면 세굴 : 세굴 깊이 평균 25cm, 70% 세굴 → 5등급(8점)

❍ 반수면 누수 : 균열부로 누수발생, 15% 누수 → 4등급(6점)

❍ 비파괴 검토 : SASW결과 p파속도 2,000m/sec 미만 → 5등급(8점)

④ 본댐 평가

❍ 본댐1(56×0.6) + 본댐2(54×0.2) + 본댐3(50×0.2) = 54.4점 (4등급)

본댐 평가 기준				
1등급 (15점 이하)	2등급 (16~30점)	3등급 (31~50점)	4등급 (51~65점)	5등급 (66점 이상)

나. 측벽(석재) 평가 예시

① 좌측벽

❍ 석재 결손 : 석재 3개이상 결손, 20% 결손 → 5등급(4점)

❍ 채움재 결합 : 채움재 유실, 유실부 35% → 5등급(4점)

❍ 단차 : 단차 없음 → 1등급(0점)

❍ 기초부 세굴 : 세굴 깊이 평균 15cm, 70% 세굴 → 5등급(4점)

② 우측벽

❍ 석재 결손 : 석재 결손 없음 → 1등급(0점)

❍ 채움재 결합 : 채움재 유실, 유실부 40% → 5등급(4점)

❍ 단차 : 수직 단차 5cm, 60% → 4등급(4점)

❍ 기초부 세굴 : 세굴 깊이 평균 15cm, 25% 세굴 → 5등급(4점)

③ 측벽평가

❍ 좌측벽(12×0.5) + 우측벽(12×0.5) = 12점 (4등급)

측벽 평가 기준				
1등급 (3점 이하)	2등급 (4~6점)	3등급 (7~10점)	4등급 (11~14점)	5등급 (15점 이상)

다. 물받이(콘크리트) 평가 예시

① 물받이

❍ 파손/손상 : 파손 깊이 평균 250mm, 80% 파손 및 유실 → 5등급(4점)

❍ 균열 : 균열 폭 0.5mm, 물받이 잔존부의 20% 균열 → 5등급(4점)

❍ 기초부 세굴 : 세굴 깊이 평균 15cm, 물받이 잔존부의 70% 세굴 → 5등급(4점)

② 물받이 평가 : 12점 (5등급)

물받이 평가 기준				
1등급 (2점 이하)	2등급 (3~4점)	3등급 (5~7점)	4등급 (8~10점)	5등급 (11점 이상)

라. 종합 평가 예시

본댐(54.4) + 측벽(12) + 물받이(12) + 토석류 평가(10) = 88.4점 (5등급)

종합평가 기준				
1등급 (30 이하)	2등급 (31~45)	3등급 (46~60)	4등급 (61~75)	5등급 (76 이상)

2) 안정성평가 결과 예시

예시된 불투과형 콘크리트 사방댐의 안정성평가 결과는 다음과 같다.

표 2.5.39. 사방댐 안정성평가 예시

평가기준	상 태	결 과
1등급	전도, 활동, 체제파괴, 지지력 모두 안정	○
2등급	-	
3등급	-	
4등급	-	
5등급	전도, 활동, 체제파괴, 지지력 중 하나라도 불안정	
등급판정		1등급

가. 외력 계산

① 토석류 충격력 검토 결과 예시

토석류 충격력은 다음 표와 같이 검토하였다.

표 2.5.40. 토석류 충격력 검토

입력 값	기호	계산값	단위	비 고
계류 저면저폭	B_d	5.93	m	
계상 물매(경사)	S	0.18	m/m	θ = 10.2°로 변환
유역면적	A_c	0.11	km^2	GIS로 추정

입력 값	기호	계산값	단위	비 고
토석류 유출량	V_t	1706.23	m^3	$V_t = 4442.1 \times A_c + 1217.6$
퇴적토사 용적농도	C_*	0.6		0.6
토석류 농도	C_d	0.39		$C_d = \dfrac{\rho_w \cdot \tan\theta}{(\rho_s - \rho_w) \cdot (\tan\varnothing - \tan\theta)}$
토석류의 단위체적중량	γ_d	17.11	kN/m^3	$\gamma_d = \{\rho_s \cdot C_d + \rho_w \cdot (1 - C_d)\} \cdot g$
총유량	ΣQ	2624.97	m^3	$\Sigma Q = \dfrac{C_* \cdot V_t}{C_d}$
피크유량	Q_{sp}	26.25	m^3/s	$Q_{sp} = 0.01 \cdot \Sigma Q$
토석류 유속	v_d	3.51	m/s	$\nu_d = 2.1 \cdot Q_{sp}^{0.33} \cdot S^{0.33}$
토석류 심도 (*경심)	D_d	1.26	m	$D_d = \dfrac{Q_{sp}}{\nu_d \cdot B_d}$
토석류 충격력	F_d	27.11	kN/m	$F_d = K \cdot \dfrac{\gamma_d}{g} \cdot D_d \cdot \nu_d^2(\ )$

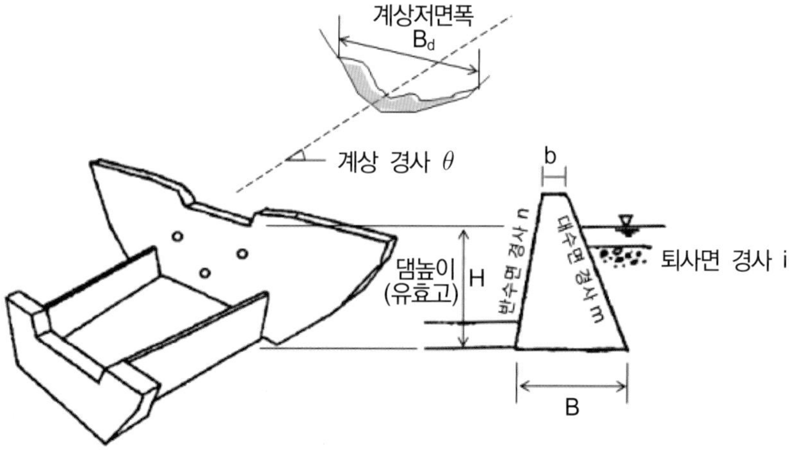

그림 2.5.24. 토석류 충격력 검토에 적용되는 입력수치

토석류 농도(C_d)는 계상 물매 0.18을 경사도로 바꾸면 약 10.2°, 퇴적토사의 내부마찰각 30°, 사력의 밀도 2,600(kg/m³), 이수의 밀도를 1,200(kg/m³)으로 가정하면 다음과 같이 계산된다.

$$C_d = \frac{\rho_w \cdot \tan\theta}{(\rho_s - \rho_w) \cdot (\tan\varnothing - \tan\theta)} = \frac{2600 \times 0.18}{(2600 - 1200) \times (0.58 - 0.18)} \fallingdotseq 0.39$$

토석류 단위체적중량(γ_d)은 위 식에서 구한 토석류 농도(C_d)를 이용하여 다음과 같이 계산된다.

$$\gamma_d = \{\rho_s \cdot C_d + \rho_w \cdot (1-C_d)\} \cdot g$$
$$= \{2600\times0.39+1200\times(1\text{-}0.39)\}\times9.8 = 17110.8$$

여기서 1kg/m³의 물체가 중력가속도 9.8m/s2를 받으면 (1×9.8)N/m³이 되므로 위 식은 1746×9.8=17,110.8N/m³이 된다. 또한 1,000N/m³은 1kN/m³이므로 γ_d = 17.11kN/m³이 된다.

토석류 심도 Dd는 피크유량을 토석류 유속 및 계상 저면저폭으로 나눈값이며, 여기서 계상 저면저폭은 계류 폭이 아니라 그림과 같이 토사가 쌓이는 구간의 폭을 의미한다.

토석류 충격력을 구할 때 계수 K는 일반적으로 1.0이며, 중력가속도 g는 9.8을 입력한다.

수중퇴사 단위체적중량(γ_S)의 입력값은 토석류 농도(C_d)를 구할 때와 마찬가지로 사력의 밀도 2,600(kg/m³), 이수의 밀도 1,200(kg/m³)으로 가정하고, 퇴석토사농도(C_*)의 일반적인 값 0.6을 대입하면 다음과 같다.

$$\gamma_S = C_* \cdot (\rho_s - \rho_w) \cdot g = 0.6\times(2600\text{-}1200)\times9.8 = 840\times9.8\text{N/m}^3$$
$$= 8232\text{N/m}^3 = 8.232\text{kN/m}^3$$

퇴사깊이는 사방댐 월류부까지의 높이인 유효고(H)에서 토석류 수심(Dd)를 뺀 값이며 기존 검토에서 이때의 전도 및 활동에 대한 안전율이 가장 낮게 나타났다.

토압계수(Ce)는 퇴사면의 경사(i)를 0°, 수중 토사의 내부마찰각(∅)을 30°로 가정하면

$$C_e = \frac{\cos i - \sqrt{\cos^2 i - \cos^2 \varnothing}}{\cos i + \sqrt{\cos^2 i - \cos^2 \varnothing}} = \frac{\cos 0^\circ - \sqrt{\cos^2 0^\circ - \cos^2 30^\circ}}{\cos 0^\circ + \sqrt{\cos^2 0^\circ - \cos^2 30^\circ}}, \quad \cos 0^\circ = 1$$

이므로

$$= \frac{1-\sin 30^\circ}{1+\sin 30^\circ}$$ ≒ 0.3이 되며, $0.3 \le Ce \le 0.6$ 조건을 만족한다.

② 사방댐에 작용하는 외력계산 1

❍ 사방댐에 작용하는 외력계산 1은 다음 표와 같이 검토하였다.

표 2.5.41. 사방댐에 작용하는 외력계산 1

입력 값	기호	계산값	단위	비고
댐높이	H	4	m	현장 측정값
댐둑마루(천단) 폭	b	1.5	m	현장 측정값
대수면 물매(경사)	m	0.2	m/m	현장 측정값
반수면 물매(경사)	n	0.3	m/m	현장 측정값
댐둑밑폭(저면저폭)	B	3.5	m	현장 측정값
콘크리트의 단위체적중량	γ_C	23	kN/m³	실험값
물의 단위체적중량	γ_W	9.8	kN/m³	
수중퇴사 단위체적중량	γ_S	8.2	kN/m³	$\gamma_S = C_* \cdot (\rho_s - \rho_w) \cdot g$ • 사력의 밀도 ρ_s=2600 • 이수의 밀도 ρ_w=1200 • 퇴적토사농도 C_*=0.6
토석류의 단위체적중량	γ_d	17.11	kN/m³	$\gamma_d = \{\rho_s \cdot C_d + \rho_w \cdot (1 - C_d)\} \cdot g$
퇴사깊이	he	2.74	m	he=H−D_d
토석류 수심	D_d	1.26	m	$D_d = \dfrac{Q_{sp}}{\nu_d \cdot B_d}$
토압계수	Ce	0.3		$C_e = \dfrac{\cos i - \sqrt{\cos^2 i - \cos^2 \varnothing}}{\cos i + \sqrt{\cos^2 i - \cos^2 \varnothing}}$ $\fallingdotseq \dfrac{1 - \sin \varnothing}{1 + \sin \varnothing}$ • i = 0°, $\varnothing$ = 30°
양압력계수	μ	1/3		
토석류 충격력	F_d	27.11	kN/m	$F_d = K \cdot \dfrac{\gamma_d}{g} \cdot D_d \cdot \nu_d^2$
콘크리트 설계기준강도	f_{ck}	18	MPa	
콘크리트 허용압축응력도	σ'_{ck}	4.5	MPa	$f_{ca} = 0.25 f_{ck}$ (무근확대기초)
기초지반 마찰계수	f'	0.7		
지반허용지지력	Q_s	700	kPa	현장 시험값

콘크리트 사방댐이 만일 무근콘크리트로 설치되었다면 콘크리트의 허용압축응력은 $f_{ca}=0.25f_{ck}$ 이므로 무근콘크리트 기준강도 18MPa로 가정하면 0.25×18=4.5MPa이다.

여기서 1MPa=1000kN/㎡ 이므로 4.5MPa = 4,500kN/㎡, 기초지반 허용응력을 700kPa로 설정하였다면, 1kPa=1kN/㎡ 이므로 700kN/㎡이 된다.

사방댐에 작용하는 외력계산 2는 다음 표와 같이 검토하였다.

표 2.5.42. 사방댐에 작용하는 외력계산 2

설계하중	기호	계산식	연직력 V (kN/m)	수평력 H (kN/m)	하중작용점 계산식	하중작용점 거리 (m)	모멘트 M_{+ve} (kN·m/m)	모멘트 M_{-ve} (kN·m/m)
제체 자중	W_1	$1/2\cdot\gamma_C\cdot n\cdot H^2$	55.20		$2/3\cdot n\cdot H$	0.80	44.16	
	W_2	$\gamma_C\cdot b\cdot H$	138.00		$n\cdot H+1/2\cdot b$	1.95	269.10	
	W_3	$1/2\cdot\gamma_C\cdot m\cdot H^2$	36.80		$n\cdot H+b+1/3\cdot m$	2.97	109.17	
정수압	P_{V1}	$1/2\cdot\gamma_W\cdot m\cdot h_e^2$	7.35		$B-1/3\cdot m\cdot h_e$	3.32	24.39	
	P_{H1}	$1/2\cdot\gamma_W\cdot h_e^2$		36.77	$1/3\cdot h_e$	0.91		33.57
	P_{H2}	$\gamma_W\cdot D_d\cdot h_e$		33.85	$1/2\cdot h_e$	1.37		46.35
퇴사압	P_{eV1}	$1/2\cdot\gamma_S\cdot m\cdot h_e^2$	6.18		$B-1/3\cdot m\cdot h_e$	3.32	20.49	
	P_{eH1}	$1/2\cdot Ce\cdot\gamma_S\cdot h_e^2$		9.26	$1/3\cdot h_e$	0.91		8.46
	P_{eH2}	$Ce\cdot(\gamma_d-\gamma_W)\cdot D_d\cdot h_e$		7.57	$1/2\cdot h_e$	1.37		10.37
토석류 무게	P_{d1}	$\gamma_d\cdot m\cdot h_e\cdot D_d$	11.82		$B-1/2\cdot m\cdot h_e$	3.23	38.13	
	P_{d2}	$1/2\cdot\gamma_d\cdot m\cdot D_d^2$	2.72		$B-m\cdot h_e+1/3\cdot m\cdot D_d$	2.87	7.80	
토석류 충격력	F_d			27.11	$he+1/2\cdot D_d$	3.37		91.34
합계			$\Sigma V=$ 258.07	$\Sigma H=$ 114.56			ΣM_{+ve} =513.25	ΣM_{-ve} =190.10

❍ 상기 표의 계산 값은 반올림 또는 내림하여 나타낸 값으로 합계가 맞지 않을 수 있으므로 수식 계산 시 참고용으로 이용하면 된다.

나. 안정성 분석

① 전도 및 활동에 대한 안정

전도 및 활동에 대한 안정성은 다음 표와 같이 검토하였다.

표 2.5.43. 전도 및 활동에 대한 안정성 분석

구 분	전 도	활 동
기준 안전율	1.5	1.2
산정 방법	$\frac{\sum M_{+ve}}{\sum M_{-ve}} \geq 1.5$	$\frac{f' \cdot \sum V}{\sum H} \geq 1.2$
계산결과	OK	OK

전도에 대한 안정

$$\frac{\sum M_{+ve}}{\sum M_{-ve}} = \frac{513.25}{190.10} \fallingdotseq 2.7 \geq 1.5 \qquad \text{(OK)}$$

활동에 대한 안정

$$\frac{f' \cdot \sum V}{\sum H} = \frac{0.7 \times 258.07}{114.56} \fallingdotseq 1.58 \geq 1.2 \qquad \text{(OK)}$$

② 제체파괴 및 기초지반 지반반력대한 안정

제체파괴 및 기초지반 지반반력대한 안정성은 다음 표와 같이 검토하였다.

표 2.5.44. 제체파괴 및 기초지반 지반반력대한 안정성 분석

안정 기준	제체의 작용응력 〈제체 및 기초지반의 허용응력	결과
제체 내부 압축응력 검토	σ_1 또는 $\sigma_2 < f_{ca}$	OK
제체 내부 인장응력 검토	- 합력의 작용점이 댐둑밑 중앙 1/3에 위치 $\frac{1}{3}\mu \leq d \leq \frac{2}{3}\mu$ - 편심거리가 댐둑밑폭의 1/6 이내 $\sigma_1 > 0$, $\sigma_2 > 0$ 그리고 편심거리 $e \leq \frac{B}{6}$	OK
기초지반 지반반력 검토	$P_1 < Q_s$	OK

제체 내부 압축응력 검토

수직응력 $\sigma_1 = \frac{\sum V}{B}(1 + \frac{6e}{B})$, $\sigma_2 = \frac{\sum V}{B}(1 - \frac{6e}{B})$

$$\sigma_1 = \frac{258.07}{3.5}(1 + \frac{6 \times 0.49}{3.5}) \fallingdotseq 136.66, \ \sigma_2 = \frac{258.07}{3.5}(1 - \frac{6 \times 0.49}{3.5}) \fallingdotseq 10.80$$

여기서 콘크리트 허용압축응력이 4,500 kN/㎡이므로

σ_1 또는 $\sigma_2 < f_{ca}$ 조건에 대해 136.66 또는 10.08 <4,500 (OK)

제체 내부 인장응력 검토

- 합력의 작용점이 댐둑밑 중앙 1/3에 위치, $\frac{1}{3}\mu \le d \le \frac{2}{3}\mu$

여기서 $d = \frac{\sum M_{+ve} - \sum M_{-ve}}{\sum V} = \frac{513.25 - 190.10}{258.07} \fallingdotseq 1.25$

- 양압력계수(μ)는 일반적으로 1/3을 적용하면 $1.17 \le 1.25 \le 2.33$ (OK)
- 편심거리가 댐둑밑폭의 1/6 이내, $e \le \frac{B}{6}$

여기서 $e = \frac{B}{2} - d \le \frac{B}{6}$ (OK)

$\frac{3.5}{2} - 1.25 \fallingdotseq 0.49 \le 0.58$

기초지반 지반반력 검토 (지반반력(P_i) = 내부응력(σ_i))

- 지반반력 $P_1 = \frac{\sum V}{B}(1 + \frac{6e}{B}) \fallingdotseq 136.66$, $P_2 = \frac{\sum V}{B}(1 - \frac{6e}{B}) \fallingdotseq 10.80$
- 기초지반 허용지지력을 700kN/m^2으로 설정하면
- $P_1 < Q_s$ 의 조건에 따라 136.66 <700 (OK) (OK)

다. 안정성 분석결과

표 2.5.45. 안정성 분석 결과

안정조건		기 준	판정
전도		$\frac{\sum M_{+ve}}{\sum M_{-ve}} \fallingdotseq 2.7 \ge 1.5$	OK
활동		$\frac{f' \cdot \sum V}{\sum H} \fallingdotseq 1.58 \ge 1.2$	OK
제체	압축 응력	$\sigma 1$ 또는 $\sigma 2 < f_{ca}$ 일 때, 136.66 또는 10.08 <4,500	OK
	인장 (전도)	$\frac{1}{3}\mu \le d \le \frac{2}{3}\mu$에 대해 $1.17 \le 1.25 \le 2.33$ $e \le \frac{B}{6}$에 대해 $0.49 \le 0.58$	OK
지반		$P_1 < Q_s$ 일 때, 136.66 <700	OK
※ 모든 조건을 만족하므로			1등급

3) 종합평가 결과 예시

표 2.5.46. 사방댐 종합평가 예시

사방댐 종합평가 결과	
정밀상태조사결과	5등급
안전성평가 결과	1등급
종합평가 결과	5등급

본 사방댐의 안전진단 정밀상태조사 5등급으로 판정됨.

안정성평가는 전도에 대한 안정, 활동에 대한 안정, 제체파괴에 대한 안정, 기초지반의 지지력에 대한 안정을 모두 만족하여 1등급으로 평가됨.

본 사방댐의 정밀상태조사 등급과 안전성평가 등급 중 낮은 등급인 5등급으로 종합평가 되어 전반적 보강·개량이 필요한 상태로 판단됨.

별 표

【별표 1】

사방시설(사방댐) 관리대장

■ 일반현황

관리번호				국가 지점 번호		
시 행 청						
시공위치	소재지					지도찾기
	GPS좌표 (Map Datum : WGS84)		(N) 36° 4′ 27.1″, (E) 127° 37′ 23.2″		소유 구분	
예산배정년도		사업완료년도		공사기간		
사업구분		사업량		계약방법		
사 업 비	국 비		지방비		계	
산 사 태 취약지역	실태조사구분			조사일자		
	지정고시번호			지 정 일		
	해제고시번호			해 제 일		
하자보수기간						
설 계 자	소속			성명		
시 공 자	소속			성명		
감 리 자	소속			성명		
공사감독자	직			성명		
준공검사자	직			성명		
	직			성명		
특 이 사 항						

■ 시공현황

시 설 개 요		사 방 댐 의 규 모	
시 공 목 적		윗 너 비	
시 공 형 식		아 랫 너 비	
사 방 댐 종 류		유 효 높 이	
유 역 면 적		총 높 이	
생태통로 여부		방수로두께	
안전휀스 여부		저 수 량	
입간판 설치여부		저 사 량	

■ 타당성평가 결과

평가년도	20**년	평가자	사방협회
평가의견	사방댐형식	사방댐기능	개략공사비
			백만원

■ 하자보수 점검결과 및 조치

하자점검일	점검자		점검결과	조치시항	
	직	성명		일자	내용

※ 하자보수 점검기간 : 5년

■ 사방댐 외관점검 결과 및 조치

점검년도		점검일자		점검자	
점검등급		보수 필요사항		준설필요 여부	
종합의견					
조치결과			시 공 자		
조치내용					
사업기간					
사 업 비 (천원)	계		국비	지방비	

※ 점검결과는 용역수행자 또는 해당 기관에서 입력

■ 사방댐 정밀점검 결과 및 조치

점검년도		점검일자		점검자	
점검등급		보수 필요사항		준설필요 여부	
종합의견					
조치결과			시 공 자		
조치내용					
사업기간					
사 업 비 (천원)	계		국비	지방비	

■ 사방댐 안전진단 결과 및 조치

안전진단 년도		안전진단 일자		계약자	
안전진단 등급		보수·보강 필요사항		책임기술자	
조치결과			시 공 자		
과업내용					
조치내용					
종합의견					
사업기간					
사 업 비 (천원)	계		국비	지방비	

■ 사방댐준설

사업기간	준설량(m^3)	시공자

■ 사방지 지정·해제현황

소재지	지정고시번호(일자)	지정면적(m^2)	해제고시번호(일자)	해제면적(m^2)

■ 사방댐 도면 업로드

정면도	평면도
구조도	종단면도

■ 사방댐 이미지 업로드

전경사진(시행 전)	전경사진(시행 후)
사방댐 대수면	사방댐 반수면

전경사진(시행 전)	전경사진(시행 후)
그 외 기타사항	그 외 기타사항

【별표 2】

사방시설(산지사방, 해안사방, 계류보전) 관리대장

■ 일반현황

<table>
<tr><td>관리번호</td><td colspan="4"></td><td>국가지점번호</td><td colspan="2"></td></tr>
<tr><td>시 행 청</td><td colspan="7"></td></tr>
<tr><td rowspan="2">시공위치</td><td>소재지</td><td colspan="5"></td><td>지도찾기</td></tr>
<tr><td>GPS좌표
(Map Datum : WGS84)</td><td colspan="3"></td><td>소유
구분</td><td colspan="2"></td></tr>
<tr><td>예산배정년도</td><td></td><td>사업완료년도</td><td></td><td>공사기간</td><td colspan="3"></td></tr>
<tr><td>사업구분</td><td></td><td>사업량</td><td></td><td>계약방법</td><td colspan="3"></td></tr>
<tr><td>사 업 비</td><td>국 비</td><td></td><td>지방비</td><td></td><td>계</td><td colspan="2"></td></tr>
<tr><td rowspan="3">산 사 태
취약지역</td><td>실태조사구분</td><td colspan="2"></td><td>조사일자</td><td colspan="3"></td></tr>
<tr><td>지정고시번호</td><td colspan="2"></td><td>지 정 일</td><td colspan="3"></td></tr>
<tr><td>해제고시번호</td><td colspan="2"></td><td>해 제 일</td><td colspan="3"></td></tr>
<tr><td>하자보수기간</td><td colspan="7"></td></tr>
<tr><td>설 계 자</td><td>소속</td><td colspan="2"></td><td>성명</td><td colspan="3"></td></tr>
<tr><td>시 공 자</td><td>소속</td><td colspan="2"></td><td>성명</td><td colspan="3"></td></tr>
<tr><td>감 리 자</td><td>소속</td><td colspan="2"></td><td>성명</td><td colspan="3"></td></tr>
<tr><td>공사감독자</td><td>직</td><td colspan="2"></td><td>성명</td><td colspan="3"></td></tr>
<tr><td rowspan="2">준공검사자</td><td>직</td><td colspan="2"></td><td>성명</td><td colspan="3"></td></tr>
<tr><td>직</td><td colspan="2"></td><td>성명</td><td colspan="3"></td></tr>
<tr><td>특이사항</td><td colspan="7"></td></tr>
</table>

■ 시공현황

주요 시설내용			
흙 막 이	개소	기슭막이	㎡
골 막 이	개소	수로내기	m
바닥막이	개소	나무심기	본

■ 타당성평가 결과

<table>
<tr><td>평가년도</td><td>20**년</td><td>평가자</td><td>사방협회</td></tr>
<tr><td rowspan="2">평가의견</td><td>사방사업명</td><td>주요 시설</td><td>개략공사비</td></tr>
<tr><td>(▼▲)</td><td>(▼▲)</td><td>백만원</td></tr>
</table>

■ 하자보수 점검결과 및 조치

<table>
<tr><td rowspan="2">하자점검일</td><td colspan="2">점검자</td><td rowspan="2">점검결과</td><td colspan="2">조치사항</td></tr>
<tr><td>직</td><td>성명</td><td>일자</td><td>내용</td></tr>
<tr><td></td><td></td><td></td><td></td><td></td><td></td></tr>
<tr><td></td><td></td><td></td><td></td><td></td><td></td></tr>
<tr><td></td><td></td><td></td><td></td><td></td><td></td></tr>
</table>

※ 하자보수 점검기간 : 5년

■ 사방시설 외관점검 결과 및 조치

<table>
<tr><td>점검년도</td><td></td><td>점검일자</td><td></td><td>점검자</td><td></td></tr>
<tr><td>점검등급</td><td></td><td>보수
필요사항</td><td></td><td>준설필요
여부</td><td></td></tr>
<tr><td>종합의견</td><td colspan="5"></td></tr>
<tr><td>조치결과</td><td colspan="2"></td><td>시 공 자</td><td colspan="2"></td></tr>
<tr><td>조치내용</td><td colspan="5"></td></tr>
<tr><td>사업기간</td><td colspan="5"></td></tr>
<tr><td rowspan="2">사 업 비
(천원)</td><td colspan="2">계</td><td>국비</td><td colspan="2">지방비</td></tr>
<tr><td colspan="2"></td><td></td><td colspan="2"></td></tr>
</table>

※ 점검결과는 용역수행자 또는 해당 기관에서 입력

■ 사방시설 정밀점검 결과 및 조치

<table>
<tr><td>점검년도</td><td></td><td>점검일자</td><td></td><td>점검자</td><td></td></tr>
<tr><td>점검등급</td><td></td><td>보수
필요사항</td><td></td><td>준설필요
여부</td><td></td></tr>
<tr><td>종합의견</td><td colspan="5"></td></tr>
<tr><td>조치결과</td><td colspan="2"></td><td>시 공 자</td><td colspan="2"></td></tr>
<tr><td>조치내용</td><td colspan="5"></td></tr>
<tr><td>사업기간</td><td colspan="5"></td></tr>
<tr><td rowspan="2">사 업 비
(천원)</td><td colspan="2">계</td><td>국비</td><td colspan="2">지방비</td></tr>
<tr><td colspan="2"></td><td></td><td colspan="2"></td></tr>
</table>

※ 점검결과는 용역수행자 또는 해당 기관에서 입력

■ 사방지 지정·해제현황

소재지	지정고시번호(일자)	지정면적(㎡)	해제고시번호(일자)	해제면적(㎡)

■ 사방시설 도면 업로드

평면도	측면도
그 외 기타사항	그 외 기타사항

■ 사방시설 이미지 업로드

전경사진(시행전)	전경사진(시행후)
그 외 기타사항	그 외 기타사항

【별표 3】

사방댐 준설 대상지 평가표

인 자	인자 실측치		가중치	준설 기준값 (계수×가중치)
	구분기준	계 수		
1. 현재 저사량 (저사고)	① 고 (80% 이상) ② 중 (50%~79%) ③ 저 (50% 미만)	2.5 1.6 1.0	3.4	
2. 생활권 (주요 보호 시설)과의 거리	① 단 (500m 이하) ② 중 (501m~999m) ③ 장 (1000m 이상)	2.5 1.6 1.0	2.8	
3. 계상물매	① 급 (10% 이상) ② 경 (5%~9%) ③ 완 (5% 미만)	2.5 1.6 1.0	1.6	
4. 토석이동량	① 다 (70% 이상) ② 중 (30%~69%) ③ 소 (30% 미만)	2.5 1.6 1.0	1.2	
총 점 (인자별 준설기준 값의 합) :			점	

※ 조사자 의견

※ 사방댐 준설여부 판정(총점 기준)

준설시행 (17점 이상)　　　　준설불요 (17점 미만)

※ 준설여부 판정시 고려사항

- ▸ 계류 안정화(물리적 및 생태적)가 필요한 지역은 준설시행 점수를 초과하더라도 준설을 하지 않을 수 있다.
- ▸ 악취 등 민원발생(우려)지역은 준설시행 점수 이하라도 준설시행을 고려할 수 있다.
- ▸ 생활권과 2km이상 떨어진 사방댐은 준설시행 점수를 초과하더라도 준설하지 않을 수 있다.
- ▸ 진입로 개설시 계류·산림이 심하게 훼손될 우려가 있는 지역에 위치한 사방댐은 준설시행 점수를 초과하더라도 준설하지 않을 수 있다.
- ▸ 기타 조사자가 현저하게 불합리하다고 판단되는 사방댐은 조정할 수 있다.

【별표 4】

사방댐 외관점검 조사서

□ 일반사항

종　류 :	형식 :	점검일시 :
사방댐관리번호 :		점 검 자 :
국가지점번호 :		

소 재 지					시 설 제 원					
도	시·군	읍·면	리·동	지번(속칭)	종류	형식	시설년도	상장(m)	하장(m)	유효고(m)
현지 계측 위치정보(WGS84)		(N)	°	′	″	(E)	°	′	″	

□ 점 검 표

구분		점검내용	양호	관찰필요	불량
주요시설	몬냄(중복체크)	파손, 변형, 균열, 누수, 기초부 세굴, 물받이 유탈, 콘크리트·박리·박락·백화·마모, 석재 유실·이격·풍화, 강재 볼트 등 접합부·부식·도장 손실, 방수로 파손·마모, 기타 (　　)			
	측벽(중복체크)	파손, 변형, 균열, 누수, 기초부 세굴, 물받이 유탈, 기타 (　　)			
	물받이(중복체크)	파손, 변형, 균열, 누수, 기초부 세굴, 수직벽(앞댐) 유탈, 기타 (　　)			
부대시설	수　문	수문(水門)상태 (배수관 막힘, 도장 상태 등)			
	식생상태	사방시설 주변 생육상황(자연식생 포함)의 이상 여부			
	안전시설	안전펜스, 안내판 등 이상 여부			
	접근도로	접근도로의 관리상태			
	기　타	상·하류 사방시설의 이상 여부			

저사상태	저 (50% 미만)	중 (50%~80% 미만)	고 (80% 이상)

종합 의견	
외관점검 등급	양호 / 관찰필요 / 불량
조치사항	보수 / 정밀점검
사방지 지정 해제 가능 여부	해제가능 / 유지

【별표 5】

계류보전 외관점검 조사서

<table>
<tr><td colspan="10">□ 일반사항</td></tr>
<tr><td colspan="4">종　류 :</td><td colspan="3">형식 :</td><td colspan="3">점검일시 :</td></tr>
<tr><td colspan="7">국가지점번호 :</td><td colspan="3">점 검 자 :</td></tr>
<tr><td colspan="5">소 재 지</td><td colspan="5">시 설 제 원</td></tr>
<tr><td rowspan="2">도</td><td rowspan="2">시·군</td><td rowspan="2">읍·면</td><td rowspan="2">리·동</td><td rowspan="2">지번(속칭)</td><td rowspan="2">시설년도</td><td rowspan="2">주요 구조물</td><td colspan="3">계류보전 규모</td></tr>
<tr><td>길이(m)</td><td>폭(m)</td><td>깊이(m)</td></tr>
<tr><td></td><td></td><td></td><td></td><td></td><td></td><td>골막이(　　개), 바닥막이(　　개)
기타 (　　　　　　　　　　)</td><td></td><td></td><td></td></tr>
<tr><td colspan="2">하단 시작점 현지계측 위치정보(WGS84)</td><td>(N)</td><td colspan="3">°　　′　　″</td><td>(E)</td><td colspan="3">°　　′　　″</td></tr>
</table>

□ 점 검 표

<table>
<tr><td colspan="3"></td><td>양호</td><td>관찰필요</td><td>불량</td></tr>
<tr><td rowspan="3">주요시설</td><td>골막이</td><td>파손, 변형, 균열, 기초부 세굴, 석재 유실·이격·풍화, 돌망태 철선 등 부속시설 손실, 채움콘크리트 열화·이탈, 기타사항 (　　　　　　　　　　)</td><td></td><td></td><td></td></tr>
<tr><td>기슭막이</td><td>파손, 변형, 균열, 기초부 세굴, 석재 유실·이격·풍화, 돌망태 철선 등 부속시설 손실, 채움콘크리트 열화·이탈, 기타사항 (　　　　　　　　　　)</td><td></td><td></td><td></td></tr>
<tr><td>바닥막이</td><td>파손, 변형, 균열, 기초부 세굴, 석재 유실·이격·풍화, 돌망태 철선 등 부속시설 손실, 채움콘크리트 열화·이탈, 기타사항 (　　　　　　　　　　)</td><td></td><td></td><td></td></tr>
<tr><td colspan="2">계류상태</td><td>침식, 붕괴, 전석, 퇴적 등 계류의 상태</td><td></td><td></td><td></td></tr>
<tr><td rowspan="5">부대시설</td><td>수　　문</td><td>수문(水門)상태 (배수관 막힘 등)</td><td></td><td></td><td></td></tr>
<tr><td>식생상태</td><td>사방시설 주변 생육상황(자연식생 포함)의 이상 여부</td><td></td><td></td><td></td></tr>
<tr><td>안전시설</td><td>안전펜스, 안내판 등 이상 여부</td><td></td><td></td><td></td></tr>
<tr><td>접근도로</td><td>접근도로의 관리상태</td><td></td><td></td><td></td></tr>
<tr><td>기　　타</td><td>기타시설의 이상 여부</td><td></td><td></td><td></td></tr>
<tr><td colspan="6">종합 의견</td></tr>
<tr><td colspan="6"></td></tr>
<tr><td colspan="3">외관점검 등급</td><td colspan="3">양호 / 관찰필요 / 불량</td></tr>
<tr><td colspan="3">조치사항</td><td colspan="3">보수 / 정밀점검</td></tr>
<tr><td colspan="3">사방지 지정 해제 가능 여부</td><td colspan="3">해제가능 / 유지</td></tr>
</table>

【별표 6】

산지사방 외관점검 조사서

□ 일반사항

종 류 :	형식 :	점검일시 :
국가지점번호 :		점 검 자 :

소 재 지					시 설 제 원				
도	시·군	읍·면	리·동	지번(속칭)	시설년도	주요 구조물	높이(m)	폭(m)	평균경사(m)

좌측 시작점 현지 계측 위치정보(WGS84)	(N)	° ′ ″	(E)	° ′ ″

□ 점 검 표

			양호	관찰필요	불량
주요시설	보강시설(옹벽, 석축, 목구조 등)	파손, 변형, 균열, 누수, 기초부 세굴, 물받이 유탈, 콘크리트·박리·박락·백화·마모, 석재 유실·이격·풍화, 목재 유실·마모·부식, 기타사항 ( )			
	보호시설(낙석망시공)	낙석방지망 파손·변형, 낙석방지울타리 파손·변형, 콘크리트 기초 파손·변형, 기타 ( )			
	배수시설(지표수, 지하수)	산마루측구, 종배수구, 소단배수로, 수평배수공, 집수정 상태, 기타 ( )			
사면 상태		땅밀림, 붕괴, 표층유실, 주변 계류 토석류 가능성 및 녹화공 상태			
부대시설	수 문	하부 하수시설상태 (배수관 막힘 등)			
	식생상태	사방시설 주변 생육상황(자연식생 포함)의 이상 여부			
	안전시설	안전펜스, 안내판 등 이상 여부			
	접근도로	접근도로의 관리상태			
	기 타	기타시설의 이상 여부			

종합 의견	
외관점검 등급	양호 / 관찰필요 / 불량
조치사항	보수 / 정밀점검
사방지 지정 해제 가능 여부	해제가능 / 유지

【별표 7】

해안사방 외관점검 조사서

<table>
<tr><td colspan="13">□ 일반사항</td></tr>
<tr><td colspan="4">종　류 :</td><td colspan="3">형식 :</td><td colspan="6">점검일시 :</td></tr>
<tr><td colspan="7">국가지점번호 :</td><td colspan="6">점 검 자 :</td></tr>
<tr><td colspan="6">소 재 지</td><td colspan="7">시 설 제 원</td></tr>
<tr><td>도</td><td>시·군</td><td>읍·면</td><td>리·동</td><td>지번
(속칭)</td><td>시설
년도</td><td>종류</td><td>주요 구조물</td><td>가로
(m)</td><td>세로
(m)</td><td colspan="3">해안과의 거리
(m)</td></tr>
<tr><td></td><td></td><td></td><td></td><td></td><td></td><td>방재림
침식
방지</td><td></td><td></td><td></td><td colspan="3"></td></tr>
<tr><td colspan="2">주요 구조물
위치정보(WGS84)</td><td>(N)</td><td colspan="3">°　′　″</td><td>(E)</td><td colspan="6">°　′　″</td></tr>
</table>

□ 점 검 표

<table>
<tr><td></td><td></td><td></td><td>양호</td><td>관찰
필요</td><td>불량</td></tr>
<tr><td rowspan="2">해안
방재
림</td><td>주요
구조물</td><td>파손, 유실, 변형, 마모, 부식, 체결부 등 부속시설 상태, 기타사항
(　　　　　　　　　　　　　　　　　　　　　　　　　)</td><td></td><td></td><td></td></tr>
<tr><td>방재림</td><td>식재목 생육 상태, 밀도 등</td><td></td><td></td><td></td></tr>
<tr><td rowspan="2">해안
침식
방지</td><td>주요
구조물</td><td>파손, 변형, 균열, 누수, 기초부 세굴, 콘크리트·박리·박락·백화·마모, 석재 유실·이격·풍화, 배수시설 상태, 기타사항 (　　　　　　　　　　　　　　　　　　)</td><td></td><td></td><td></td></tr>
<tr><td>해안</td><td>해안의 침식 정도</td><td></td><td></td><td></td></tr>
<tr><td colspan="6">종합 의견</td></tr>
<tr><td colspan="6"></td></tr>
<tr><td colspan="3">외관점검 등급</td><td colspan="3">양호 / 관찰필요 / 불량</td></tr>
<tr><td colspan="3">조치사항</td><td colspan="3">보수 / 정밀점검</td></tr>
<tr><td colspan="3">사방지 지정 해제 가능 여부</td><td colspan="3">해제가능 / 유지</td></tr>
</table>

【별표 8】

콘크리트 사방댐 정밀점검 조사서

□ 일반사항		
종 류 :	형식 :	점검일시 :
사방댐관리번호 :		점 검 자 :
국가지점번호 :		

소 재 지					시 설 제 원						
도	시·군	읍·면	리·동	지번 (속칭)	시설 년도	상장 (m)	하장 (m)	높이(m) 전고	높이(m) 유효고	천단폭	시공비 (천원)

산사태정보시스템 위치정보 (WGS84)				측벽			
북위		동경		길이		높이	
현지계측 위치정보 (WGS84)				물받이			
북위		동경		가로		세로	

□ 정밀점검 평가표

항목	결함사항	평가기준 및 배점			평가점수
본댐 (70)	1. 파손, 변형 (25)	5% 미만	5~15% 미만	15% 이상	
		0	20	25	
	2. 균열, 누수 (20)	균열 5% 미만	균열 5~15% 미만	균열 15% 이상	
		가로균열이 댐길이의 10% 미만	가로균열이 댐길이의 10~30% 미만	가로균열이 댐길이의 30% 이상	
		세로균열이 유효고의 10% 미만	세로균열이 유효고의 10~30% 미만	세로균열이 유효고의 30% 이상	
		누수 없음	누수흔적 관찰	누수 관찰	
		0	15	20	
	3. 기초부 세굴, 물받이와의 유탈 (15)	양호 (보수 및 보강 불필요)	보통 (경미결함 보수필요)	불량 (중대결함 보강필요)	
		0	10	15	
	4. 택1 콘크리트: 박리, 박락, 백화, 마모 (5)	5% 미만	5~20% 미만	20% 이상	
		0	3	5	
	4. 택1 전석붙임: 이격, 유실, 풍화 및 채움콘크리트 열화 (5)	5% 미만	5~20% 미만	20% 이상	
		0	3	5	
	5. 수문시설 상태 등 기타사항	양호 (보수 및 보강 불필요)	보통 (경미결함 보수필요)	불량 (중대결함 보강필요)	
		0	3	5	
측벽 (15)	1. 파손, 변형 (7)	5% 미만	5~20% 미만	20% 이상	
		0	5	7	
	2. 균열, 누수 (5)	균열 5% 미만	균열 5~20% 미만	균열 20% 이상	
		누수 없음	누수흔적 관찰	누수 관찰	
		0	3	5	
	3. 기초부 세굴, 물받이 및 수직벽(앞댐)과의 유탈, 재료의 상태 등 기타사항 (3)	양호 (보수 및 보강 불필요)	보통 (경미결함 보수필요)	불량 (중대결함 보강필요)	
		0	2	3	

물받이 또는 물방석 (15)	1. 파손, 변형 (7)	5% 미만	5~20% 미만	20% 이상
		0	5	7
	2. 기초부 세굴, 수직벽 (앞댐)과의 유탈 (5)	양호 (보수 및 보강 불필요)	보통 (경미결함 보수필요)	불량 (중대결함 보강필요)
		0	3	5
	3. 균열, 재료의 상태 등 기타 사항 (3)	균열 5% 미만	균열 5~20% 미만	균열 20% 이상
		재료의 상태 양호	재료의 상태 보통	재료의 상태 불량
		0	2	3
조사자 보정 (±10)	경미한 결함으로서 조치 불필요	경미한 결함으로서 간단한 조치 필요	중대한 결함이지만 단순한 조치 필요	중대한 결함이 있거나 경미한 결함이 다수 존재하여 반드시 조치 필요
	-10	-5	+5	+10
합계 (110)				

비파괴 검사	콘크리트 압축강도 (슈미트해머)	설계기준강도 21MPa 이상	설계기준강도 21MPa 미만
		만족	미달 (등급 조정 가능)
	콘크리트 균열깊이 (초음파탐상)	부재 두께의 50% 미만	부재 두께의 50% 이상
		만족	미달 (등급 조정 가능)

□ 사방댐 준설 평가표

인 자	인자 실측치		가중치	준설 기준값 (계수×가중치)
	구분기준	계 수		
1. 현재 저사량 (저사고)	① 고 (80% 이상) ② 중 (50%~79%) ③ 저 (50% 미만)	2.5 1.6 1.0	3.4	
2. 생활권 (주요 보호 시설과의 거리)	① 단 (500m 이하) ② 중 (501m~999m) ③ 장 (1000m 이상)	2.5 1.6 1.0	2.8	
3. 계상물매	① 급 (10% 이상) ② 경 (5%~9%) ③ 완 (5% 미만)	2.5 1.6 1.0	1.6	
4. 토석이동량	① 다 (70% 이상) ② 중 (30%~69%) ③ 소 (30% 미만)	2.5 1.6 1.0	1.2	
총 점 (인자별 준설기준 값의 합) : 점				
사방댐 준설여부 판정 (총점 기준)				
준설시행 (17점 이상)		준설불요 (17점 미만)		

□ 정밀점검 종합 결과

점검자 종합의견

종합점수		정밀점검 등급		

정밀점검 등급	A (30 미만)	B (30~70 미만)	C (70 이상)	D (70 이상)	E (70 이상)
	유지 또는 필요시 보수	보완·보수	보강·개량	안전진단	추가시공 또는 철거후 재·대체시공

□ 현장조사 상세도

본체 정면 (반수면)	본체 물받이 면

본체 배면 (대수면)	본체 둑 천단 (댐둑마루)

본체 우측면 (측벽)	본체 좌측면 (측벽)

기타 사항	기타 사항

□ 콘크리트 압축강도 시험 (슈미트헤머)

<table>
<tr><td rowspan="5">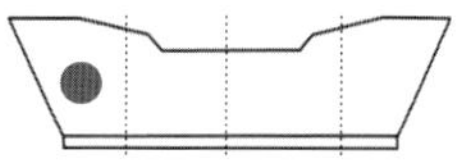
<콘크리트 1></td><td>①</td><td>②</td><td>③</td><td>④</td><td>⑤</td><td rowspan="20">시험
결과
(평균값
중
최소값
택1)</td></tr>
<tr><td>⑥</td><td>⑦</td><td>⑧</td><td>⑨</td><td>⑩</td></tr>
<tr><td>⑪</td><td>⑫</td><td>⑬</td><td>⑭</td><td>⑮</td></tr>
<tr><td>⑯</td><td>⑰</td><td>⑱</td><td>⑲</td><td>⑳</td></tr>
<tr><td>평균값</td><td colspan="4"></td></tr>
<tr><td rowspan="5">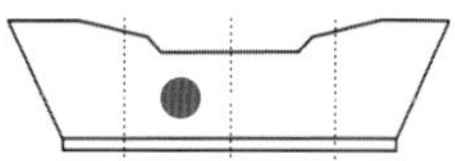
<콘크리트 2></td><td>①</td><td>②</td><td>③</td><td>④</td><td>⑤</td></tr>
<tr><td>⑥</td><td>⑦</td><td>⑧</td><td>⑨</td><td>⑩</td></tr>
<tr><td>⑪</td><td>⑫</td><td>⑬</td><td>⑭</td><td>⑮</td></tr>
<tr><td>⑯</td><td>⑰</td><td>⑱</td><td>⑲</td><td>⑳</td></tr>
<tr><td>평균값</td><td colspan="4"></td></tr>
<tr><td rowspan="5">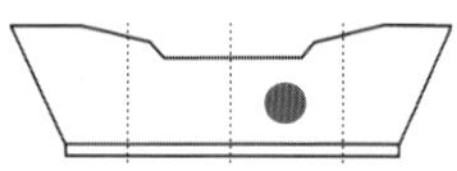
<콘크리트 3></td><td>①</td><td>②</td><td>③</td><td>④</td><td>⑤</td></tr>
<tr><td>⑥</td><td>⑦</td><td>⑧</td><td>⑨</td><td>⑩</td></tr>
<tr><td>⑪</td><td>⑫</td><td>⑬</td><td>⑭</td><td>⑮</td></tr>
<tr><td>⑯</td><td>⑰</td><td>⑱</td><td>⑲</td><td>⑳</td></tr>
<tr><td>평균값</td><td colspan="4"></td></tr>
<tr><td rowspan="5">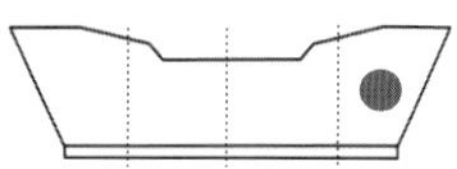
<콘크리트 4></td><td>①</td><td>②</td><td>③</td><td>④</td><td>⑤</td></tr>
<tr><td>⑥</td><td>⑦</td><td>⑧</td><td>⑨</td><td>⑩</td></tr>
<tr><td>⑪</td><td>⑫</td><td>⑬</td><td>⑭</td><td>⑮</td></tr>
<tr><td>⑯</td><td>⑰</td><td>⑱</td><td>⑲</td><td>⑳</td></tr>
<tr><td>평균값</td><td colspan="4"></td></tr>
</table>

□ 콘크리트 균열깊이 측정 (초음파탐상)

<table>
<tr><td rowspan="5">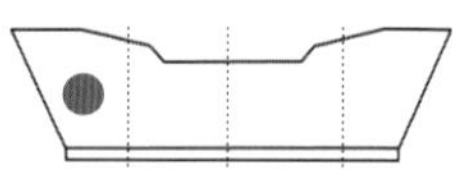
<콘크리트 1></td><td>①</td><td>②</td><td>③</td><td>④</td><td>⑤</td><td rowspan="20">시험
결과
(평균값
중
최소값
택1)</td></tr>
<tr><td>⑥</td><td>⑦</td><td>⑧</td><td>⑨</td><td>⑩</td></tr>
<tr><td>⑪</td><td>⑫</td><td>⑬</td><td>⑭</td><td>⑮</td></tr>
<tr><td>⑯</td><td>⑰</td><td>⑱</td><td>⑲</td><td>⑳</td></tr>
<tr><td>평균값</td><td colspan="4"></td></tr>
<tr><td rowspan="5">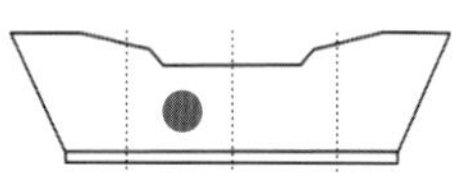
<콘크리트 2></td><td>①</td><td>②</td><td>③</td><td>④</td><td>⑤</td></tr>
<tr><td>⑥</td><td>⑦</td><td>⑧</td><td>⑨</td><td>⑩</td></tr>
<tr><td>⑪</td><td>⑫</td><td>⑬</td><td>⑭</td><td>⑮</td></tr>
<tr><td>⑯</td><td>⑰</td><td>⑱</td><td>⑲</td><td>⑳</td></tr>
<tr><td>평균값</td><td colspan="4"></td></tr>
<tr><td rowspan="5">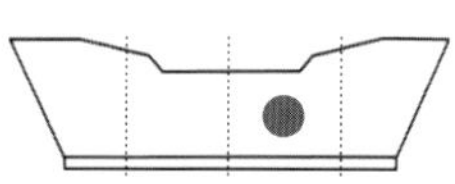
<콘크리트 3></td><td>①</td><td>②</td><td>③</td><td>④</td><td>⑤</td></tr>
<tr><td>⑥</td><td>⑦</td><td>⑧</td><td>⑨</td><td>⑩</td></tr>
<tr><td>⑪</td><td>⑫</td><td>⑬</td><td>⑭</td><td>⑮</td></tr>
<tr><td>⑯</td><td>⑰</td><td>⑱</td><td>⑲</td><td>⑳</td></tr>
<tr><td>평균값</td><td colspan="4"></td></tr>
<tr><td rowspan="5">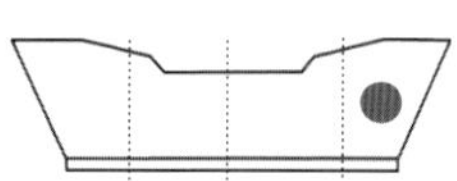
<콘크리트 4></td><td>①</td><td>②</td><td>③</td><td>④</td><td>⑤</td></tr>
<tr><td>⑥</td><td>⑦</td><td>⑧</td><td>⑨</td><td>⑩</td></tr>
<tr><td>⑪</td><td>⑫</td><td>⑬</td><td>⑭</td><td>⑮</td></tr>
<tr><td>⑯</td><td>⑰</td><td>⑱</td><td>⑲</td><td>⑳</td></tr>
<tr><td>평균값</td><td colspan="4"></td></tr>
</table>

※ 초음파탐상의 측정은 주요 균열부위에서 실시하며 균열이 없는 경우 생략 가능함.

□ 현장사진

전경	대수면
반수면	측벽
물받이	기타 등

【별표 9】

석재 사방댐 정밀점검 조사서

□ 일반사항

종 류 :	형식 :	점검일시 :
사방댐관리번호 :		점 검 자 :
국가지점번호 :		

소 재 지					시 설 제 원							
도	시·군	읍·면	리·동	지번 (속칭)	시설 년도	상장 (m)	하장 (m)	높이(m)		천단폭	시공비 (천원)
								전고	유효고		

산사태정보시스템 위치정보 (WGS84)				측벽			
북위		동경		길이		높이	
현지계측 위치정보 (WGS84)				**물받이**			
북위	1	동경		가로		세로	

□ 정밀점검 평가표

항목	결함사항	평가기준 및 배점			평가 점수
본댐 (70)	1. 파손, 변형 (25)	5% 미만	5~15% 미만	15% 이상	
		0	20	25	
	2. 균열, 누수 (20)	균열 5% 미만	균열 5~15% 미만	균열 15% 이상	
		가로균열이 댐길이의 10% 미만	가로균열이 댐길이의 10~30% 미만	가로균열이 댐길이의 30% 이상	
		세로균열이 유효고의 10% 미만	세로균열이 유효고의 10~30% 미만	세로균열이 유효고의 30% 이상	
		누수 없음	누수흔적 관찰	누수 관찰	
		0	15	20	
	3. 기초부 세굴, 물받이와의 유탈 (15)	양호 (보수 및 보강 불필요)	보통 (경미결함 보수필요)	불량 (중대결함 보강필요)	
		0	10	15	
	4. 석재의 이격, 유실, 풍화 (5)	5% 미만	5~15% 미만	15% 이상	
		0	3	5	
	5. 채움콘크리트, 방수로 상태, 수문시설 상태 등 기타 사항 (5)	양호 (보수 및 보강 불필요)	보통 (경미결함 보수필요)	불량 (중대결함 보강필요)	
		0	3	5	
측벽 (15)	1. 파손, 변형 (7)	5% 미만	5~20% 미만	20% 이상	
		0	5	7	
	2. 균열, 누수 (5)	균열 5% 미만	균열 5~20% 미만	균열 20% 이상	
		누수 없음	누수흔적 관찰	누수 관찰	
		0	3	5	
	3. 기초부 세굴, 물받이 및 수직벽(앞댐)과의 유탈, 재료의 상태 등 기타사항 (3)	양호 (보수 및 보강 불필요)	보통 (경미결함 보수필요)	불량 (중대결함 보강필요)	
		0	2	3	

물받이 또는 물방석 (15)	1. 파손, 변형 (7)	5% 미만	5~20% 미만	20% 이상	
		0	5	7	
	2. 기초부 세굴, 수직벽(앞댐)과의 유탈 (5)	양호 (보수 및 보강 불필요)	보통 (경미결함 보수필요)	불량 (중대결함 보강필요)	
		0	3	5	
	3. 균열, 재료의 상태 등 기타 사항 (3)	균열 5% 미만	균열 5~20% 미만	균열 20% 이상	
		재료의 상태 양호	재료의 상태 보통	재료의 상태 불량	
		0	2	3	
조사자 보정 (±10)	경미한 결함으로서 조치 불필요	경미한 결함으로서 간단한 조치 필요	중대한 결함이지만 단순한 조치 필요	중대한 결함이 있거나 경미한 결함이 다수 존재하여 반드시 조치 필요	
	-10	-5	+5	+10	
합계 (110)					
비파괴 검사	전석 압축강도 (슈미트해머)	압축강도 50MPa 이상	압축강도 50MPa 미만		
		만족	미달 (등급 조정 가능)		
	채움콘크리트 압축강도 (초음파탐상)	압축강도 11MPa 이상	압축강도 11MPa 미만		
		만족	미달 (등급 조정 가능)		

▫ 사방댐 준설 평가표

인 자	인자 실측치		가중치	준설 기준값 (계수×가중치)	
	구분기준	계 수			
1. 현재 저사량 (저사고)	① 고 (80% 이상)	2.5	3.4		
	② 중 (50%~79%)	1.6			
	③ 저 (50% 미만)	1.0			
2. 생활권 (주요 보호 시설과의 거리)	① 단 (500m 이하)	2.5	2.8		
	② 중 (501m~999m)	1.6			
	③ 장 (1000m 이상)	1.0			
3. 계상물매	① 급 (10% 이상)	2.5	1.6		
	② 경 (5%~9%)	1.6			
	③ 완 (5% 미만)	1.0			
4. 토석이동량	① 다 (70% 이상)	2.5	1.2		
	② 중 (30%~69%)	1.6			
	③ 소 (30% 미만)	1.0			
총 점 (인자별 준설기준 값의 합) : 점					
사방댐 준설여부 판정 (총점 기준)					
준설시행 (17점 이상)			준설불요 (17점 미만)		

▫ 정밀점검 종합 결과

점검자 종합의견					
종합점수			정밀점검 등급		
정밀점검 등급	A (30 미만)	B (30~70 미만)	C (70 이상)	D (70 이상)	E (70 이상)
	유지 또는 필요시 보수	보완·보수	보강·개량	안전진단	추가시공 또는 철거후 재·대체시공

□ 현장조사 상세도

본체 정면 (반수면)	본체 물받이 면
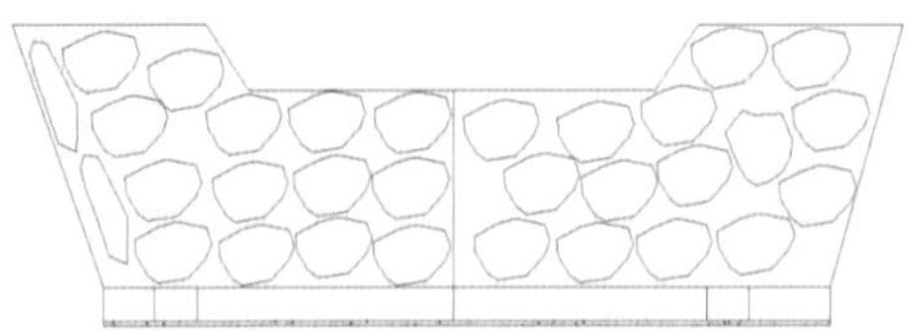	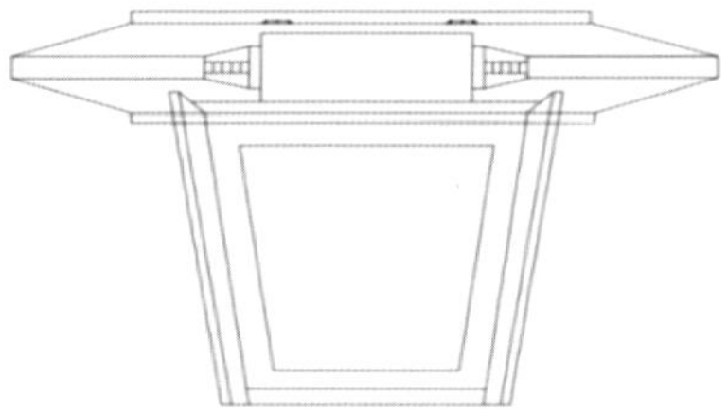
본체 배면 (대수면)	본체 둑 천단 (댐둑마루)
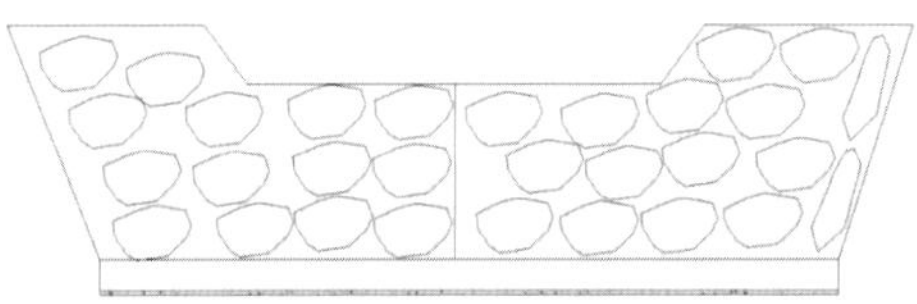	
본체 우측면 (측벽)	본체 좌측면 (측벽)
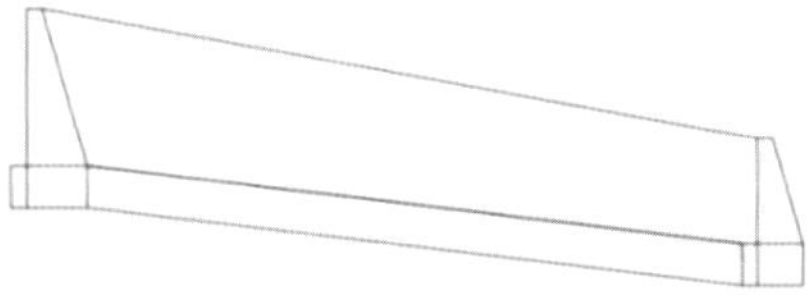	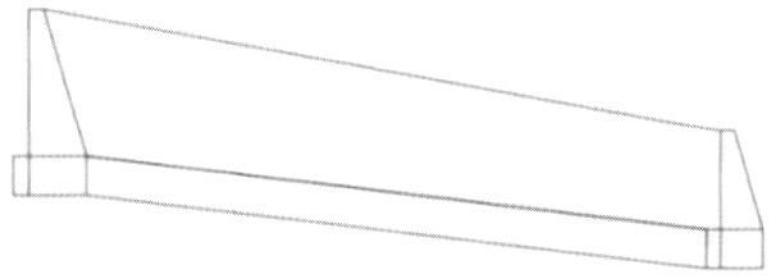
기타 사항	기타 사항

□ 전석 압축강도 시험 (슈미트해머)						
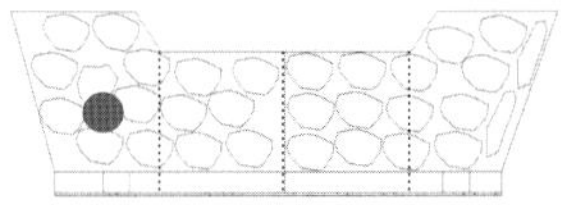	①	②	③	④	⑤	시험 결과 (평균값 중 최소값 택1)
	⑥	⑦	⑧	⑨	⑩	
	⑪	⑫	⑬	⑭	⑮	
	⑯	⑰	⑱	⑲	⑳	
<전석 1>	평균값					
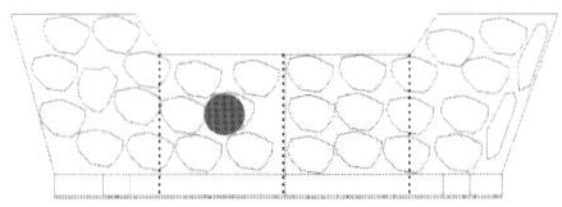	①	②	③	④	⑤	
	⑥	⑦	⑧	⑨	⑩	
	⑪	⑫	⑬	⑭	⑮	
	⑯	⑰	⑱	⑲	⑳	
<전석 2>	평균값					
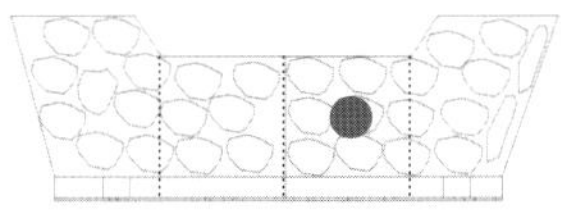	①	②	③	④	⑤	
	⑥	⑦	⑧	⑨	⑩	
	⑪	⑫	⑬	⑭	⑮	
	⑯	⑰	⑱	⑲	⑳	
<전석 3>	평균값					
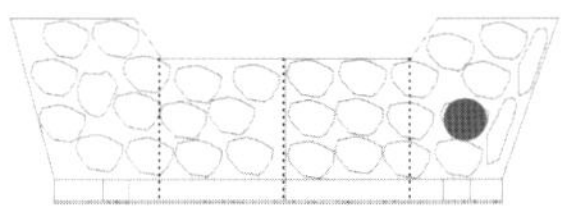	①	②	③	④	⑤	
	⑥	⑦	⑧	⑨	⑩	
	⑪	⑫	⑬	⑭	⑮	
	⑯	⑰	⑱	⑲	⑳	
<전석 4>	평균값					

※ 전석의 압축강도 시험은 span별 부재의 상태가 불량한 전석을 선별하여 수행

□ 채움콘크리트 압축강도 시험 (초음파탐상)						
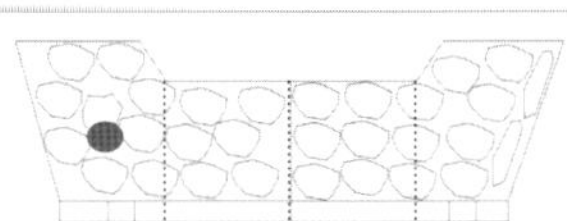	①	②	③	④	⑤	시험 결과 (평균값 중 최소값 택1)
	⑥	⑦	⑧	⑨	⑩	
	⑪	⑫	⑬	⑭	⑮	
	⑯	⑰	⑱	⑲	⑳	
<채움콘크리트 1>	평균값					
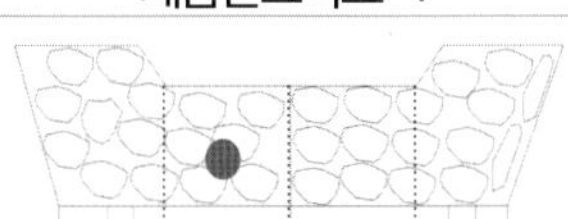	①	②	③	④	⑤	
	⑥	⑦	⑧	⑨	⑩	
	⑪	⑫	⑬	⑭	⑮	
	⑯	⑰	⑱	⑲	⑳	
<채움콘크리트 2>	평균값					
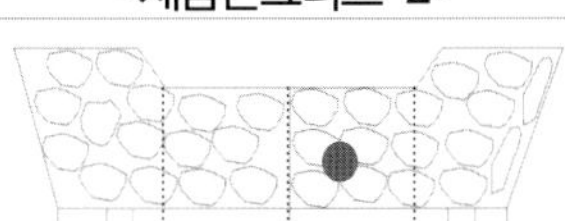	①	②	③	④	⑤	
	⑥	⑦	⑧	⑨	⑩	
	⑪	⑫	⑬	⑭	⑮	
	⑯	⑰	⑱	⑲	⑳	
<채움콘크리트 3>	평균값					
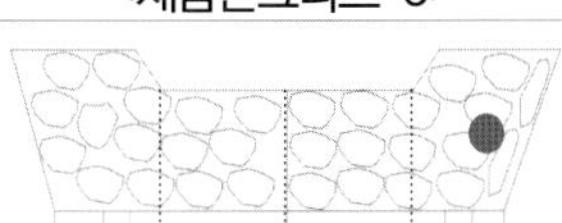	①	②	③	④	⑤	
	⑥	⑦	⑧	⑨	⑩	
	⑪	⑫	⑬	⑭	⑮	
	⑯	⑰	⑱	⑲	⑳	
<채움콘크리트 4>	평균값					

※ 채움콘크리트 압축강도 시험은 전용 탐촉자를 사용하여야 함

□ 현장사진

전경	대수면
반수면	측벽
물받이	기타 등

【별표 10】

강재 사방댐 정밀점검 조사서

□ 일반사항

종 류 :			형식 :		점검일시 :						
사방댐관리번호 :					점 검 자 :						
국가지점번호 :											
소 재 지					시 설 제 원						
도	시·군	읍·면	리·동	지번(속칭)	시설년도	상장(m)	하장(m)	높이(m) 전고	높이(m) 유효고	천단폭	시공비(천원)
산사태정보시스템 위치정보 (WGS84)					측벽						
북위		동경			길이			높이			
현지계측 위치정보 (WGS84)					물받이						
북위		동경			가로			세로			

□ 정밀점검 평가표

항목	결함사항		평가기준 및 배점			평가점수
본댐 (70) 각각 평가 후 높은 점수 적용	강재 (70)	1. 파손, 변형 (30)	5% 미만	5~15% 미만	15% 이상	
			0	25	30	
		2. 앵커, 볼트, 접합부 등 부속시설 상태 (20)	양호 (보수 및 보강 불필요)	보통 (경미결함 보수필요)	불량 (중대결함 보강필요)	
			0	15	20	
		3. 부식, 도장 손실 등 기타사항 (20)	5% 미만	5~20% 미만	20% 이상	
			0	15	20	
	콘크리트 (70)	1. 파손, 변형 (25)	5% 미만	5~15% 미만	15% 이상	
			0	20	25	
		2. 균열, 누수 (20)	균열 5% 미만	균열 5~15% 미만	균열 15% 이상	
			가로균열이 댐길이의 10% 미만	가로균열이 댐길이의 10~30% 미만	가로균열이 댐길이의 30% 이상	
			세로균열이 유효고의 10% 미만	세로균열이 유효고의 10~30% 미만	세로균열이 유효고의 30% 이상	
			누수 없음	누수흔적 관찰	누수 관찰	
			0	15	20	
		3. 기초부 세굴, 물받이과의 유탈 (15)	양호 (보수 및 보강 불필요)	보통 (경미결함 보수필요)	불량 (중대결함 보강필요)	
			0	10	15	
		4. 택1 콘크리트: 박리, 박락, 백화, 마모 (5)	5% 미만	5~20% 미만	20% 이상	
			0	3	5	
		4. 택1 전석붙임: 이격, 유실, 풍화 및 채움콘크리트 열화 (5)	5% 미만	5~20% 미만	20% 이상	
			0	3	5	
		5. 수문시설 상태 등 기타 사항 (5)	양호 (보수 및 보강 불필요)	보통 (경미결함 보수필요)	불량 (중대결함 보강필요)	
			0	3	5	
측벽 (15)	1. 파손, 변형 (7)		5% 미만	5~20% 미만	20% 이상	
			0	5	7	
	2. 균열, 누수 (5)		균열 5% 미만	균열 5~20% 미만	균열 20% 이상	
			누수 없음	누수흔적 관찰	누수 관찰	
			0	3	5	
	3. 기초부 세굴, 물받이 및 수직벽(앞댐)과의 유탈, 재료의 상태 등 기타사항 (3)		양호 (보수 및 보강 불필요)	보통 (경미결함 보수필요)	불량 (중대결함 보강필요)	
			0	2	3	

물받이 또는 물방석 (15)	1. 파손, 변형 (7)	5% 미만	5~20% 미만	20% 이상	
		0	5	7	
	2. 기초부 세굴, 수직벽(앞댐)과의 유탈 (5)	양호 (보수 및 보강 불필요)	보통 (경미결함 보수필요)	불량 (중대결함 보강필요)	
		0	3	5	
	3. 균열, 재료의 상태 등 기타 사항 (3)	균열 5% 미만	균열 5~20% 미만	균열 20% 이상	
		재료의 상태 양호	재료의 상태 보통	재료의 상태 불량	
		0	2	3	
소사사 보정 (±10)	경미한 결함으로서 조치 불필요	경미한 결함으로서 간단한 조치 필요	중대한 결함이지만 단순한 조치 필요	중대한 결함이 있거나 경미한 결함이 다수 존재하여 반드시 조치 필요	
	-10	-5	+5	+10	
합계 (110)					
비파괴 검사	콘크리트 압축강도 (슈미트해머)	설계기준강도 21MPa 이상		설계기준강도 21MPa 미만	
		만족		미달 (등급 조정 가능)	
	콘크리트 균열깊이 (초음파탐상)	콘크리트 폭의 50% 미만		콘크리트 폭의 50% 이상	
		만족		미달 (등급 조정 가능)	
	강재두께 (초음파탐상)	강재 : 설계 두께 이상		강재 : 설계 두께 미만	
		만족		미달 (등급 조정 가능)	

□ 사방댐 준설 평가표

인 자	인자 실측치		가중치	준설 기준값 (계수×가중치)	
	구분기준	계 수			
1. 현재 저사량 (저사고)	① 고 (80% 이상) ② 중 (50%~79%) ③ 저 (50% 미만)	2.5 1.6 1.0	3.4		
2. 생활권 (주요 보호시설과의 거리)	① 단 (500m 이하) ② 중 (501m~999m) ③ 장 (1000m 이상)	2.5 1.6 1.0	2.8		
3. 계상물매	① 급 (10% 이상) ② 경 (5%~9%) ③ 완 (5% 미만)	2.5 1.6 1.0	1.6		
4. 토석이동량	① 다 (70% 이상) ② 중 (30% ~ 69%) ③ 소 (30% 미만)	2.5 1.6 1.0	1.2		
총 점 (인자별 준설기준 값의 합) : 점					
사방댐 준설여부 판정 (총점 기준)					
준설시행 (17점 이상)			준설불요 (17점 미만)		

□ 정밀점검 종합 결과

점검자 종합의견					
종합점수			정밀점검 등급		
정밀점검 등급	A (30 미만)	B (30~70 미만)	C (70 이상)	D (70 이상)	E (70 이상)
	유지 또는 필요시 보수	보완·보수	보강·개량	안전진단	추가시공 또는 철거후 재·대체시공

□ 현장조사 상세도

본체 정면 (반수면)	본체 물받이 면
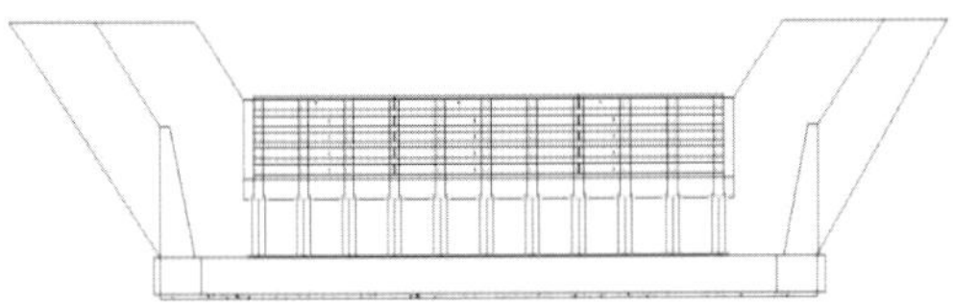	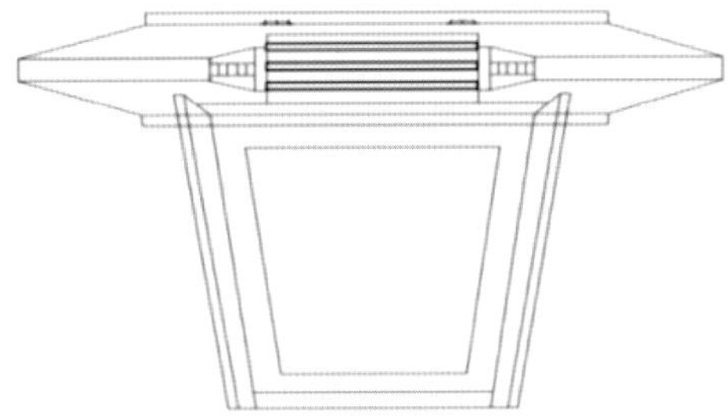
본체 배면 (대수면)	본체 둑 천단 (댐둑마루)
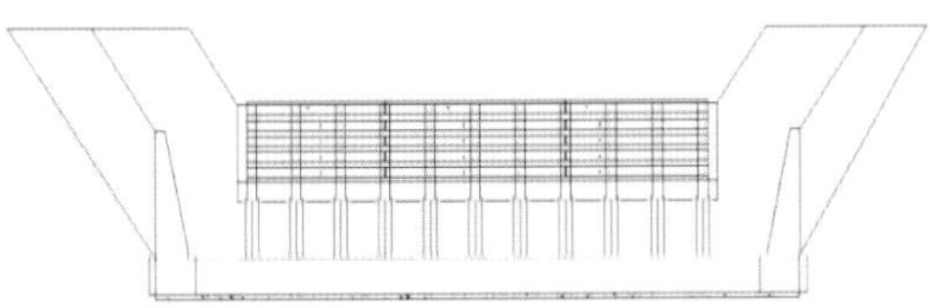	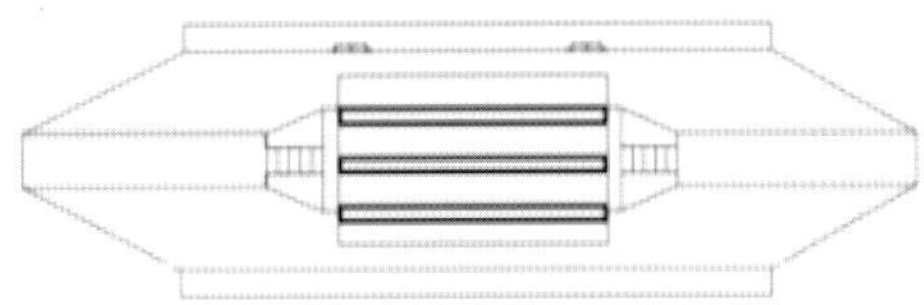
본체 우측면 (측벽)	본체 좌측면 (측벽)
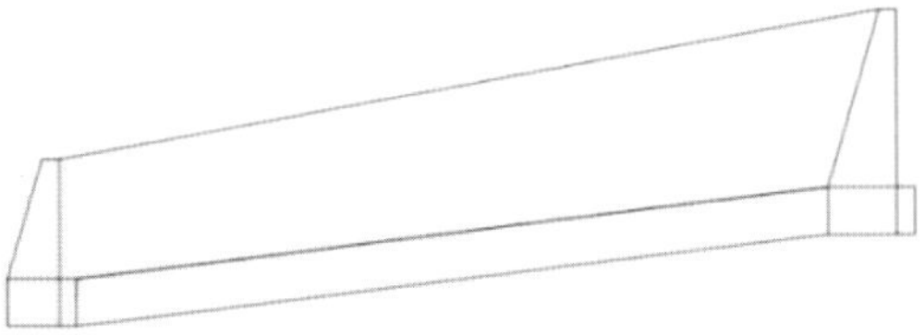	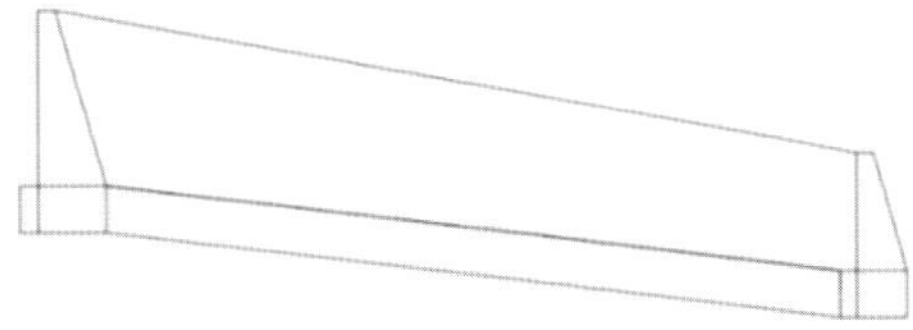
기타 사항	기타 사항

□ 콘크리트 압축강도 시험 (슈미트헤머)

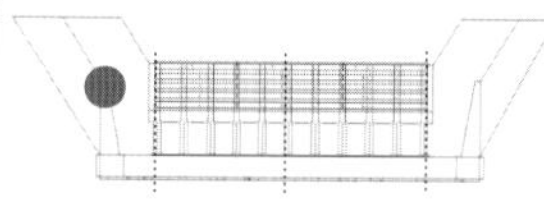 <콘크리트 1>	①	②	③	④	⑤	시험 결과 (평균값 중 최소값 택1)
	⑥	⑦	⑧	⑨	⑩	
	⑪	⑫	⑬	⑭	⑮	
	⑯	⑰	⑱	⑲	⑳	
	평균값					
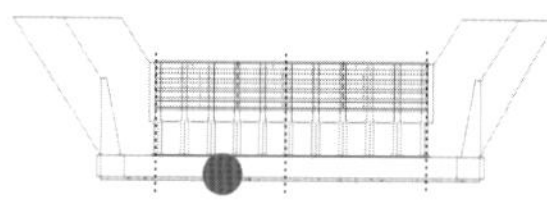 <콘크리트 2>	①	②	③	④	⑤	
	⑥	⑦	⑧	⑨	⑩	
	⑪	⑫	⑬	⑭	⑮	
	⑯	⑰	⑱	⑲	⑳	
	평균값					
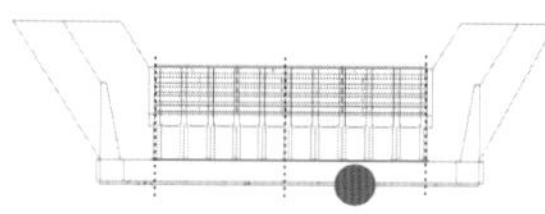 <콘크리트 3>	①	②	③	④	⑤	
	⑥	⑦	⑧	⑨	⑩	
	⑪	⑫	⑬	⑭	⑮	
	⑯	⑰	⑱	⑲	⑳	
	평균값					
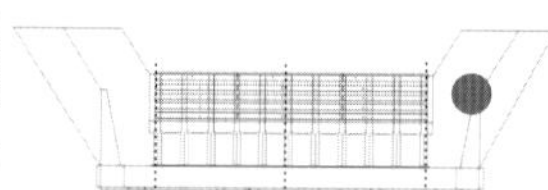 <콘크리트 4>	①	②	③	④	⑤	
	⑥	⑦	⑧	⑨	⑩	
	⑪	⑫	⑬	⑭	⑮	
	⑯	⑰	⑱	⑲	⑳	
	평균값					

□ 콘크리트 균열깊이 측정 (초음파탐상)

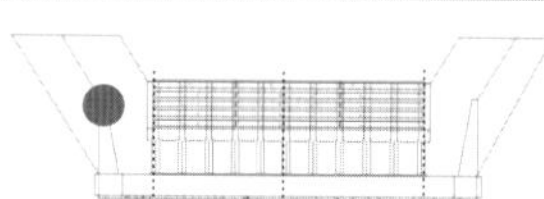 <콘크리트 1>	①	②	③	④	⑤	시험 결과 (평균값 중 최소값 택1)
	⑥	⑦	⑧	⑨	⑩	
	⑪	⑫	⑬	⑭	⑮	
	⑯	⑰	⑱	⑲	⑳	
	평균값					
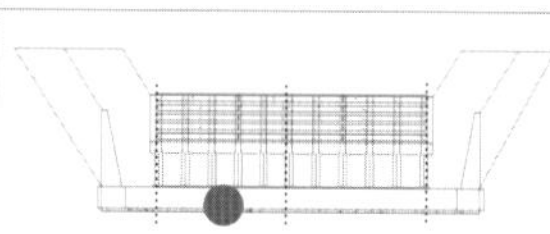 <콘크리트 2>	①	②	③	④	⑤	
	⑥	⑦	⑧	⑨	⑩	
	⑪	⑫	⑬	⑭	⑮	
	⑯	⑰	⑱	⑲	⑳	
	평균값					
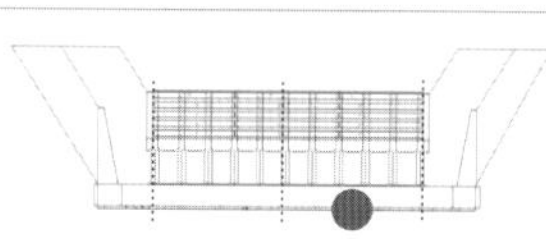 <콘크리트 3>	①	②	③	④	⑤	
	⑥	⑦	⑧	⑨	⑩	
	⑪	⑫	⑬	⑭	⑮	
	⑯	⑰	⑱	⑲	⑳	
	평균값					
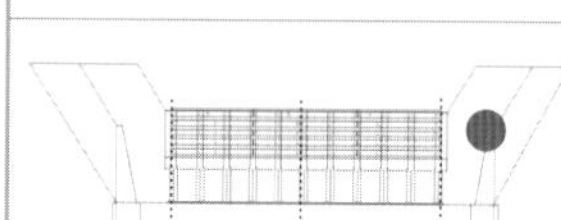 <콘크리트 4>	①	②	③	④	⑤	
	⑥	⑦	⑧	⑨	⑩	
	⑪	⑫	⑬	⑭	⑮	
	⑯	⑰	⑱	⑲	⑳	
	평균값					

<table>
<tr><td colspan="7">□ 강재 종부재 두께 측정 (초음파탐상)</td></tr>
<tr><td rowspan="3">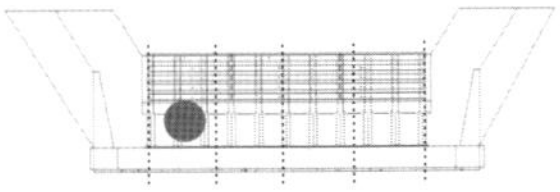
<강재 종부재 1></td><td>①</td><td>②</td><td>③</td><td>④</td><td>⑤</td><td rowspan="12">시험 결과 (평균값 중 최소값 택1)</td></tr>
<tr><td>⑥</td><td>⑦</td><td>⑧</td><td>⑨</td><td>⑩</td></tr>
<tr><td>평균값</td><td colspan="4"></td></tr>
<tr><td rowspan="3">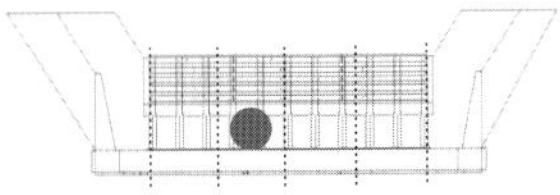
<강재 종부재 2></td><td>①</td><td>②</td><td>③</td><td>④</td><td>⑤</td></tr>
<tr><td>⑥</td><td>⑦</td><td>⑧</td><td>⑨</td><td>⑩</td></tr>
<tr><td>평균값</td><td colspan="4"></td></tr>
<tr><td rowspan="3">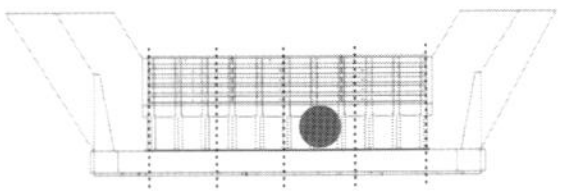
<강재 종부재 3></td><td>①</td><td>②</td><td>③</td><td>④</td><td>⑤</td></tr>
<tr><td>⑥</td><td>⑦</td><td>⑧</td><td>⑨</td><td>⑩</td></tr>
<tr><td>평균값</td><td colspan="4"></td></tr>
<tr><td rowspan="3">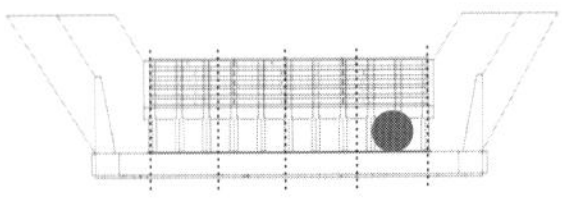
<강재 종부재 4></td><td>①</td><td>②</td><td>③</td><td>④</td><td>⑤</td></tr>
<tr><td>⑥</td><td>⑦</td><td>⑧</td><td>⑨</td><td>⑩</td></tr>
<tr><td>평균값</td><td colspan="4"></td></tr>
</table>

□ 현장사진

전경	대수면
반수면	측벽
물받이	기타 등

【별표 11】

산지사방 정밀점검 조사서

□ 일반사항

<table>
<tr><td colspan="3">사방사업명 :</td><td colspan="2">지정면적 : (ha/m²)</td><td colspan="3">점검일시 :</td></tr>
<tr><td colspan="5">사방시설관리번호 :</td><td colspan="3">점 검 자 :</td></tr>
<tr><td colspan="5">국 가 지 점 번 호 :</td><td colspan="3"></td></tr>
<tr><td colspan="5">소 재 지</td><td colspan="3">시 설 내 역</td></tr>
<tr><td>도</td><td>시·군</td><td>읍·면</td><td>리·동</td><td>지번
(속칭)</td><td>시설
년도</td><td>주요공작물 (시설명)</td><td>시공비
(천원)</td></tr>
<tr><td></td><td></td><td></td><td></td><td></td><td></td><td></td><td></td></tr>
<tr><td colspan="5">산사태정보시스템 위치정보 (WGS84)</td><td colspan="3">주요시설 1</td></tr>
<tr><td>북위</td><td colspan="2"></td><td>동경</td><td></td><td>길이</td><td></td><td>높이</td></tr>
<tr><td colspan="5">현지계측 위치정보 (WGS84)</td><td colspan="3">주요시설 2</td></tr>
<tr><td>북위</td><td colspan="2"></td><td>동경</td><td></td><td>가로</td><td></td><td>세로</td></tr>
</table>

□ 정밀점검 평가표

<table>
<tr><td>항목</td><td colspan="2">결함사항</td><td colspan="3">평가기준 및 배점</td><td>평가
점수</td></tr>
<tr><td rowspan="24">주요
시설
(50)

각각
평가 후
높은
점수
적용</td><td rowspan="11">석재
구조물
(50)</td><td rowspan="2">1. 파손, 변형
(20)</td><td>5% 미만</td><td>5~15% 미만</td><td>15% 이상</td><td rowspan="2"></td></tr>
<tr><td>0</td><td>15</td><td>20</td></tr>
<tr><td rowspan="3">2. 균열, 누수
(10)</td><td>균열 5% 미만</td><td>균열 5~15%</td><td>균열 15% 이상</td><td rowspan="3"></td></tr>
<tr><td>누수 없음</td><td>누수흔적 관찰</td><td>누수 관찰</td></tr>
<tr><td>0</td><td>7</td><td>10</td></tr>
<tr><td rowspan="2">3. 기초부 세굴
(10)</td><td>양호 (보수 및 보강 불필요)</td><td>보통 (경미결함 보수필요)</td><td>불량 (중대결함 보강필요)</td><td rowspan="2"></td></tr>
<tr><td>0</td><td>7</td><td>10</td></tr>
<tr><td rowspan="2">4. 석재의 이격, 유실, 풍화 및 채움콘크리트 열화 (5)</td><td>양호 (보수 및 보강 불필요)</td><td>보통 (경미결함 보수필요)</td><td>불량 (중대결함 보강필요)</td><td rowspan="2"></td></tr>
<tr><td>0</td><td>3</td><td>5</td></tr>
<tr><td rowspan="2">5. 배수시설, 돌망태 철선, 부속시설 불량 등 기타 사항 (5)</td><td>양호 (보수 및 보강 불필요)</td><td>보통 (경미결함 보수필요)</td><td>불량 (중대결함 보강필요)</td><td rowspan="2"></td></tr>
<tr><td>0</td><td>3</td><td>5</td></tr>
<tr><td rowspan="13">콘크리트
구조물
(50)</td><td rowspan="2">1. 파손, 변형
(20)</td><td>5% 미만</td><td>5~15% 미만</td><td>15% 이상</td><td rowspan="2"></td></tr>
<tr><td>0</td><td>15</td><td>20</td></tr>
<tr><td rowspan="3">2. 균열, 누수
(10)</td><td>균열 5% 미만</td><td>균열 5~15%</td><td>균열 15% 이상</td><td rowspan="3"></td></tr>
<tr><td>누수 없음</td><td>누수흔적 관찰</td><td>누수 관찰</td></tr>
<tr><td>0</td><td>7</td><td>10</td></tr>
<tr><td rowspan="2">3. 기초부 세굴
(10)</td><td>양호 (보수 및 보강 불필요)</td><td>보통 (경미결함 보수필요)</td><td>불량 (중대결함 보강필요)</td><td rowspan="2"></td></tr>
<tr><td>0</td><td>7</td><td>10</td></tr>
<tr><td rowspan="2">4. 택1 콘크리트: 박리, 박락, 백화, 마모 (5)</td><td>5% 미만</td><td>5~20%</td><td>20% 이상</td><td rowspan="4"></td></tr>
<tr><td>0</td><td>3</td><td>5</td></tr>
<tr><td rowspan="2">4. 택1 전석붙임: 이격, 유실, 풍화 및 채움콘크리트 열화 (5)</td><td>5% 미만</td><td>5~20%</td><td>20% 이상</td></tr>
<tr><td>0</td><td>3</td><td>5</td></tr>
<tr><td rowspan="2">5. 배수시설, 부속시설 불량 등 기타 사항 (5)</td><td>양호 (보수 및 보강 불필요)</td><td>보통 (경미결함 보수필요)</td><td>불량 (중대결함 보강필요)</td><td rowspan="2"></td></tr>
<tr><td>0</td><td>3</td><td>5</td></tr>
</table>

※ 산지사방 구조물의 경우 주요 국가 지점번호가 없는 경우 생략

	목재 구조물 (50)		1. 파손, 유실 (20)	5% 미만	5~10% 미만	10% 이상	
				0	15	20	
			2. 변형 (15)	5% 미만	5~10% 미만	10% 이상	
				0	10	15	
			3. 마모, 부식 (10)	5% 미만	5~10% 미만	10% 이상	
				0	5	10	
			4. 체결부, 부속시설 불량 등 기타 사항 (5)	양호 (보수 및 보강 불필요)	보통 (경미결함 보수필요)	불량 (중대결함 보강필요)	
				0	3	5	
	낙석 방지 구조물 (50)	낙석 방지망 (50)	1. 철망의 상태 (25)	양호 (보수 및 보강 불필요)	보통 (경미결함 보수 필요)	불량 (중대결함 보강필요)	
				0	15	25	
			2. 고정핀, 와이어로프, 결속선, 부속시설 상태 등 기타 사항 (25)	양호 (보수 및 보강 불필요)	보통 (경미결함 보수 필요)	불량 (중대결함 보강필요)	
				0	15	25	
		낙석 방지 울타리 (50)	1. 지주 및 콘크리트 기초의 상태 (25)	양호 (보수 및 보강 불필요)	보통 (경미결함 보수필요)	불량 (중대결함 보강필요)	
				0	15	25	
			2. 철망, 와이어로프, 결속선, 부속시설 상태 등 기타 사항 (25)	양호 (보수 및 보강 불필요)	보통 (경미결함 보수필요)	불량 (중대결함 보강필요)	
				0	15	25	
배수시설 (20)	지표수 (10)		1. 산마루측구 등 지표수 배수시설 상태 (10)	양호	불량	미시공, 불충분	
				0	5	10	
	지하수 (10)		1. 수평배수공 등 지하수 배수시설 상태 (10)	양호	불량	미시공, 불충분	
				0	5	10	
사면 상태 (30)			1. 지반변형(땅밀림, 붕괴, 표층유실) 및 녹화공 상태 등 기타 사항 (30)	표면 및 녹화상태 양호	표층유실, 침식, 낙석 등 소규모 발생	표층유실·침식, 땅밀림, 붕괴 등 대규모 발생	
					녹화공 상태 불량	녹화공 미시공, 불충분	
				0	20	30	
조사자보정 (±10)			경미한 결함으로서 조치 불필요	경미한 결함으로서 간단한 조치 필요	중대한 결함이지만 단순한 조치 필요	중대한 결함이 있거나 경미한 결함이 다수 존재하여 반드시 조치 필요	
			-10	-5	+5	+10	
합계 (110)							
비파괴 검사				1. 해당 산지사방의 주 구조물이 콘크리트일 경우 콘크리트 사방댐 비파괴 기준을 따른다. 2. 해당 산지사방의 주 구조물이 전석일 경우 전석 사방댐 비파괴 기준을 따른다. 3. 해당 산지사방의 주 구조물이 강재일 경우 강재 사방댐 비파괴 기준을 따른다.			

□ 정밀점검 종합 결과

점검자 종합의견					
종합점수			정밀점검 등급		
정밀점검 등급	A (30 미만)	B (30~70 미만)	C (70 이상)	D (70 이상)	E (70 이상)
	유지 또는 필요시 보수	보완·보수	보강·개량	안전진단	추가시공 또는 철거후 재·대체시공

□ 현장조사 상세도

사면 정면

사면 측면

기타 사항

□ 현장사진

전경	주요 시설 1
주요 시설 2	사면 상태 1
사면 상태 2	기타 등

【별표 12】

계류보전 정밀점검 조사서

□ 일반사항

사방사업명 :		지정면적 : (ha/m^2)			점검일시 :		
사방시설관리번호 :					점 검 자 :		
국 가 지 점 번호 :							
소 재 지					시 설 내 역		
도	시·군	읍·면	리·동	지번 (속칭)	시설 년도	주요공작물 (시설명)	시공비 (천원)
산사태정보시스템 위치정보 (WGS84)					주요시설 1		
북위		동경			길이		높이
현지계측 위치정보 (WGS84)					주요시설 2		
북위		동경			가로		세로

□ 정밀점검 평가표

항목	결함사항		평가기준 및 배점			평가 점수
주요 시설 (60) 각각 평가 후 높은 점수 적용	석재 구조물 (60)	1. 파손, 변형 (25)	5% 미만	5~15% 미만	15% 이상	
			0	20	25	
		2. 기초부 세굴 (20)	양호 (보수 및 보강 불필요)	보통 (경미결함 보수 필요)	불량 (중대결함 보강필요)	
			0	15	20	
		3. 균열, 석재의 이격·유실·풍화 (10)	5% 미만	5~15% 미만	15% 이상	
			0	7	10	
		4. 배수시설, 돌망태 철선, 채움콘크리트 열화, 부속시설 불량 등 기타 사항 (5)	양호 (보수 및 보강 불필요)	보통 (경미결함 보수 필요)	불량 (중대결함 보강필요)	
			0	3	5	
	콘크리트 구조물 (60)	1. 파손, 변형 (25)	5% 미만	5~15% 미만	15% 이상	
			0	20	25	
		2. 기초부 세굴 (20)	양호 (보수 및 보강 불필요)	보통 (경미결함 보수 필요)	불량 (중대결함 보강필요)	
		3. 균열, 누수 (10)	균열 5% 미만	균열 5~15%	균열 15% 이상	
			누수없음	누수흔적 관찰	누수 관찰	
			0	7	10	
		4. 콘크리트 박리·박락·백화·마모, 배수시설, 부속시설 불량 등 기타 사항 (5)	5% 미만	5~20%	20% 이상	
			0	3	5	
	목재 구조물 (60)	1. 파손, 유실, 변형 (25)	5% 미만	5~10% 미만	10% 이상	
			0	20	25	
		2. 기초부 세굴 (20)	5% 미만	5~10% 미만	10% 이상	
			0	15	20	
		3. 마모, 부식 (10)	5% 미만	5~10% 미만	10% 이상	
			0	5	10	
		4. 체결부, 부대시설 불량 등 기타 사항 (5)	양호 (보수 및 보강 불필요)	보통 (경미결함 보수 필요)	불량 (중대결함 보강필요)	
			0	3	5	

배수성능 (10)	1. 계류보전시설과 하부의 하천 또는 하수시설과의 연결성	양호	보통 (배수성능은 확보되었으나 유송잡물로 쉽게 막힐 가능성이 높은 경우)	불량 (연결 불량 또는 하수시설의 배수용량 부족)	
		0	7	10	
계류 상태 (30)	1. 침식, 붕괴, 전석, 퇴적 등 계류의 상태	계류 안정화	연접사면 표층유실	황폐계류, 계류 침식, 연접사면 붕괴	
			침식 및 황폐화 가능성이 높은 경우	전석 등 퇴적물 적치, 토석류 흔적	
		0	20	30	
조사자보정 (±10)	경미한 결함으로서 조치 불필요	경미한 결함으로서 간단한 조치 필요	중대한 결함이지만 단순한 조치 필요	중대한 결함이 있거나 경미한 결함이 다수 존재하여 반드시 조치 필요	
	-10	-5	+5	+10	
합계 (110)					
비파괴 검사	1. 해당 계류보전의 주 구조물이 콘크리트일 경우 콘크리트 사방댐 비파괴 기준을 따른다. 2. 해당 계류보전의 주 구조물이 전석일 경우 전석 사방댐 비파괴 기준을 따른다. 3. 해당 계류보전의 주 구조물이 강재일 경우 강재 사방댐 비파괴 기준을 따른다.				

□ 정밀점검 종합 결과

점검자 종합의견					
종합점수			정밀점검 등급		
정밀점검 등급	A (30 미만)	B (30~70 미만)	C (70 이상)	D (70 이상)	E (70 이상)
	유지 또는 필요시 보수	보완·보수	보강·개량	안전진단	추가시공 또는 철거후 재·대체시공

※ 계류보전 구조물의 경우 주요 국가 지점번호가 없는 경우 생략

□ 현장조사 상세도

계류 평면	계류 종단
	계류 횡단

기타 사항

□ 현장사진

전경	주요 시설 1
주요 시설 2	계류 상태 1
계류 상태 2	기타 등

【별표 13】

해안방재림 정밀점검 조사서

□ 일반사항

사방사업명 :	지정면적 : (ha/m^2)				점검일시 :		
사방시설관리번호 :					점 검 자 :		
국 가 지 점 번호 :							
소 재 지					시 설 내 역		
도	시·군	읍·면	리·동	지번 (속칭)	시설 년도	주요공작물 (시설명)	시공비 (천원)

산사태정보시스템 위치정보 (WGS84)				주요시설 1			
북위		동경		길이		폭	
현지계측 위치정보 (WGS84)				주요시설 2			
북위		동경		길이		폭	

□ 정밀점검 평가표

항목	결함사항	평가기준 및 배점			평가 점수
주요 시설 (60)	1. 파손, 유실 (25)	5% 미만	5~10% 미만	10% 이상	
		0	20	25	
	2. 변형 (20)	5% 미만	5~10% 미만	10% 이상	
		0	15	20	
	3. 마모, 부식 (10)	5% 미만	5~10% 미만	10% 이상	
		0	10	15	
	4. 체결부, 배수시설 등 기타 사항 (5)	양호 (보수 및 보강 불필요)	보통 (경미결함 보수필요)	불량 (중대결함 보강필요)	
		0	3	5	
방재림 (40)	1. 식재목 활착, 생육상태 (20)	양호 (활착 양호)	보통 (건조 및 염분 피해로 인하여 생육상태가 좋지 않으나 재식재는 불필요)	불량 (고사목 발생으로 인한 재식재 필요)	
		0	15	20	
	2. 설계 본수(밀도) 유지수준 (20)	100% 이상	100~80% 이상	80% 미만	
		0	15	20	
조사자 보정 (±10)	경미한 결함으로서 조치 불필요	경미한 결함으로서 간단한 조치 필요	중대한 결함이지만 단순한 조치 필요	중대한 결함이 있거나 경미한 결함이 다수 존재하여 반드시 조치 필요	
	-10	-5	+5	+10	
합계 (110)					

비파괴 검사 (전기전도도, E.C. Test)	0.2 미만	0.2 ~ 1.0	1.0 ~ 1.5	1.5 이상
	상급	중급	하급	불량 (등급 조정 가능)

□ 정밀점검 종합 결과

점검자 종합의견					
종합점수			정밀점검 등급		
정밀점검 등급	A (30 미만)	B (30~70 미만)	C (70 이상)	D (70 이상)	E (70 이상)
	유지 또는 필요시 보수	보완·보수	보강·개량	안전진단	추가시공 또는 철거후 재·대체시공

□ 현장조사 상세도

주요시설

방재림 E.C. 시험결과 “불량” 구간

100m

100m

기타 사항

□ 현장사진

전경	주요 시설 1
주요 시설 2	방재림 1
방재림 2	기타 등

【별표 14】

해안침식방지 정밀점검 조사서

ㅁ 일반사항

사방사업명 :		지정면적 : (ha/m^2)			점검일시 :		
사방시설관리번호 :					점 검 자 :		
국 가 지 점 번 호 :							
소 재 지					시 설 내 역		
도	시·군	읍·면	리·동	지번 (속칭)	시설 년도	주요공작물 (시설명)	시공비 (천원)
산사태정보시스템 위치정보 (WGS84)					주요시설 1		
북위		동경			길이	높이	
현지계측 위치정보 (WGS84)					주요시설 2		
북위		동경			길이	높이	

ㅁ 정밀점검 평가표

항목		결함사항	평가기준 및 배점			평가 점수
주요 시설 (60) 각각 평가 후 높은 점수 적용	석재 구조물 (60)	1. 파손, 변형 (20)	5% 미만	5~15% 미만	15% 이상	
			0	15	20	
		2. 균열, 누수 (15)	균열 5% 미만	균열 5~15% 미만	균열 15% 이상	
			누수 없음	누수흔적 관찰	누수 관찰	
			0	10	15	
		3. 기초부 세굴 (15)	양호 (보수 및 보강 불필요)	보통 (경미결함 보수필요)	불량 (중대결함 보강필요)	
			0	10	15	
		4. 석재의 이격, 유실, 풍화 및 채움콘크리트 열화 (5)	5% 미만	5~15% 미만	15% 이상	
			0	3	5	
		5. 배수시설, 돌망태 철선, 부속시설 불량 등 기타 사항 (5)	양호 (보수 및 보강 불필요)	보통 (경미결함 보수필요)	불량 (중대결함 보강필요)	
			0	3	5	
	콘크리트 구조물 (60)	1. 파손, 변형 (20)	5% 미만	5~15% 미만	15% 이상	
			0	15	20	
		2. 균열, 누수 (15)	균열 5% 미만	균열 5~15%	균열 15% 이상	
			누수 없음	누수흔적 관찰	누수 관찰	
			0	10	15	
		3. 기초부 세굴 (15)	양호 (보수 및 보강 불필요)	보통 (경미결함 보수필요)	불량 (중대결함 보강필요)	
			0	10	15	
		4. 택1 콘크리트: 박리, 박락, 백화, 마모 (5)	5% 미만	5~20% 미만	20% 이상	
			0	3	5	
		4. 택1 전석붙임: 이격, 유실, 풍화, 채움콘크리트 열화 (5)	5% 미만	5~20% 미만	20% 이상	
			0	3	5	
		5. 배수시설, 부속시설 불량 등 기타 사항 (5)	양호 (보수 및 보강 불필요)	보통 (경미결함 보수필요)	불량 (중대결함 보강필요)	
			0	3	5	
해안침식상태 (40)		1. 침식의 정도 (40)	양호 (침식이 없는 경우)	보통 (침식이 경미 하거나 진행 가능성이 높은 경우)	불량 (침식이 진행된 경우)	
			0	20	40	
조사자보정 (±10)		경미한 결함으로서 조치 불필요	경미한 결함으로서 간단한 조치 필요	중대한 결함이지만 단순한 조치 필요	중대한 결함이 있거나 경미한 결함이 다수 존재하여 반드시 조치 필요	
		-10	-5	+5	+10	
합계 (110)						
비파괴 검사			1. 해당 해안침식방지의 주 구조물이 콘크리트일 경우 콘크리트 사방댐 비파괴 기준을 따른다. 2. 해당 해안침식방지의 주 구조물이 전석일 경우 전석 사방댐 비파괴 기준을 따른다. 3. 해당 해안침식방지의 주 구조물이 강재일 경우 강재 사방댐 비파괴 기준을 따른다.			

□ 정밀점검 종합 결과

점검자 종합의견					
종합점수			정밀점검 등급		
정밀점검 등급	A (30 미만)	B (30~70 미만)	C (70 이상)	D (70 이상)	E (70 이상)
	유지 또는 필요시 보수	보완·보수	보강·개량	안전진단	추가시공 또는 철거후 재·대체시공

□ 현장조사 상세도

주요시설
기타 사항

□ 현장사진

전경	주요 시설 1
주요 시설 2	해안침식 상태 1
해안침식 상태 2	기타 등

【별표 15】

안전진단 수행내용

항 목	기본과업	선택과업(필요시)
자료수집 및 분석	• 시공도면, 구조계산서, 시방서, 수리·수문계산서 검토·분석 • 시설물관리대장 검토·분석 • 기존 외관점검·정밀점검·안전진단 결과 검토·분석 • 보수·보강이력 검토·분석	• 선형측량 및 실측도면 작성 (도면이 없는 경우) • 수리·수문 조사
정밀상태조사	• 구조물 조사 - 콘크리트 사방댐: 파손, 균열, 단차, 기울어짐, 세굴, 누수 등 - 석재 사방댐 : 석재결손, 채움재 결함, 단차, 기울어짐, 세굴, 누수 등 - 강재 사방댐 : 강재손상, 체결부 결함, 기울어짐, 세굴, 강재부식 등 • 비파괴검사 - 콘크리트(석재) 사방댐 : 부재강도 (반발경도시험, 표면파 기법 등), 초음파 균열 깊이 측정 - 강재 사방댐 : 강재 비파괴시험(강재 두께, 도막 두께, 초음파 경도 등) • 유역 취약성 조사 - 사방댐 영향유역 취약성 조사	• 재료시험 - 시료채취(콘크리트, 석재, 강재) 및 실내시험 - 콘크리트 제체 소규경 코어링 - 관리주체의 추가 요구 및 안정성평가에 필요한 조사·시험 • 측량 및 계측 - 침하, 변위, 거동 등의 측정 • 토석류 충격 시험 • 지반조사 및 누수탐사
안정성평가	• 조사, 시험, 측정결과의 분석 • 콘크리트 및 강재 등의 내구성 평가 • 기존의 구조계산서 또는 안정성평가 자료 검토·분석 • 구조 안정성평가 및 충격력 검토	• 수리·수문 해석 • 토석류 시뮬레이션 • 구조안정성 평가 등 전문기술을 요하는 경우 전문가 자문 • 내진성능 평가
종합평가등급 결정	• 정밀상태조사 결과분석 • 안정성평가 결과분석 • 정밀상태조사 및 안정성평가 결과를 고려하여 종합평가등급 결정	-
안전조치방안	• 구조물의 부재별 상태 분석 • 유역 상태 및 안정성 평가 분석 • 종합평가등급을 고려한 안전조치 방안 선정	-
종합결론	• 시설물의 안전진단 결과에 대한 의견	-

【별표 16】

사방댐 축조 재료별 안전진단 조사항목

분 류	조 사 항 목	조 사 방 법
콘크리트 사방댐	콘크리트 파손 및 손상	육안조사
	균열 및 이음부 열림	균열측정기, 초음파 속도시험, 균열게이지, 육안조사
	단차/기울어짐	디지털 경사계, 측량
	기초부 세굴	육안조사
	누수	육안조사
석재 사방댐	석재 결손 및 손상	육안조사
	채움재 균열 및 유실	균열측정기, 초음파 탐사법, 균열게이지, 육안조사
	단차/기울어짐	디지털 경사계, 측량
	기초부 세굴	육안조사
	누수	육안조사
강재 사방댐	강재 함몰 및 도장 손상	육안조사
	체결부 결함	육안조사
	기울어짐	디지털 경사계, 측량
	기초부 세굴	육안조사
	강재부 부식	육안조사
공 통	비파괴 검사 유역 취약성 조사	슈미트해머, 초음파탐상, SASW 등 육안조사, 산사태정보시스템 활용

【별표 17】

콘크리트 사방댐 안전진단 조사서

□ 일반사항

종 류 :	형식 :	안전진단일시 :
사방댐관리번호 :		책임기술자 :
국가지점번호 :		조 사 원 :

소재지					시설제원						
					본댐						
도	시·군	읍·면	리·동	지번(속칭)	시설년도	상장(m)	하장(m)	높이(m) 전고	높이(m) 유효고	천단폭	시공비(천원)

산사태정보시스템 위치정보 (WGS84)				측벽			
북위		동경		길이		높이	
현지계측 위치정보 (WGS84)				물받이			
북위		동경		가로		세로	

□ 안전진단 정밀상태조사 평가표

항목	조사위치	결함사항	평가기준 및 배점					평가점수
구조물 조사	본댐 (72)	파손/손상 (16)	결함 없음	10%미만, 경미한 파손/손상	10%미만, 심각한 파손/손상 10~20%, 경미한 파손/손상	10~20%, 심각한 파손/손상 20%이상, 경미한 파손/손상	20%이상, 심각한 파손/손상	
			0	4	8	12	16	
		균열/이음부 열림 (16)	결함 없음	10%미만, 경미한 균열/이음부열림	10%미만, 심각한 균열/이음부열림 10~20%, 경미한 균열/이음부열림	10~20%, 심각한 균열/이음부열림 20%이상, 경미한 균열/이음부열림	20%이상,심각한 균열/이음부열림	
			0	4	8	12	16	
		단차/기울어짐 (8)	결함 없음	10%미만, 경미한 단차/기울어짐	10%미만, 심각한 단차/기울어짐 10~20%, 경미한 단차/기울어짐	10~20%, 심각한 단차/기울어짐 20%이상, 경미한 단차/기울어짐	20%이상,심각한 단차/기울어짐	
			0	2	4	6	8	
		기초부 세굴 (8)	결함 없음	10%미만, 경미한 세굴	10%미만, 심각한 세굴 10~20%, 경미한 세굴	10~20%, 심각한 세굴 20%이상, 경미한 세굴	20%이상, 심각한 세굴	
			0	2	4	6	8	
		누수 (8)	결함 없음	10%미만, 경미한 누수	10%미만, 심각한 누수 10~20%, 경미한 누수	10~20%, 심각한 누수 20%이상, 경미한 누수	20%이상, 심각한 누수	
			0	2	4	6	8	
	측벽 (16)	파손/손상 (4)	결함 없음	10%미만, 경미한 파손/손상	10%미만, 심각한 파손/손상 10~20%, 경미한 파손/손상	10~20%, 심각한 파손/손상 20%이상, 경미한 파손/손상	20%이상, 심각한 파손/손상	
			0	1	2	3	4	
		균열/이음부 열림 (4)	결함 없음	10%미만, 경미한 균열/이음부열림	10%미만, 심각한 균열/이음부열림 10~20%, 경미한 균열/이음부열림	10~20%, 심각한 균열/이음부열림 20%이상, 경미한 균열/이음부열림	20%이상,심각한 균열/이음부열림	
			0	1	2	3	4	

구분	부위	항목	0	1	2	3	4
구조물 조사	측벽 (16)	단차/기울어짐 (4)	결함 없음	10%미만, 경미한 단차/기울어짐	10%미만, 심각한 단차/기울어짐 10~20%, 경미한 단차/기울어짐	10~20%, 심각한 단차/기울어짐 20%이상, 경미한 단차/기울어짐	20%이상,심각한 단차/기울어짐
			0	1	2	3	4
		기초부 세굴 (4)	결함 없음	10%미만, 경미한 세굴	10%미만, 심각한 세굴 10~20%, 경미한 세굴	10~20%, 심각한 세굴 20%이상, 경미한 세굴	20%이상, 심각한 세굴
			0	1	2	3	4
	물받이 (12)	파손/손상 (4)	결함 없음	10%미만, 경미한 파손/손상	10%미만, 심각한 파손/손상 10~20%, 경미한 파손/손상	10~20%, 심각한 파손/손상 20%이상, 경미한 파손/손상	20%이상, 심각한 파손/손상
			0	1	2	3	4
		균열/이음부 열림 (4)	결함 없음	10%미만, 경미한 균열/이음부열림	10%미만, 심각한 균열/이음부열림 10~20%, 경미한 균열/이음부열림	10~20%, 심각한 균열/이음부열림 20%이상, 경미한 균열/이음부열림	20%이상,심각한 균열/이음부열림
			0	1	2	3	4
		기초부 세굴 (4)	결함 없음	10%미만, 경미한 세굴	10%미만, 심각한 세굴 10~20%, 경미한 세굴	10~20%, 심각한 세굴 20%이상, 경미한 세굴	20%이상, 심각한 세굴
			0	1	2	3	4
비파괴 검사	본댐 측벽 물받이 (16)	압축강도, SASW (P-파속도)	본댐, 측벽, 물받이 기준강도 이상, (2,600m/sec 이상)		본댐 기준강도 이상, 측벽, 물받이 기준강도 미만 (2,000~2,600m/sec)		본댐 기준강도 미만, (2,000m/sec 미만)
			0		8		16
유역 취약성 조사	영향 유역 (10)	-	토석류 발생 우려지역 4등급		토석류 발생 우려지역 2~3등급		토석류 발생 우려지역 1등급
			0		+5		+10

합계 점수 (110)	정밀상태조사 등급

정밀상태조사 등급	1등급 (30점 이하)	2등급 (31~45점)	3등급 (46~60점)	4등급 (61~75점)	5등급 (76점 이상)

□ 안전진단 정밀상태조사 세부기준

파손/손상	균열/이음부 열림	단차/기울어짐	기초부 세굴	누 수
경미한 파손/손상 : 파손/손상 깊이 50mm 미만	경미한 균열 : 균열폭 0.5mm 미만 또는 균열깊이 부재두께의 1/3 미만 경미한 이음부 열림 : 이음부 열림 폭 2.0mm 미만	경미한 단차 : 수평 및 수직 단차 5mm 미만 경미한 기울어짐 : 경사도 5° 미만	경미한 세굴 : 근입깊이 1/3 미만 세굴	경미한 누수 : 젖은 상태 및 누수흔적 관찰
심각한 파손/손상 : 파손/손상 깊이 50mm 이상	심각한 균열 : 균열폭 0.5mm 이상 또는 균열깊이 부재두께의 1/3 이상 심각한 이음부 열림 : 이음부 열림 폭 2.0mm 이상	심각한 단차 : 수평 및 수직 단차 5mm 이상 심각한 기울어짐 : 경사도 5° 이상	심각한 세굴 : 근입깊이 1/3 이상 세굴	심각한 누수 : 균열부 및 이음부로 누수발생

※ 본 안전진단 조사서 측벽과 물받이는 콘크리트로 가정하여 작성되었으므로 각 현장별 구성재료에 적합한 기준으로 변경하여 조사하여야 함
※ 평가기준의 면적율은 경미한 결함을 포함한 전체 결함의 면적율을 의미
※ 면적율에 관계없이 심각한 결함이 관찰되는 항목은 심각한 결함으로 판단
※ 진행성 균열이 확인될 경우와 누수를 동반한 세굴이 확인될 경우 각 항목의 등급을 1등급 하향
※ 균열깊이는 비파괴검사(초음파탐상)를 활용하여 확인
※ 비파괴 검사의 압축강도는 슈미트해머 시험으로 산정하고 P-파속도는 SASW 기법으로 산정하여 최저등급을 적용
※ 물가두기 사방댐 및 만수위 사방댐은 비파괴(SASW) 평가등급 1등급 하향
※ 유역 취약성 조사는 토석류 발생 우려지역 판정표를 활용

□ 안전진단 안정성 평가표

항목	평가기준					평가결과
전도 안정성 활동 안정성 체제 안정성 지반 안정성	모든 안정성 평가 안정	-	-	-	일부 안정성 평가 불안정	
	1등급	2등급	3등급	4등급	5등급	
안정성평가 등급						

□ 안전진단 종합 평가표

책임기술자 종합의견				
대책방안				
정밀상태조사 등급		안정성평가 등급		
※ 정밀상태조사 등급과 안정성평가 등급 중 최저등급을 안전진단 종합평가 등급으로 결정				
종합평가 등급				
Ⅰ등급	Ⅱ등급	Ⅲ등급	Ⅳ등급	Ⅴ등급

□ 현장조사 상세도

본댐 (2영역)

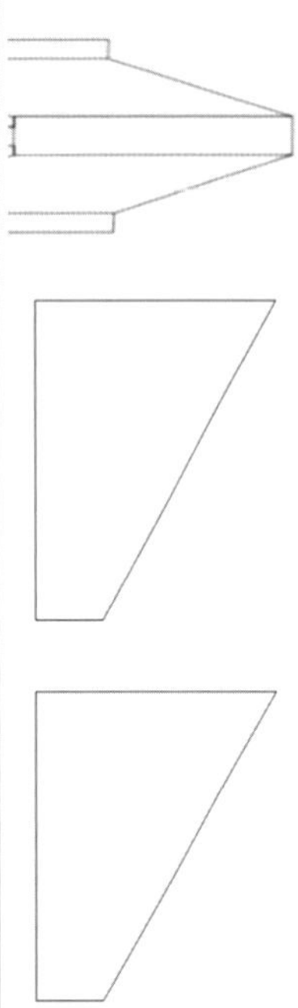

본댐 (1영역)

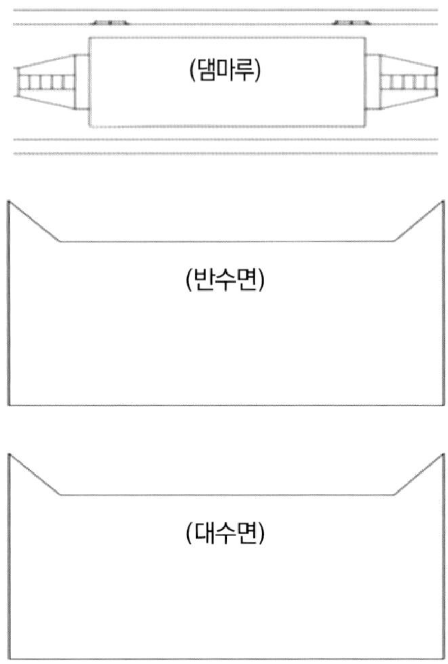

본댐 (3영역)

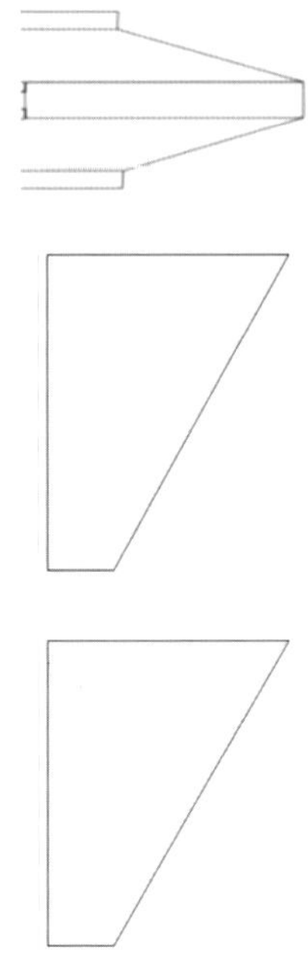

앞댐

물받이

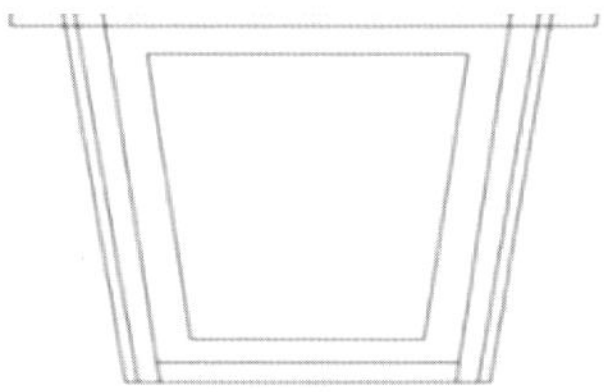

우측벽

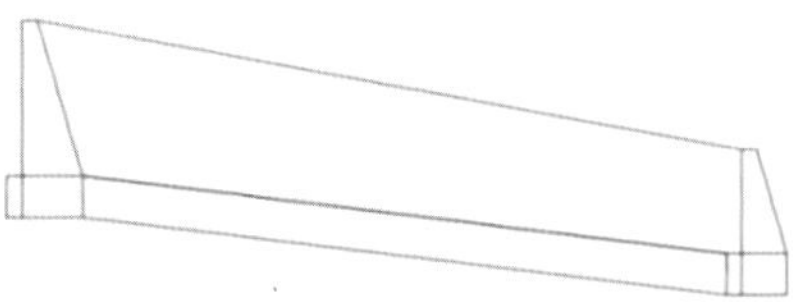

좌측벽

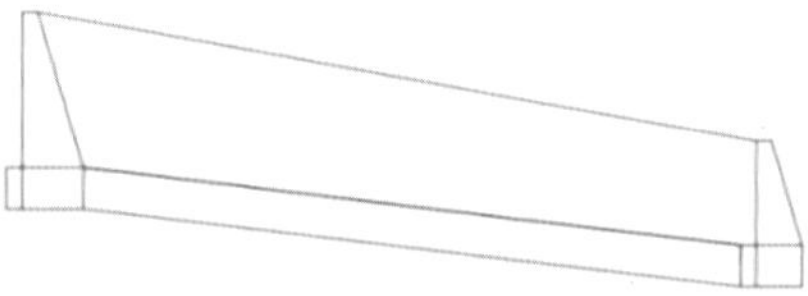

기타 사항	기타 사항

※ 사방댐의 상장이 40m를 초과할 경우, 본댐 1영역을 필러기준으로 구분하거나 20m 간격으로 구분하여 평가

□ 콘크리트 압축강도 시험 (본댐, 반수면)					
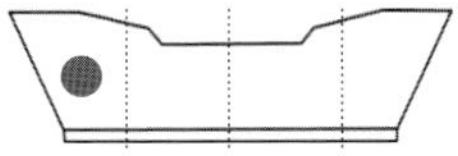	①	②	③	④	⑤
	⑥	⑦	⑧	⑨	⑩
	⑪	⑫	⑬	⑭	⑮
<본댐, 반수면 1>	⑯	⑰	⑱	⑲	⑳
	평균값				
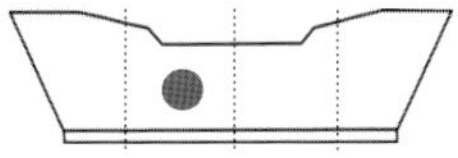	①	②	③	④	⑤
	⑥	⑦	⑧	⑨	⑩
	⑪	⑫	⑬	⑭	⑮
<본댐, 반수면 2>	⑯	⑰	⑱	⑲	⑳
	평균값				
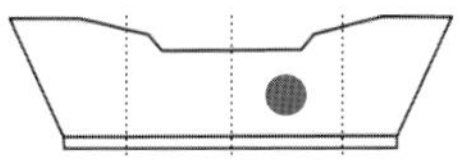	①	②	③	④	⑤
	⑥	⑦	⑧	⑨	⑩
	⑪	⑫	⑬	⑭	⑮
<본댐, 반수면 3>	⑯	⑰	⑱	⑲	⑳
	평균값				
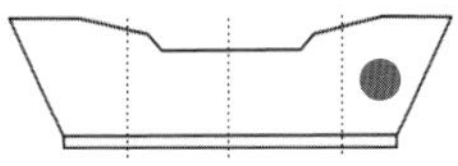	①	②	③	④	⑤
	⑥	⑦	⑧	⑨	⑩
	⑪	⑫	⑬	⑭	⑮
<본댐, 반수면 4>	⑯	⑰	⑱	⑲	⑳
	평균값				

□ 콘크리트 압축강도 시험 (본댐, 댐마루)					
	①	②	③	④	⑤
	⑥	⑦	⑧	⑨	⑩
	⑪	⑫	⑬	⑭	⑮
<본댐, 댐마루 1>	⑯	⑰	⑱	⑲	⑳
	평균값				
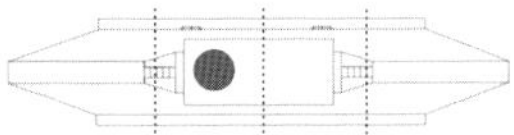	①	②	③	④	⑤
	⑥	⑦	⑧	⑨	⑩
	⑪	⑫	⑬	⑭	⑮
<본댐, 댐마루 2>	⑯	⑰	⑱	⑲	⑳
	평균값				
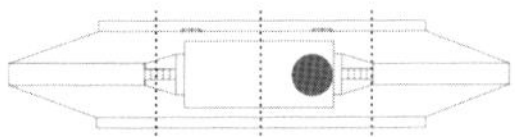	①	②	③	④	⑤
	⑥	⑦	⑧	⑨	⑩
	⑪	⑫	⑬	⑭	⑮
<본댐, 댐마루 3>	⑯	⑰	⑱	⑲	⑳
	평균값				
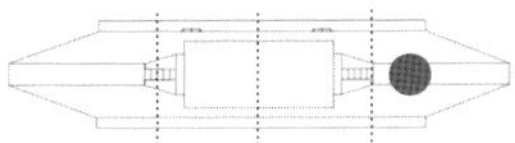	①	②	③	④	⑤
	⑥	⑦	⑧	⑨	⑩
	⑪	⑫	⑬	⑭	⑮
<본댐, 댐마루 4>	⑯	⑰	⑱	⑲	⑳
	평균값				

※ 본댐은 “안전진단 정밀상태조사”를 참조하여 영역을 구분하여야 함

□ 콘크리트 압축강도 시험 (측벽)						
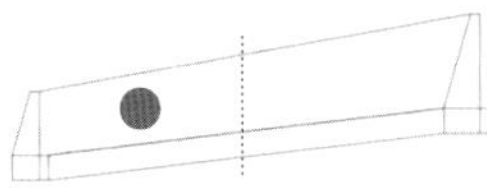	①	②	③	④	⑤	
	⑥	⑦	⑧	⑨	⑩	
	⑪	⑫	⑬	⑭	⑮	
	⑯	⑰	⑱	⑲	⑳	
<우측벽 1>	평균값					
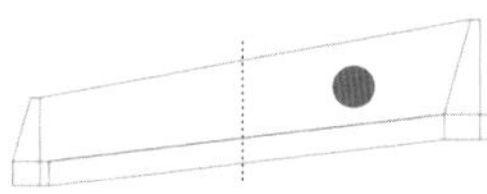	①	②	③	④	⑤	
	⑥	⑦	⑧	⑨	⑩	
	⑪	⑫	⑬	⑭	⑮	
	⑯	⑰	⑱	⑲	⑳	
<우측벽 2>	평균값					
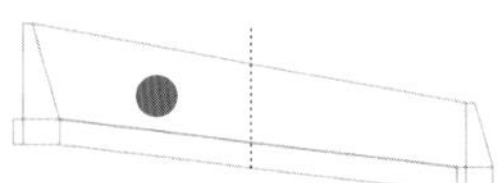	①	②	③	④	⑤	
	⑥	⑦	⑧	⑨	⑩	
	⑪	⑫	⑬	⑭	⑮	
	⑯	⑰	⑱	⑲	⑳	
<좌측벽 1>	평균값					
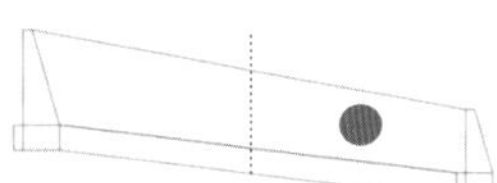	①	②	③	④	⑤	
	⑥	⑦	⑧	⑨	⑩	
	⑪	⑫	⑬	⑭	⑮	
	⑯	⑰	⑱	⑲	⑳	
<좌측벽 2>	평균값					

□ 콘크리트 압축강도 시험 (물받이)						
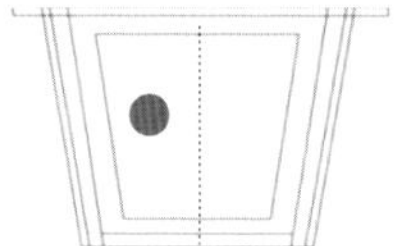	①	②	③	④	⑤	
	⑥	⑦	⑧	⑨	⑩	
	⑪	⑫	⑬	⑭	⑮	
	⑯	⑰	⑱	⑲	⑳	
<물받이 1>	평균값					
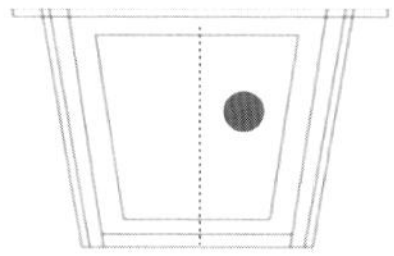	①	②	③	④	⑤	
	⑥	⑦	⑧	⑨	⑩	
	⑪	⑫	⑬	⑭	⑮	
	⑯	⑰	⑱	⑲	⑳	
<물받이 2>	평균값					

□ 사방댐 조사 현장사진

전경	대수면
반수면	측벽
물받이	기타 등

□ 유역 취약성 조사 현장사진

전경	대수면
반수면	측벽
물받이	기타 등

□ 비파괴 검사 현장사진

전경	대수면
반수면	측벽
물받이	기타 등

【별표 18】

석재 사방댐 안전진단 조사서

□ 일반사항

<table>
<tr><td colspan="3">종 류 :</td><td colspan="2">형식 :</td><td colspan="8">안전진단일시 :</td></tr>
<tr><td colspan="5">사방댐관리번호 :</td><td colspan="8">책임기술자 :</td></tr>
<tr><td colspan="5">국가지점번호 :</td><td colspan="8">조 사 원 :</td></tr>
<tr><td colspan="5">소 재 지</td><td colspan="8">시 설 제 원</td></tr>
<tr><td rowspan="3">도</td><td rowspan="3">시·군</td><td rowspan="3">읍·면</td><td rowspan="3">리·동</td><td rowspan="3">지번
(속칭)</td><td colspan="8">본댐</td></tr>
<tr><td rowspan="2">시설
년도</td><td rowspan="2">상장
(m)</td><td rowspan="2">하장
(m)</td><td colspan="2">높이(m)</td><td rowspan="2">천단폭</td><td rowspan="2">시공비
(천원)</td></tr>
<tr><td>전고</td><td>유효고</td></tr>
<tr><td></td><td></td><td></td><td></td><td></td><td></td><td></td><td></td><td></td><td></td><td></td><td></td></tr>
<tr><td colspan="5">산사태정보시스템 위치정보 (WGS84)</td><td colspan="8">측벽</td></tr>
<tr><td>북위</td><td colspan="2"></td><td>동경</td><td></td><td>길이</td><td colspan="3"></td><td>높이</td><td colspan="3"></td></tr>
<tr><td colspan="5">현지계측 위치정보 (WGS84)</td><td colspan="8">물받이</td></tr>
<tr><td>북위</td><td colspan="2"></td><td>동경</td><td></td><td>가로</td><td colspan="3"></td><td>세로</td><td colspan="3"></td></tr>
</table>

□ 안전진단 정밀상태조사 평가표

<table>
<tr><td>항목</td><td>조사
위치</td><td>결함사항</td><td colspan="5">평가기준 및 배점</td><td>평가
점수</td></tr>
<tr><td rowspan="14">구조물
조사</td><td rowspan="10">본댐
(72)</td><td rowspan="2">석재결손 (16)</td><td>결함 없음</td><td>10%미만,
경미한
석재결손</td><td>10%미만,
심각한 석재결손
10~20%,
경미한 석재결손</td><td>10~20%,
심각한 석재결손
20%이상,
경미한 석재결손</td><td>20%이상,
심각한 석재결손</td><td rowspan="2"></td></tr>
<tr><td>0</td><td>4</td><td>8</td><td>12</td><td>16</td></tr>
<tr><td rowspan="2">채움재
균열/유실
(16)</td><td>결함 없음</td><td>10%미만,
경미한
채움재균
열/유실</td><td>10%미만, 심각한
채움재균열/유실
10~20%, 경미한
채움재균열/유실</td><td>10~20%, 심각한
채움재균열/유실
20%이상, 경미한
채움재균열/유실</td><td>20%이상,심각한
채움재균열/유실</td><td rowspan="2"></td></tr>
<tr><td>0</td><td>4</td><td>8</td><td>12</td><td>16</td></tr>
<tr><td rowspan="2">단차/
기울어짐 (8)</td><td>결함 없음</td><td>10%미만,
경미한
단차/기울
어짐</td><td>10%미만, 심각한
단차/기울어짐
10~20%, 경미한
단차/기울어짐</td><td>10~20%, 심각한
단차/기울어짐
20%이상, 경미한
단차/기울어짐</td><td>20%이상, 심각한
단차/기울어짐</td><td rowspan="2"></td></tr>
<tr><td>0</td><td>2</td><td>4</td><td>6</td><td>8</td></tr>
<tr><td rowspan="2">기초부 세굴
(8)</td><td>결함 없음</td><td>10%미만,
경미한
세굴</td><td>10%미만,
심각한 세굴
10~20%,
경미한 세굴</td><td>10~20%,
심각한 세굴
20%이상,
경미한 세굴</td><td>20%이상,
심각한 세굴</td><td rowspan="2"></td></tr>
<tr><td>0</td><td>2</td><td>4</td><td>6</td><td>8</td></tr>
<tr><td rowspan="2">누 수 (8)</td><td>결함 없음</td><td>10%미만,
경미한
누수</td><td>10%미만,
심각한 누수
10~20%,
경미한 누수</td><td>10~20%,
심각한 누수
20%이상,
경미한 누수</td><td>20%이상,
심각한 누수</td><td rowspan="2"></td></tr>
<tr><td>0</td><td>2</td><td>4</td><td>6</td><td>8</td></tr>
<tr><td rowspan="4">측벽
(16)</td><td rowspan="2">석재결손
(4)</td><td>결함 없음</td><td>10%미만,
경미한
석재결손</td><td>10%미만,
심각한 석재결손
10~20%,
경미한 석재결손</td><td>10~20%,
심각한 석재결손
20%이상,
경미한 석재결손</td><td>20%이상,
심각한 석재결손</td><td rowspan="2"></td></tr>
<tr><td>0</td><td>1</td><td>2</td><td>3</td><td>4</td></tr>
<tr><td rowspan="2">채움재
균열/유실(4)</td><td>결함 없음</td><td>10%미만,
경미한
채움재균
열/유실</td><td>10%미만, 심각한
채움재균열/유실
10~20%, 경미한
채움재균열/유실</td><td>10~20%, 심각한
채움재균열/유실
20%이상, 경미한
채움재균열/유실</td><td>20%이상, 심각한
채움재균열/유실</td><td rowspan="2"></td></tr>
<tr><td>0</td><td>1</td><td>2</td><td>3</td><td>4</td></tr>
</table>

구분	부위	항목	0	1	2	3	4
구조물 조사	측벽 (16)	단차/기울어짐 (4)	결함 없음	10%미만, 경미한 단차/기울어짐	10%미만, 심각한 단차/기울어짐 10~20%, 경미한 단차/기울어짐	10~20%, 심각한 단차/기울어짐 20%이상, 경미한 단차/기울어짐	20%이상,심각한 단차/기울어짐
			0	1	2	3	4
		기초부 세굴 (4)	결함 없음	10%미만, 경미한 세굴	10%미만, 심각한 세굴 10~20%, 경미한 세굴	10~20%, 심각한 세굴 20%이상, 경미한 세굴	20%이상, 심각한 세굴
			0	1	2	3	4
	물받이 (12)	석재결손 (4)	결함 없음	10%미만, 경미한 석재결손	10%미만, 심각한 석재결손 10~20%, 경미한 석재결손	10~20%, 심각한 석재결손 20%이상, 경미한 석재결손	20%이상, 심각한 석재결손
			0	1	2	3	4
		채움재 균열/유실(4)	결함 없음	10%미만, 경미한 채움재균열/유실	10%미만, 심각한 채움재균열/유실 10~20%, 경미한 채움재균열/유실	10~20%, 심각한 채움재균열/유실 20%이상, 경미한 채움재균열/유실	20%이상,심각한 채움재균열/유실
			0	1	2	3	4
		기초부 세굴 (4)	결함 없음	10%미만, 경미한 세굴	10%미만, 심각한 세굴 10~20%, 경미한 세굴	10~20%, 심각한 세굴 20%이상, 경미한 세굴	20%이상, 심각한 세굴
			0	1	2	3	4
비파괴 검사	본댐 측벽 물받이 (16)	석재 및 채움재 압축강도	본댐, 측벽, 물받이 기준강도 이상		본댐 기준강도 이상, 측벽, 물받이 기준강도 미만		본댐 기준강도 미만
			0		8		16
유역 취약성 조사	영향 유역 (10)	-	토석류 발생 우려지역 4등급		토석류 발생 우려지역 2~3등급		토석류 발생 우려지역 1등급
			0		+5		+10

합계 점수 (110)	정밀상태조사 등급

정밀상태조사 등급	1등급	2등급	3등급	4등급	5등급
	(30점 이하)	(31~45점)	(46~60점)	(61~75점)	(76점 이상)

□ 안전진단 정밀상태조사 세부기준

석재결손	채움재 균열/유실	단차/기울어짐	기초부 세굴	누 수
경미한 석재결손 : 석재 2개 미만 결손	경미한 채움재 균열/유실 : 채움재 균열	경미한 단차 : 수평 및 수직 단차 5mm 미만 경미한 기울어짐 : 경사도 5° 미만	경미한 세굴 : 근입깊이 1/3 미만 세굴	경미한 누수 : 채움재 젖음 및 누수흔적 관찰
심각한 석재결손 : 석재 2개 이상 결손	심각한 채움재 균열/유실 : 채움재 유실	심각한 단차 : 수평 및 수직 단차 5mm 이상 심각한 기울어짐 : 경사도 5° 이상	심각한 세굴 : 근입깊이 1/3 이상 세굴	심각한 누수 : 석재 사이로 누수발생

※ 본 안전진단 조사서 측벽과 물받이는 석재로 가정하여 작성되었으므로 각 현장별 구성재료에 적합한 기준으로 변경하여 조사하여야 함
※ 평가기준의 면적율은 경미한 결함을 포함한 전체 결함의 면적율을 의미
※ 면적율에 관계없이 심각한 결함이 관찰되는 항목은 심각한 결함으로 판단
※ 진행성 균열이 확인될 경우와 누수를 동반한 세굴이 확인될 경우 각 항목의 등급을 1등급 하향
※ 석재의 압축강도 및 채움재의 압축강도는 슈미트해머 시험으로 산정하여 최저등급을 적용
※ 유역 취약성 조사는 토석류 발생 우려지역 판정표를 활용

□ 안전진단 안정성 평가표

항목	평가기준					평가결과
전도 안정성 활동 안정성 체제 안정성 지반 안정성	모든 안정성 평가 안정	-	-	-	일부 안정성 평가 불안정	
	1등급	2등급	3등급	4등급	5등급	
안정성평가 등급						

□ 안전진단 종합 평가표

<table>
<tr><td colspan="5">책임기술자 종합의견

</td></tr>
<tr><td colspan="5">대책방안

</td></tr>
<tr><td colspan="2">정밀상태조사 등급</td><td colspan="3">안정성평가 등급</td></tr>
<tr><td colspan="2"></td><td colspan="3"></td></tr>
<tr><td colspan="5">※ 정밀상태조사 등급과 안정성평가 등급 중 최저등급을 안전진단 종합평가 등급으로 결정</td></tr>
<tr><td colspan="5">종합평가 등급</td></tr>
<tr><td>Ⅰ등급</td><td>Ⅱ등급</td><td>Ⅲ등급</td><td>Ⅳ등급</td><td>Ⅴ등급</td></tr>
</table>

□ 현장조사 상세도

본댐 (2영역)	본댐 (1영역)	본댐 (3영역)
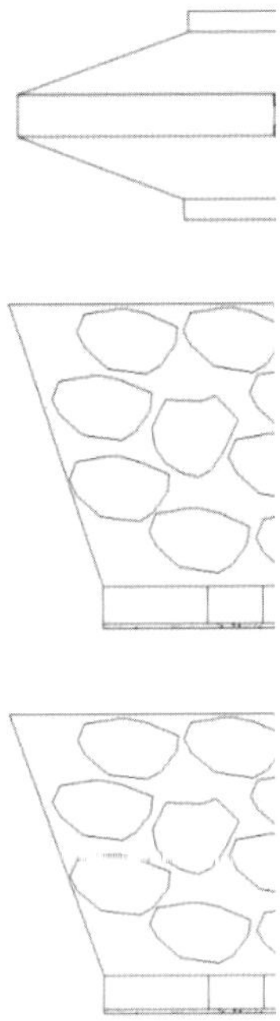	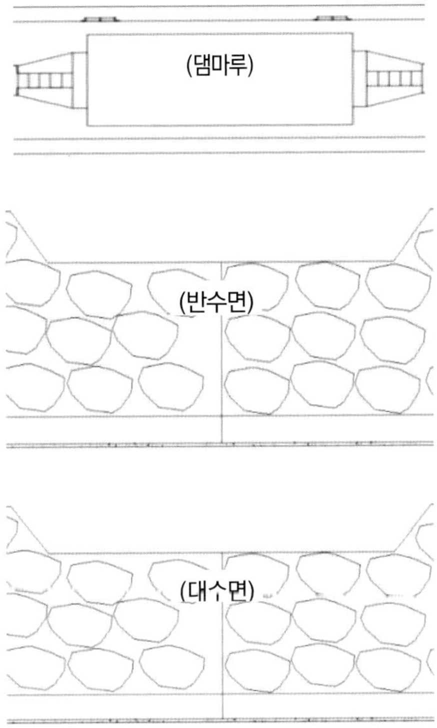	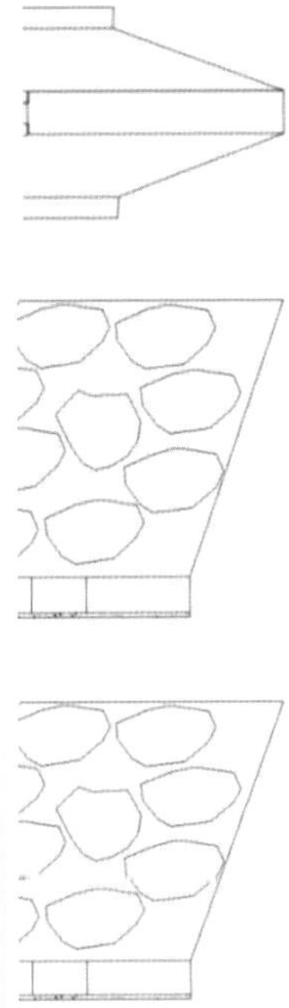

앞댐	물받이
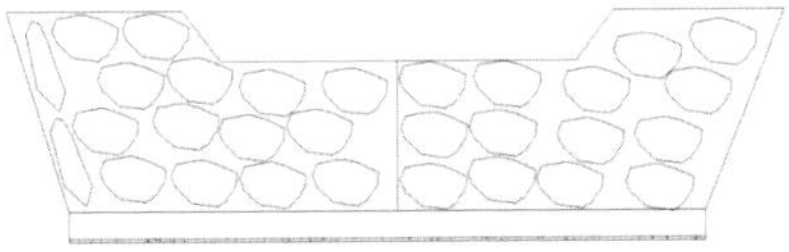	

우측벽	좌측벽
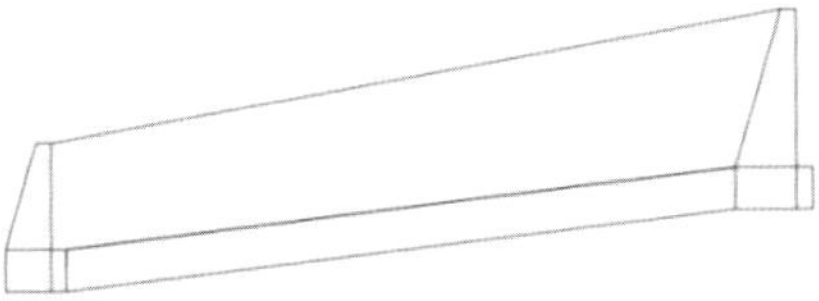	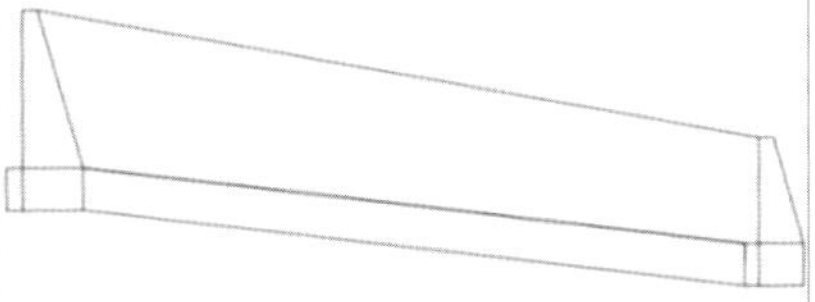
기타 사항	기타 사항

※ 사방댐의 상장이 40m를 초과할 경우, 본댐 1영역을 필러기준으로 구분하거나 20m 간격으로 구분하여 평가

□ 석재 압축강도 시험 (본댐, 반수면)

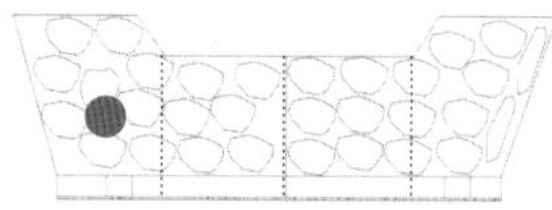

<본댐, 반수면 1>

①	②	③	④	⑤
⑥	⑦	⑧	⑨	⑩
⑪	⑫	⑬	⑭	⑮
⑯	⑰	⑱	⑲	⑳
평균값				

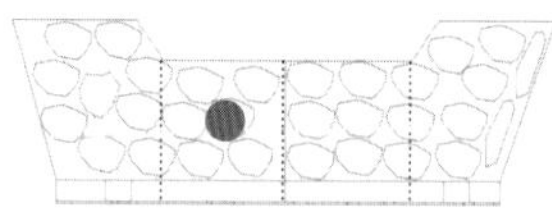

<본댐, 반수면 2>

①	②	③	④	⑤
⑥	⑦	⑧	⑨	⑩
⑪	⑫	⑬	⑭	⑮
⑯	⑰	⑱	⑲	⑳
평균값				

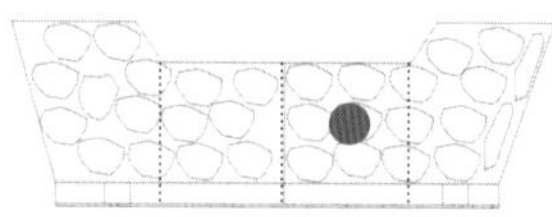

<본댐, 반수면 3>

①	②	③	④	⑤
⑥	⑦	⑧	⑨	⑩
⑪	⑫	⑬	⑭	⑮
⑯	⑰	⑱	⑲	⑳
평균값				

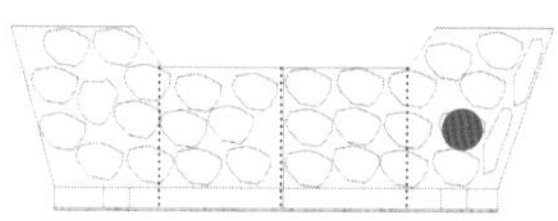

<본댐, 반수면 4>

①	②	③	④	⑤
⑥	⑦	⑧	⑨	⑩
⑪	⑫	⑬	⑭	⑮
⑯	⑰	⑱	⑲	⑳
평균값				

□ 석재 압축강도 시험 (본댐, 댐마루)

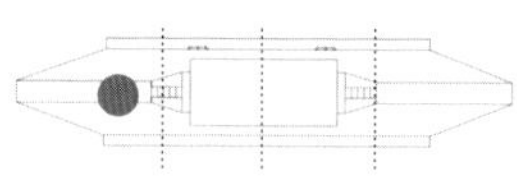

<본댐, 댐마루 1>

①	②	③	④	⑤
⑥	⑦	⑧	⑨	⑩
⑪	⑫	⑬	⑭	⑮
⑯	⑰	⑱	⑲	⑳
평균값				

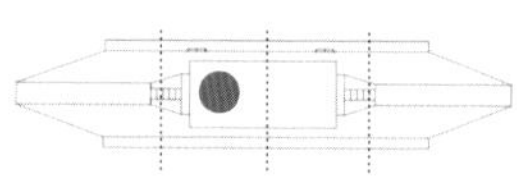

<본댐, 댐마루 2>

①	②	③	④	⑤
⑥	⑦	⑧	⑨	⑩
⑪	⑫	⑬	⑭	⑮
⑯	⑰	⑱	⑲	⑳
평균값				

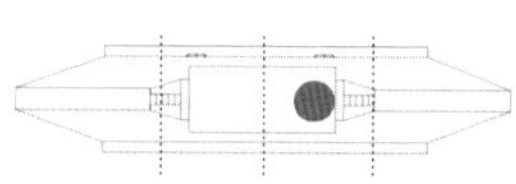

<본댐, 댐마루 3>

①	②	③	④	⑤
⑥	⑦	⑧	⑨	⑩
⑪	⑫	⑬	⑭	⑮
⑯	⑰	⑱	⑲	⑳
평균값				

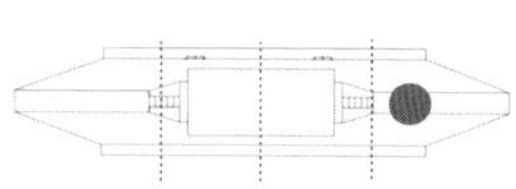

<본댐, 댐마루 4>

①	②	③	④	⑤
⑥	⑦	⑧	⑨	⑩
⑪	⑫	⑬	⑭	⑮
⑯	⑰	⑱	⑲	⑳
평균값				

※ 본댐은 「사방시설 유지관리」 "안전진단 정밀상태조사"를 참조하여 영역을 구분하여야 함
※ 석재의 압축강도 시험은 영역별 부재의 상태가 불량한 전석을 선별하여 수행

□ 석재 압축강도 시험 (측벽)

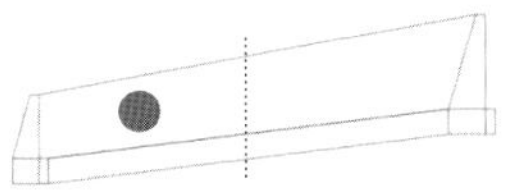

<우측벽 1>

①	②	③	④	⑤
⑥	⑦	⑧	⑨	⑩
⑪	⑫	⑬	⑭	⑮
⑯	⑰	⑱	⑲	⑳
평균값				

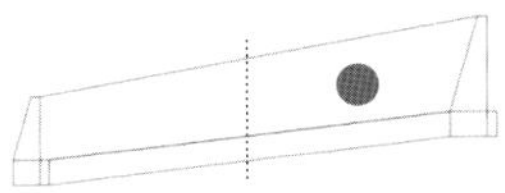

<우측벽 2>

①	②	③	④	⑤
⑥	⑦	⑧	⑨	⑩
⑪	⑫	⑬	⑭	⑮
⑯	⑰	⑱	⑲	⑳
평균값				

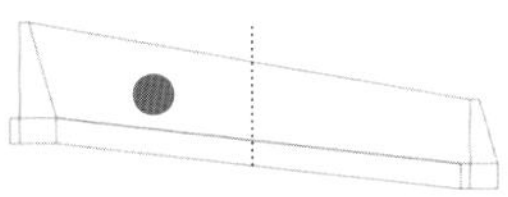

<좌측벽 1>

①	②	③	④	⑤
⑥	⑦	⑧	⑨	⑩
⑪	⑫	⑬	⑭	⑮
⑯	⑰	⑱	⑲	⑳
평균값				

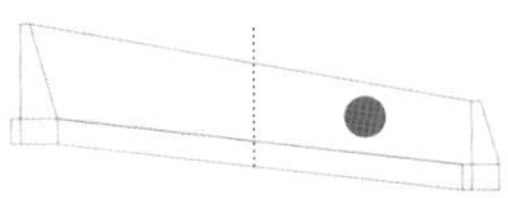

<좌측벽 2>

①	②	③	④	⑤
⑥	⑦	⑧	⑨	⑩
⑪	⑫	⑬	⑭	⑮
⑯	⑰	⑱	⑲	⑳
평균값				

□ 석재 압축강도 시험 (물받이)

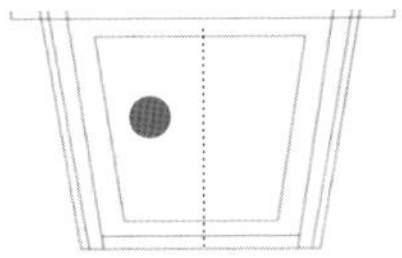

<물받이 1>

①	②	③	④	⑤
⑥	⑦	⑧	⑨	⑩
⑪	⑫	⑬	⑭	⑮
⑯	⑰	⑱	⑲	⑳
평균값				

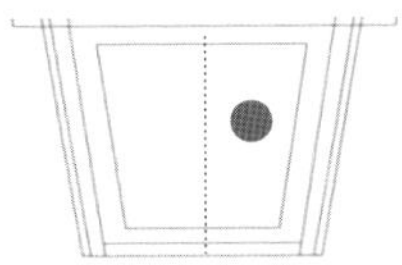

<물받이 2>

①	②	③	④	⑤
⑥	⑦	⑧	⑨	⑩
⑪	⑫	⑬	⑭	⑮
⑯	⑰	⑱	⑲	⑳
평균값				

※ 석재의 압축강도 시험은 영역별 부재의 상태가 불량한 전석을 선별하여 수행

<table>
<tr><td colspan="7">□ 채움콘크리트 초음파탐상 시험 (본댐, 반수면)</td></tr>
<tr><td rowspan="5">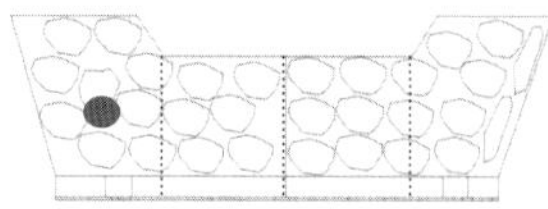
<본댐, 반수면 1></td><td>①</td><td>②</td><td>③</td><td>④</td><td>⑤</td><td></td></tr>
<tr><td>⑥</td><td>⑦</td><td>⑧</td><td>⑨</td><td>⑩</td><td></td></tr>
<tr><td>⑪</td><td>⑫</td><td>⑬</td><td>⑭</td><td>⑮</td><td></td></tr>
<tr><td>⑯</td><td>⑰</td><td>⑱</td><td>⑲</td><td>⑳</td><td></td></tr>
<tr><td>평균값</td><td colspan="4"></td><td></td></tr>
<tr><td rowspan="5">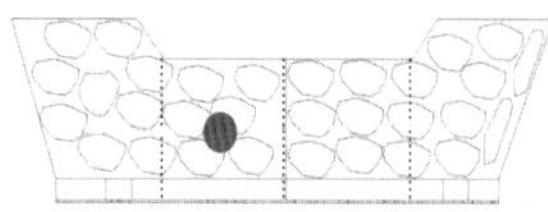
<본댐, 반수면 2></td><td>①</td><td>②</td><td>③</td><td>④</td><td>⑤</td><td></td></tr>
<tr><td>⑥</td><td>⑦</td><td>⑧</td><td>⑨</td><td>⑩</td><td></td></tr>
<tr><td>⑪</td><td>⑫</td><td>⑬</td><td>⑭</td><td>⑮</td><td></td></tr>
<tr><td>⑯</td><td>⑰</td><td>⑱</td><td>⑲</td><td>⑳</td><td></td></tr>
<tr><td>평균값</td><td colspan="4"></td><td></td></tr>
<tr><td rowspan="5">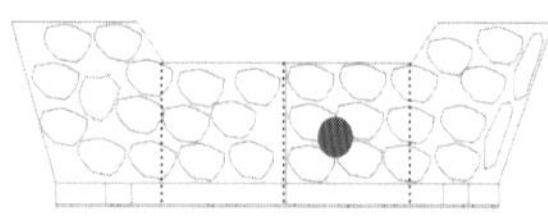
<본댐, 반수면 3></td><td>①</td><td>②</td><td>③</td><td>④</td><td>⑤</td><td></td></tr>
<tr><td>⑥</td><td>⑦</td><td>⑧</td><td>⑨</td><td>⑩</td><td></td></tr>
<tr><td>⑪</td><td>⑫</td><td>⑬</td><td>⑭</td><td>⑮</td><td></td></tr>
<tr><td>⑯</td><td>⑰</td><td>⑱</td><td>⑲</td><td>⑳</td><td></td></tr>
<tr><td>평균값</td><td colspan="4"></td><td></td></tr>
<tr><td rowspan="5">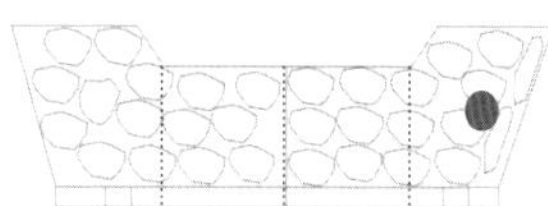
<본댐, 반수면 4></td><td>①</td><td>②</td><td>③</td><td>④</td><td>⑤</td><td></td></tr>
<tr><td>⑥</td><td>⑦</td><td>⑧</td><td>⑨</td><td>⑩</td><td></td></tr>
<tr><td>⑪</td><td>⑫</td><td>⑬</td><td>⑭</td><td>⑮</td><td></td></tr>
<tr><td>⑯</td><td>⑰</td><td>⑱</td><td>⑲</td><td>⑳</td><td></td></tr>
<tr><td>평균값</td><td colspan="4"></td><td></td></tr>
</table>

<table>
<tr><td colspan="7">□ 채움콘크리트 초음파탐상 시험 (본댐, 댐마루)</td></tr>
<tr><td rowspan="5">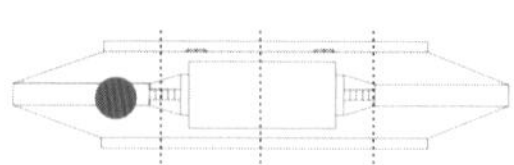
<본댐, 댐마루 1></td><td>①</td><td>②</td><td>③</td><td>④</td><td>⑤</td><td></td></tr>
<tr><td>⑥</td><td>⑦</td><td>⑧</td><td>⑨</td><td>⑩</td><td></td></tr>
<tr><td>⑪</td><td>⑫</td><td>⑬</td><td>⑭</td><td>⑮</td><td></td></tr>
<tr><td>⑯</td><td>⑰</td><td>⑱</td><td>⑲</td><td>⑳</td><td></td></tr>
<tr><td>평균값</td><td colspan="4"></td><td></td></tr>
<tr><td rowspan="5">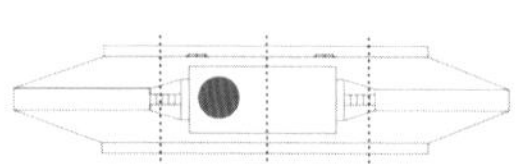
<본댐, 댐마루 2></td><td>①</td><td>②</td><td>③</td><td>④</td><td>⑤</td><td></td></tr>
<tr><td>⑥</td><td>⑦</td><td>⑧</td><td>⑨</td><td>⑩</td><td></td></tr>
<tr><td>⑪</td><td>⑫</td><td>⑬</td><td>⑭</td><td>⑮</td><td></td></tr>
<tr><td>⑯</td><td>⑰</td><td>⑱</td><td>⑲</td><td>⑳</td><td></td></tr>
<tr><td>평균값</td><td colspan="4"></td><td></td></tr>
<tr><td rowspan="5">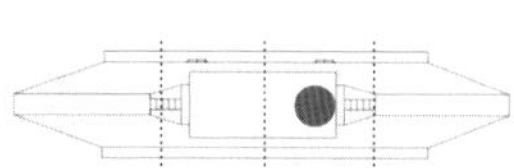
<본댐, 댐마루 3></td><td>①</td><td>②</td><td>③</td><td>④</td><td>⑤</td><td></td></tr>
<tr><td>⑥</td><td>⑦</td><td>⑧</td><td>⑨</td><td>⑩</td><td></td></tr>
<tr><td>⑪</td><td>⑫</td><td>⑬</td><td>⑭</td><td>⑮</td><td></td></tr>
<tr><td>⑯</td><td>⑰</td><td>⑱</td><td>⑲</td><td>⑳</td><td></td></tr>
<tr><td>평균값</td><td colspan="4"></td><td></td></tr>
<tr><td rowspan="5">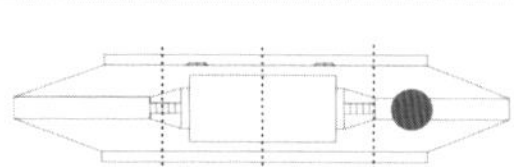
<본댐, 댐마루 4></td><td>①</td><td>②</td><td>③</td><td>④</td><td>⑤</td><td></td></tr>
<tr><td>⑥</td><td>⑦</td><td>⑧</td><td>⑨</td><td>⑩</td><td></td></tr>
<tr><td>⑪</td><td>⑫</td><td>⑬</td><td>⑭</td><td>⑮</td><td></td></tr>
<tr><td>⑯</td><td>⑰</td><td>⑱</td><td>⑲</td><td>⑳</td><td></td></tr>
<tr><td>평균값</td><td colspan="4"></td><td></td></tr>
</table>

※ 채움콘크리트 압축강도 시험은 전용 탐촉자를 사용하여야 함

□ 사방댐 조사 현장사진

전경	대수면
반수면	측벽
물받이	기타 등

□ 유역 취약성 조사 현장사진

전경	대수면
반수면	측벽
물받이	기타 등

□ 비파괴 검사 현장사진

전경	대수면
반수면	측벽
물받이	기타 등

【별표 19】

강재 사방댐 안전진단 조사서

□ 일반사항

종 류 :				형식 :			안전진단일시 :				
사방댐관리번호 :							책임기술자 :				
국가지점번호 :							조 사 원 :				
소 재 지					시 설 제 원						
					본댐						
도	시·군	읍·면	리·동	지번(속칭)	시설년도	상장(m)	하장(m)	높이(m) 전고	높이(m) 유효고	천단폭	시공비(천원)
산사태정보시스템 위치정보 (WGS84)					측벽						
북위		동경			길이			높이			
현지계측 위치정보 (WGS84)					물받이						
북위		동경			가로			세로			

□ 안전진단 정밀상태조사 평가표

항목	조사위치	결함사항	평가기준 및 배점					평가점수
구조물조사	본댐(72)	강재손상(16)	결함 없음	10%미만, 경미한 강재손상	10%미만, 심각한 강재손상 10~20%, 경미한 강재손상	10~20%, 심각한 강재손상 20%이상, 경미한 강재손상	20%이상, 심각한 강재손상	
			0	4	8	12	16	
		체결부결함(16)	결함 없음	10%미만, 경미한 체결부결함	10%미만, 심각한 체결부결함 10~20%, 경미한 체결부결함	10~20%, 심각한 체결부결함 20%이상, 경미한 체결부결함	20%이상,심각한 체결부결함	
			0	4	8	12	16	
		기울어짐 (8)	결함 없음	10%미만, 경미한 기울어짐	10%미만, 심각한 기울어짐 10~20%, 경미한 기울어짐	10~20%, 심각한 기울어짐 20%이상, 경미한 기울어짐	20%이상, 심각한 기울어짐	
			0	2	4	6	8	
		기초부세굴(8)	결함 없음	10%미만, 경미한 세굴	10%미만, 심각한 세굴 10~20%, 경미한 세굴	10~20%, 심각한 세굴 20%이상, 경미한 세굴	20%이상, 심각한 세굴	
			0	2	4	6	8	
		강재부식(8)	결함 없음	10%미만, 경미한 강재부식	10%미만, 심각한 강재부식 10~20%, 경미한 강재부식	10~20%, 심각한 강재부식 20%이상, 경미한 강재부식	20%이상, 심각한 강재부식	
			0	2	4	6	8	
	측벽(16)	파손/손상 (4)	결함 없음	10%미만, 경미한 파손/손상	10%미만, 심각한 파손/손상 10~20%, 경미한 파손/손상	10~20%, 심각한 파손/손상 20%이상, 경미한 파손/손상	20%이상, 심각한 파손/손상	
			0	1	2	3	4	
		균열/이음부열림 (4)	결함 없음	10%미만, 경미한 균열/이음부열림	10%미만, 심각한 균열/이음부열림 10~20%, 경미한 균열/이음부열림	10~20%, 심각한 균열/이음부열림 20%이상, 경미한 균열/이음부열림	20%이상, 심각한 균열/이음부열림	
			0	1	2	3	4	

구분	부위	항목	0	1	2	3	4
구조물 조사	측벽 (16)	단차/기울어짐 (4)	결함 없음	10%미만, 경미한 단차/기울어짐	10%미만, 심각한 단차/기울어짐 10~20%, 경미한 단차/기울어짐	10~20%, 심각한 단차/기울어짐 20%이상, 경미한 단차/기울어짐	20%이상, 심각한 단차/기울어짐
			0	1	2	3	4
		기초부 세굴 (4)	결함 없음	10%미만, 경미한 세굴	10%미만, 심각한 세굴 10~20%, 경미한 세굴	10~20%, 심각한 세굴 20%이상, 경미한 세굴	20%이상, 심각한 세굴
			0	1	2	3	4
	물받이 (12)	파손/손상 (4)	결함 없음	10%미만, 경미한 파손/손상	10%미만, 심각한 파손/손상 10~20%, 경미한 파손/손상	10~20%, 심각한 파손/손상 20%이상, 경미한 파손/손상	20%이상, 심각한 파손/손상
			0	1	2	3	4
		균열/이음부 열림 (4)	결함 없음	10%미만, 경미한 균열/이음부 열림	10%미만, 심각한 균열/이음부열림 10~20%, 경미한 균열/이음부열림	10~20%, 심각한 균열/이음부열림 20%이상, 경미한 균열/이음부열림	20%이상, 심각한 균열/이음부열림
			0	1	2	3	4
		기초부 세굴 (4)	결함 없음	10%미만, 경미한 세굴	10%미만, 심각한 세굴 10~20%, 경미한 세굴	10~20%, 심각한 세굴 20%이상, 경미한 세굴	20%이상, 심각한 세굴
			0	1	2	3	4
비파괴 검사	본댐 측벽 물받이 (16)	콘크리트 압축강도, 강재두께, 강재경도	본댐, 측벽, 물받이 기준강도, 설계두께 이상,		본댐 기준강도, 설계두께 이상, 측벽, 물받이 기준강도, 설계두께 미만		본댐 기준강도, 설계두께 미만
			0		8		16
유역 취약성 조사	영향 유역 (10)	-	토석류 발생 우려지역 4등급		토석류 발생 우려지역 2~3등급		토석류 발생 우려지역 1등급
			0		+5		+10

합계 점수 (110)	정밀상태조사 등급

정밀상태조사 등급	1등급 (30점 이하)	2등급 (31~45점)	3등급 (46~60점)	4등급 (61~75점)	5등급 (76점 이상)

□ 안전진단 정밀상태조사 세부기준

강재손상	체결부결함	기울어짐	기초부 세굴	강재부식
경미한 강재손상 : 도막손상	경미한 체결부 결함 : 볼트 결함	경미한 기울어짐 : 경사도 5° 미만	경미한 세굴 : 근입깊이 1/3 미만 세굴	경미한 부식 : 변색이 발생하였으나 산화물이 없는 상태
심각한 강재손상 : 강재함몰 및 변형	심각한 체결부 결함 : 체결부 이격	심각한 기울어짐 : 경사도 5° 이상	심각한 세굴 : 근입깊이 1/3 이상 세굴	심각한 부식 : 부식부에 산화물 발생

※ 본 안전진단 조사서 측벽과 물받이는 콘크리트로 가정하여 작성되었으므로 각 현장별 구성재료에 적합한 기준으로 변경하여 조사하여야 함
※ 평가기준의 면적율은 경미한 결함을 포함한 전체 결함의 면적율을 의미
※ 면적율에 관계없이 심각한 결함이 관찰되는 항목은 심각한 결함으로 판단
※ 진행성 균열이 확인될 경우와 누수를 동반한 세굴이 확인될 경우 각 항목의 등급을 1등급 하향
※ 콘크리트 균열깊이는 비파괴검사(초음파탐상)를 활용하여 확인
※ 비파괴 검사의 압축강도는 슈미트해머 시험, 강재두께는 초음파탐상, 강재경도는 리브경도시험으로 산정하여 최저등급을 적용
※ 도막두께 측정시험을 실시하여 기준두께 미달시 도막손상으로 판단
※ 유역 취약성 조사는 토석류 발생 우려지역 판정표를 활용

□ 안전진단 안정성 평가표

항목	평가기준					평가결과
전도 안정성 활동 안정성 체제 안정성 지반 안정성	모든 안정성 평가 안정	-	-	-	일부 안정성 평가 불안정	
	1등급	2등급	3등급	4등급	5등급	
안정성평가 등급						

□ 안전진단 종합 평가표

책임기술자 종합의견				
대책방안				
정밀상태조사 등급		안정성평가 등급		
※ 정밀상태조사 등급과 안정성평가 등급 중 최저등급을 안전진단 종합평가 등급으로 결정				
종합평가 등급				
Ⅰ등급	Ⅱ등급	Ⅲ등급	Ⅳ등급	Ⅴ등급

□ 현장조사 상세도

본댐 (2영역)	본댐 (1영역)	본댐 (3영역)

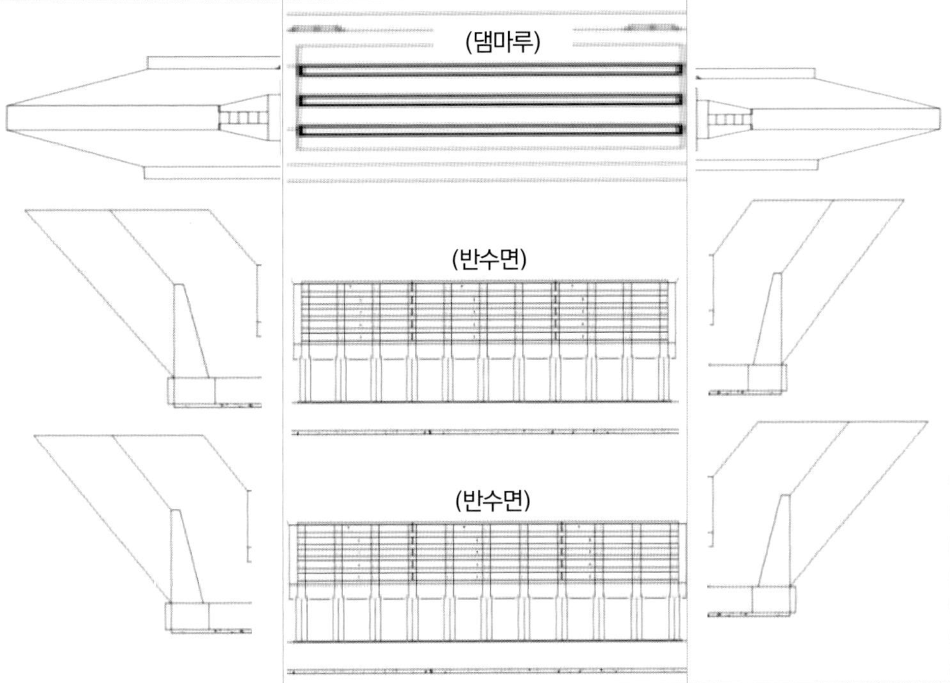

앞댐	물받이

우측벽	좌측벽

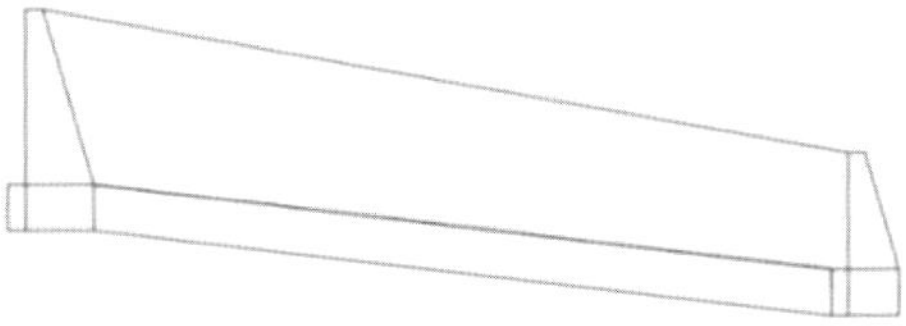

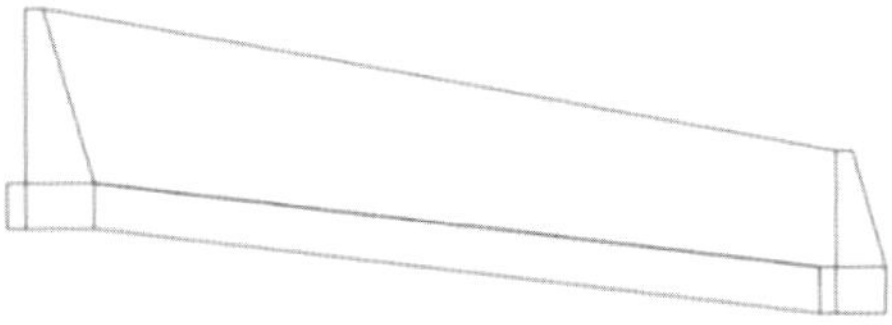

기타 사항	기타 사항

※ 사방댐의 상장이 40m를 초과할 경우, 본댐 1영역을 필러기준으로 구분하거나 20m 간격으로 구분하여 평가

□ 콘크리트 압축강도 시험 (본댐, 반수면)						
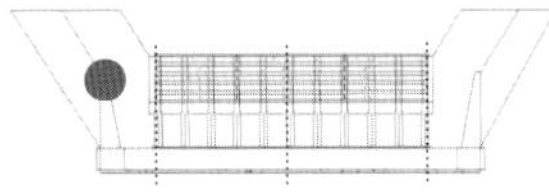	①	②	③	④	⑤	
	⑥	⑦	⑧	⑨	⑩	
	⑪	⑫	⑬	⑭	⑮	
<본댐, 반수면 1>	⑯	⑰	⑱	⑲	⑳	
	평균값					
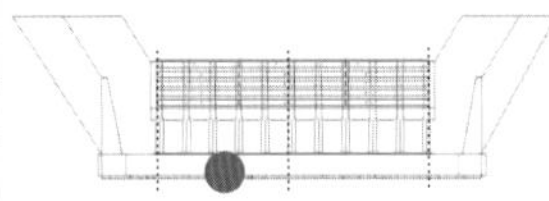	①	②	③	④	⑤	
	⑥	⑦	⑧	⑨	⑩	
	⑪	⑫	⑬	⑭	⑮	
<본댐, 반수면 2>	⑯	⑰	⑱	⑲	⑳	
	평균값					
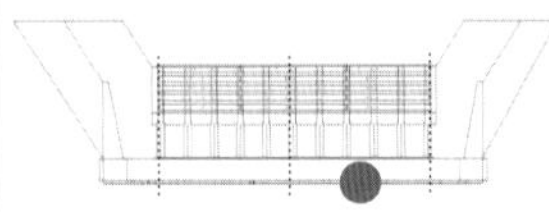	①	②	③	④	⑤	
	⑥	⑦	⑧	⑨	⑩	
	⑪	⑫	⑬	⑭	⑮	
<본댐, 반수면 3>	⑯	⑰	⑱	⑲	⑳	
	평균값					
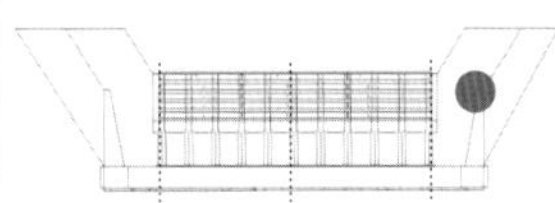	①	②	③	④	⑤	
	⑥	⑦	⑧	⑨	⑩	
	⑪	⑫	⑬	⑭	⑮	
<본댐, 반수면 4>	⑯	⑰	⑱	⑲	⑳	
	평균값					

□ 콘크리트 압축강도 시험 (본댐, 댐마루)						
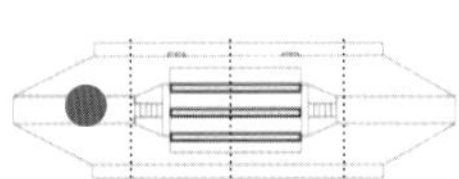	①	②	③	④	⑤	
	⑥	⑦	⑧	⑨	⑩	
	⑪	⑫	⑬	⑭	⑮	
<본댐, 댐마루 1>	⑯	⑰	⑱	⑲	⑳	
	평균값					
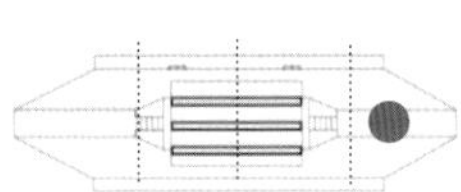	①	②	③	④	⑤	
	⑥	⑦	⑧	⑨	⑩	
	⑪	⑫	⑬	⑭	⑮	
<본댐, 댐마루 4>	⑯	⑰	⑱	⑲	⑳	
	평균값					

□ 콘크리트 압축강도 시험 (측벽)

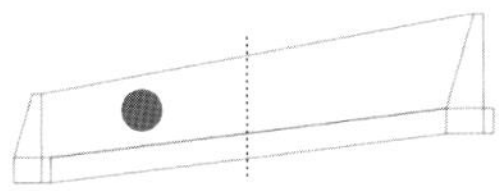

<우측벽 1>

①	②	③	④	⑤
⑥	⑦	⑧	⑨	⑩
⑪	⑫	⑬	⑭	⑮
⑯	⑰	⑱	⑲	⑳
평균값				

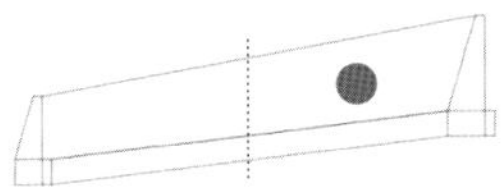

<우측벽 2>

①	②	③	④	⑤
⑥	⑦	⑧	⑨	⑩
⑪	⑫	⑬	⑭	⑮
⑯	⑰	⑱	⑲	⑳
평균값				

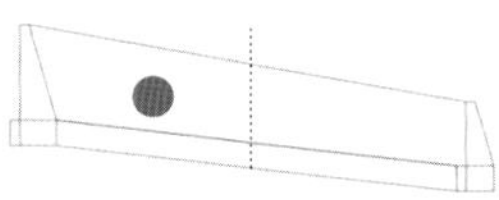

<좌측벽 1>

①	②	③	④	⑤
⑥	⑦	⑧	⑨	⑩
⑪	⑫	⑬	⑭	⑮
⑯	⑰	⑱	⑲	⑳
평균값				

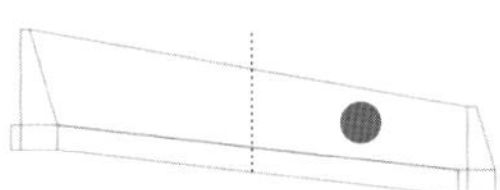

<좌측벽 2>

①	②	③	④	⑤
⑥	⑦	⑧	⑨	⑩
⑪	⑫	⑬	⑭	⑮
⑯	⑰	⑱	⑲	⑳
평균값				

□ 콘크리트 압축강도 시험 (물받이)

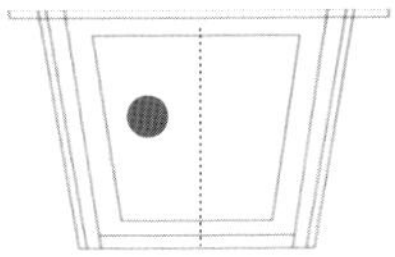

<물받이 1>

①	②	③	④	⑤
⑥	⑦	⑧	⑨	⑩
⑪	⑫	⑬	⑭	⑮
⑯	⑰	⑱	⑲	⑳
평균값				

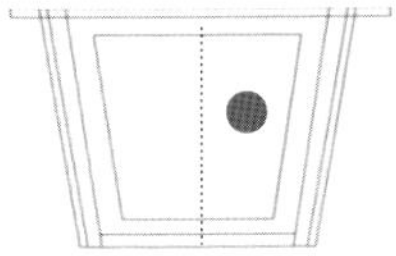

<물받이 2>

①	②	③	④	⑤
⑥	⑦	⑧	⑨	⑩
⑪	⑫	⑬	⑭	⑮
⑯	⑰	⑱	⑲	⑳
평균값				

□ 강재 종부재 두께 측정 (초음파탐상)						
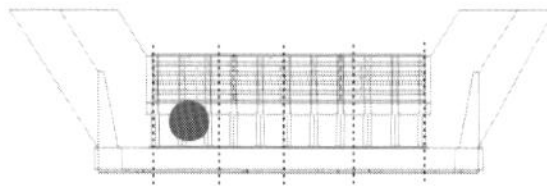	①	②	③	④	⑤	
	⑥	⑦	⑧	⑨	⑩	
<강재 종부재 1>	평균값					
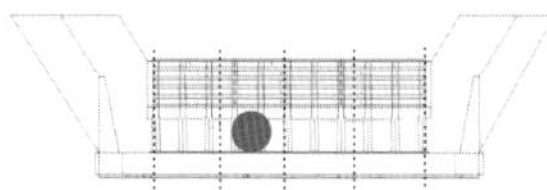	①	②	③	④	⑤	
	⑥	⑦	⑧	⑨	⑩	
<강재 종부재 2>	평균값					
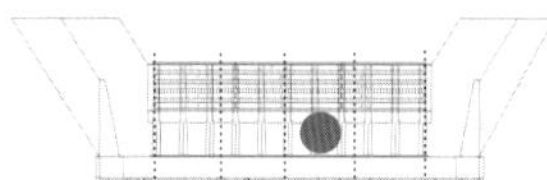	①	②	③	④	⑤	
	⑥	⑦	⑧	⑨	⑩	
<강재 종부재 3>	평균값					
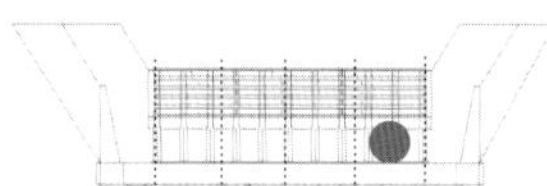	①	②	③	④	⑤	
	⑥	⑦	⑧	⑨	⑩	
<강재 종부재 4>	평균값					

□ 강재 종부재 경도 측정 (리브경도 시험)						
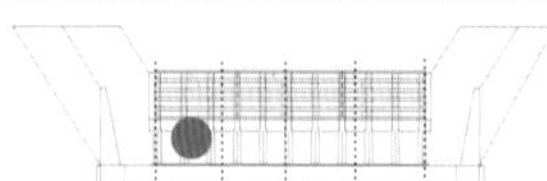	①	②	③	④	⑤	
	⑥	⑦	⑧	⑨	⑩	
<강재 종부재 1>	평균값					
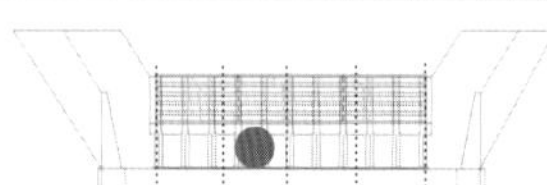	①	②	③	④	⑤	
	⑥	⑦	⑧	⑨	⑩	
<강재 종부재 2>	평균값					
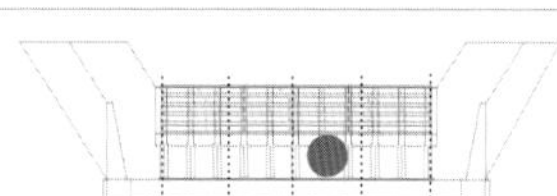	①	②	③	④	⑤	
	⑥	⑦	⑧	⑨	⑩	
<강재 종부재 3>	평균값					
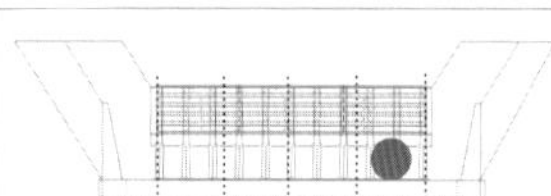	①	②	③	④	⑤	
	⑥	⑦	⑧	⑨	⑩	
<강재 종부재 4>	평균값					

□ 사방댐 조사 현장사진

전경	대수면
반수면	측벽
물받이	기타 등

□ 유역 취약성 조사 현장사진

전경	대수면
반수면	측벽
물받이	기타 등

저자 소개

김민섭

산림조합중앙회 산림공학연구소 선임연구원

안영상

전남대학교 농업생명과학대학 산림자원학과 부교수

이문세

전남대학교 겸임교수

서정일

공주대학교 산림자원학과 교수

임상준

서울대학교 농업생명과학대학 산림과학부 교수

사방시설 점검 및 유지관리 I
(점검, 정밀점검, 안전진단)

인 쇄 2019년 12월 20일
발 행 2019년 12월 31일

저 자 김민섭·안영상·이문세·서정일·임상준
발행인 정병석
발행처 전남대학교출판문화원
등 록 1981년 5월 21일 제53호
주 소 61186 광주광역시 북구 용봉로 77
전 화 062-530-0571~2
마케팅 062-530-0573
팩 스 062-530-0579
홈페이지 http://www.cnup.co.kr

가 격 18,000 원

ISBN 978-89-6849-682-0 (93520)

본 책의 주요 내용은 산림청의 재원으로 한국임업진흥원의 지원을 받아 수행된 「사방구조물의 안전관리 및 산림유역 단위의 사방사업 기술 개발」 연구를 토대로 작성됨.(2017061B10-1919-AB01)